电磁场互易定理一般形式

Generalized Reciprocity Theorem for Electromagnetic Fields II

刘国强　刘　婧　李元园　著

科学出版社

北　京

内 容 简 介

互易定理是电磁学最重要的理论之一，在通信、天线信号传输、电磁成像等诸多领域有着非常广泛的应用。本书是2020年出版专著《电磁场广义互易定理》的续集，利用张量形式、微分形式和四元数形式等三种工具，重点讨论时空统一形式的电磁场互易定理，导出了可以涵盖目前所有频域互易方程的四元数形式能-动量互易方程和互能-动量方程。

本书适合电气工程、电子工程、通信工程等领域的科研人员以及从事天线、波导和通信等研究的工程技术人员阅读参考，也可作为上述专业的研究生教学用书。

图书在版编目（CIP）数据

电磁场互易定理一般形式 / 刘国强，刘婧，李元园著. —北京：科学出版社，2022.10

ISBN 978-7-03-073514-0

Ⅰ.①电… Ⅱ.①刘… ②刘… ③李… Ⅲ.①电磁场 Ⅳ.①O441.4

中国版本图书馆CIP数据核字（2022）第194666号

责任编辑：陈艳峰 钱 俊 / 责任校对：杨聪敏

责任印制：吴兆东 / 封面设计：无极书装

科学出版社 出版

北京东黄城根北街16号

邮政编码：100717

http://www.sciencep.com

北京虎彩文化传播有限公司印刷

科学出版社发行 各地新华书店经销

*

2022年10月第 一 版 开本：720×1000 B5

2023年 9 月第二次印刷 印张：9

字数：118 000

定价：78.00元

（如有印装质量问题，我社负责调换）

前　言

互易定理是重要的电磁场理论之一，是理论分析和实际应用的重要工具，被写在许多经典的电磁场理论书籍或教科书中。从 1896 年洛伦兹提出至今，互易定理历经了百余年的发展。

本书作者在中国科学院大学从事电磁场理论教学，在中国科学院电工研究所从事工程电磁场及其应用技术研究。在科教融合过程中，长期接触电磁场理论，并应用互易定理开展电磁成像研究，于 2020 年导出了动量互易定理，出版了专著《电磁场广义互易定理》。

作为上部专著的续集，本书重点讨论时空统一形式的电磁场互易定理，采用张量形式、微分形式和四元数形式各导出了两个频域方程，分别为能-动量互易方程和互能-动量方程。四元数形式的能-动量互易方程涵盖洛伦兹互易方程、Feld-Tai 互易方程以及两个动量互易方程，互能-动量方程涵盖上述四个方程对应的互作用形式，这两个方程涵盖了目前所有的频域互易方程。在此基础上，本书对 Rumsey 反应概念进行了扩展，导出了包含四个分量的四元数电磁反应。此外，本书还将 Feld-Tai 互易方程和两个动量互易方程推广到非均匀介质情形。

本书的主要内容是在国家自然科学基金重点项目（51937010）、青年项目（51907191，52007182）以及齐鲁中科电工先进电磁驱动技术研究院科研基金项目资助下完成。

限于作者水平，书中疏漏之处在所难免，恳请读者给予批评指正。

作　者

于北京中关村

目　录

第 1 章　绪　论

互易定理是电磁学最重要的理论之一，它将两个独立的电磁场联系起来，描述了两组电磁场源的相互作用关系。近年来我们持续对电磁场互易定理进行了研究：2019～2020 年，导出了动量互易定理方程，对现有的电磁场互易定理进行了梳理，并讨论了包含动量互易定理在内的现有各定理之间相互导出的变换方法；2021 年，我们又研究了能量型和动量型互易定理在频率域的时空统一形式。

1.1　引　言

1896 年，洛伦兹提出的经典电磁场互易定理（Lorentz，1896）是电磁学重要理论之一，在通信和天线信号传输、电磁成像等诸多领域应用广泛。此后百余年，一些新的电磁场互易定理陆续被发现，包括频率域和时间域的互易定理。

单就时谐场频率域互易定理而言，按是否有明确物理意义，主要可以概括为两种类型：互能量型或互动量型，如互能定理（Rumsey，1963；赵双任，1987）、互动量定理（Liu et al.，2020）；能量反应型或动量反应型，如洛伦兹互易定理（Lorentz，1896），Feld-Tai 互易定理（Feld，1992；Tai，1992）及本书作者提出的两个动量互易定理（刘国强等，2020；Liu et al.，2022a）。

2020 年，我们出版了《电磁场广义互易定理》一书。在拙著中，尚留下三个重要问题需细致讨论。下面将对之阐述，并说明本书的写作动因。

假定两组源均处于同一有限体积之内或之外，洛伦兹互易定理的特殊形式为$\langle a,b\rangle=\langle b,a\rangle$，其中$\langle a,b\rangle=\int_V \dot{R}^{ab}\mathrm{d}V$，表达式$\dot{R}^{ab}=\dot{\boldsymbol{J}}^a\cdot\dot{\boldsymbol{E}}^b$称为源$a$对场$b$的“反应”，也称为“相互作用”，而$\dot{R}^{ba}$则称为源$b$对场$a$的“反应”，确切地说，它们是反应密度。以上“反应”概念是Rumsey最早提出的，他将洛伦兹互易定理总结为两个场源之间的“作用与反作用”，反应不具实际物理意义，但是它具有功率密度的量纲（Rumsey，1954）。

在2020年，Lindell等采用微分形式对“Rumsey反应”作了扩展（Lindell et al.，2020），导出了广义反应密度，它对应的四维吉布斯矢量为

$$\dot{\boldsymbol{R}}_g^{ab}=\dot{\boldsymbol{J}}_{\mathrm{eg}}^a\times\dot{\boldsymbol{B}}_g^b-\dot{\rho}_{\mathrm{e}}^a\dot{\boldsymbol{E}}_g^b+\left(\dot{\boldsymbol{J}}_{\mathrm{eg}}^a\cdot\dot{\boldsymbol{E}}_g^b\right)\boldsymbol{e}_4 \tag{1.1.1}$$

本书将之命名为“Lindell广义反应密度”，简称为“Lindell反应密度”或“Lindell反应”。Lindell等直接处理了Rumsey反应项，导出了广义反应，但他们并未实际推导式（1.1.1）对应的互易定理。

作为时空统一形式，Lindell反应同时包含了功率密度反应和洛伦兹力密度反应，其中功率密度反应为标量反应，是广义反应的时间项；洛伦兹力密度反应为矢量反应，是广义反应的空间项。

Lindell反应密度是对功率密度反应的扩展，则与之对应的互易定理就是对洛伦兹互易定理的扩展，它的特殊形式应满足$\langle a,b\rangle=\langle b,a\rangle$，还有一种可能是$\langle a,b\rangle=-\langle b,a\rangle$。综合起来，有$\langle a,b\rangle=\pm\langle b,a\rangle$，其中$\langle a,b\rangle=\int_V \dot{\boldsymbol{R}}^{ab}\mathrm{d}V$，则有

$$\begin{aligned}&\int_V\left[\dot{\boldsymbol{J}}_{\mathrm{eg}}^a\times\dot{\boldsymbol{B}}_g^b-\dot{\rho}_{\mathrm{e}}^a\dot{\boldsymbol{E}}_g^b+\left(\dot{\boldsymbol{J}}_{\mathrm{eg}}^a\cdot\dot{\boldsymbol{E}}_g^b\right)\boldsymbol{e}_4\right]\mathrm{d}V\\&=\pm\int_V\left[\dot{\boldsymbol{J}}_{\mathrm{eg}}^b\times\dot{\boldsymbol{B}}_g^a-\dot{\rho}_{\mathrm{e}}^b\dot{\boldsymbol{E}}_g^a+\left(\dot{\boldsymbol{J}}_{\mathrm{eg}}^b\cdot\dot{\boldsymbol{E}}_g^a\right)\boldsymbol{e}_4\right]\mathrm{d}V\end{aligned} \tag{1.1.2}$$

将式（1.1.2）分为时间分量和空间分量，有

$$\int_V\dot{\boldsymbol{J}}_{\mathrm{eg}}^a\cdot\dot{\boldsymbol{E}}_g^b\mathrm{d}V=\pm\int_V\dot{\boldsymbol{J}}_{\mathrm{eg}}^b\cdot\dot{\boldsymbol{E}}_g^a\mathrm{d}V \tag{1.1.3a}$$

$$\int_V\left(\dot{\boldsymbol{J}}_{\mathrm{eg}}^a\times\dot{\boldsymbol{B}}_g^b-\dot{\rho}_{\mathrm{e}}^a\dot{\boldsymbol{E}}_g^b\right)\mathrm{d}V=\pm\int_V\left(\dot{\boldsymbol{J}}_{\mathrm{eg}}^b\times\dot{\boldsymbol{B}}_g^a-\dot{\rho}_{\mathrm{e}}^b\dot{\boldsymbol{E}}_g^a\right)\mathrm{d}V \tag{1.1.3b}$$

式（1.1.2）和式（1.1.3）虽未被 Lindell 等明确指出，但根据广义反应密度的定义可以自然而然做出如上的推论。作为时空统一形式，上两式应同时取正号或负号。考虑到洛伦兹互易方程的特殊形式是取正号，与此对应的另一互易方程的特殊形式亦应取正号。

而本书作者对动量互易定理的发现是从另一个层面展开的。2019 年，我们发现目前的互易定理方程只是从“能量”一个侧面反映了两个场源之间的相互作用关系，这并不全面。事实上，电磁场除了具有能量还具有动量，因此两个场源的作用关系，除了能量作用关系，还有动量作用关系，需要有反映两种场源之间动量作用关系的定理加以描述，于是在 2020 年，我们导出了如下两个动量互易方程

$$\int_V\left(\dot{\boldsymbol{J}}_{\mathrm{eg}}^a\times\dot{\boldsymbol{B}}_g^b-\dot{\rho}_{\mathrm{e}}^a\dot{\boldsymbol{E}}_g^b+\dot{\boldsymbol{J}}_{\mathrm{eg}}^b\times\dot{\boldsymbol{B}}_g^a-\dot{\rho}_{\mathrm{e}}^b\dot{\boldsymbol{E}}_g^a\right)\mathrm{d}V$$
$$=-\oint_s\left[\left(\dot{\boldsymbol{H}}_g^a\cdot\dot{\boldsymbol{B}}_g^b\,\bar{\bar{\boldsymbol{I}}}-\dot{\boldsymbol{H}}_g^a\dot{\boldsymbol{B}}_g^b-\dot{\boldsymbol{B}}_g^b\dot{\boldsymbol{H}}_g^a\right)-\left(\dot{\boldsymbol{D}}_g^a\cdot\dot{\boldsymbol{E}}_g^b\,\bar{\bar{\boldsymbol{I}}}-\dot{\boldsymbol{D}}_g^a\dot{\boldsymbol{E}}_g^b-\dot{\boldsymbol{E}}_g^b\dot{\boldsymbol{D}}_g^a\right)\right]\cdot\mathrm{d}\boldsymbol{S}$$
（1.1.4）

$$\int_V\left(\dot{\boldsymbol{J}}_{\mathrm{eg}}^a\times\dot{\boldsymbol{D}}_g^b+\dot{\rho}_{\mathrm{e}}^a\dot{\boldsymbol{H}}_g^b+\dot{\boldsymbol{J}}_{\mathrm{eg}}^b\times\dot{\boldsymbol{D}}_g^a+\dot{\rho}_{\mathrm{e}}^b\dot{\boldsymbol{H}}_g^a\right)\mathrm{d}V$$
$$=-\oint_s\left[\left(\dot{\boldsymbol{H}}_g^a\cdot\dot{\boldsymbol{D}}_g^b\,\bar{\bar{\boldsymbol{I}}}-\dot{\boldsymbol{H}}_g^a\dot{\boldsymbol{D}}_g^b-\dot{\boldsymbol{D}}_g^b\dot{\boldsymbol{H}}_g^a\right)+\left(\dot{\boldsymbol{H}}_g^b\cdot\dot{\boldsymbol{D}}_g^a\,\bar{\bar{\boldsymbol{I}}}-\dot{\boldsymbol{H}}_g^b\dot{\boldsymbol{D}}_g^a-\dot{\boldsymbol{D}}_g^a\dot{\boldsymbol{H}}_g^b\right)\right]\cdot\mathrm{d}\boldsymbol{S}$$
（1.1.5）

若假定两组源同在一个有限体积之内或之外，方程中的一个带有散度的体积分项，在化为面积分项后为零，于是另一个体积分项可以分为两个部分，将它们分立在等式两侧，则动量互易方程式（1.1.4）的特殊形式为

$$\int_V\left(\dot{\boldsymbol{J}}_{\mathrm{eg}}^a\times\dot{\boldsymbol{B}}_g^b-\dot{\rho}_{\mathrm{e}}^a\dot{\boldsymbol{E}}_g^b\right)\mathrm{d}V=-\int_V\left(\dot{\boldsymbol{J}}_{\mathrm{eg}}^b\times\dot{\boldsymbol{B}}_g^a-\dot{\rho}_{\mathrm{e}}^b\dot{\boldsymbol{E}}_g^a\right)\mathrm{d}V \quad （1.1.6）$$

现在的问题是：除了式（1.1.6）所示的动量互易方程外，能否再推导出一个动量互易方程，使得它的特殊形式与推论式（1.1.3b）（取正号）是一致的？解答这个问题是本书写作的第一个原因。

经过对现有互易定理梳理后，我们认识到，将洛伦兹互易定理、

Feld-Tai 互易定理和两个动量互易定理看作彼此独立的方程是存在局限性的，难以窥得全貌。造成认识片面的原因一方面是动量互易定理等方程刚提出来，尚未被广泛认识和应用，另一方面是在经典力学中时间和空间彼此是独立的，人们在描述两个电磁场的关系时习惯于将系统的能量和动量割裂，分开进行研究。而根据狭义相对论，能量守恒方程和动量守恒方程结合成一个统一的“能-动量”守恒方程。这也促使我们尝试在相对论的理论框架下将“能量型”和“动量型”互易定理统一起来，反映时空的统一性，形成一个电磁场“能-动量”互易定理新形式。这项工作是对电磁场理论的丰富，亦可形成新的分析工具为人们所用，兼具理论和实际应用的必要性。因此，系统地导出并阐述电磁场互易定理的一般形式，这是本书写作的第二个原因，亦是最重要的原因。

Lindell 等在 2020 年对 Rumsey 反应的推广中，首先将功率密度反应和洛伦兹力密度反应统一起来，从 Lindell 反应中，可推论出洛伦兹互易和动量互易的统一方程。但我们认为，由这种推论而得到的“动量互易方程”本质上并不成立，关于这一点本书将在后续章节重点论述。尽管如此，Lindell 等的研究工作仍具有重要价值，开始了从时空统一形式建立电磁场互易关系的尝试。

本书在狭义相对论的框架下，通过四维协变形式（张量形式）和微分形式（differential form）来反映电磁场能量和动量互易定理的时空统一性。四维协变形式已经成为描述现代物理学的重要工具，而微分形式还不常用。本书之所以选择了微分形式这种数学工具，是因为 Lindell 等在其论文中是用微分形式导出的广义密度项，使用同样的语言，便于在同样的语境下对比分析。本书借助这两种数学工具，实现了洛伦兹互易定理和动量互易定理的统一。但在四维张量的运算法则下，一个时空统一形式电磁互易方程只能将四个互易方程中的一对（洛伦兹互易方程和动量互易方程式（1.1.4）；或 Feld-Tai 互易方程和另一个动量互易方程式（1.1.5））统一起来，无法在一个式子中涵盖目前所有的电磁互易方程。因此，我们还尝试在狭义相对论体系下用其他数学工具来推导更完备的“能-动量”互易定理。

麦克斯韦在其传世名著《电磁通论》中使用了四元数，并将之用于电磁场方程。后来四元数理论成为海威赛德等进行矢量运算和矢量分析的前身。现在用四元数处理经典电磁场问题虽不是主流，但这个领域仍相当活跃，如 Jack 用四元数方式表述麦克斯韦方程组（Jack，2003）。在量子物理范畴，四元数及其相近形式更是主要表述形式。根据狭义相对论，电磁场和源均是时空中的四物理量，四电磁场方程的实标部、虚标部、实矢部和虚矢部四个分量分别对应高斯电通定律、高斯磁通定律、安培定律与法拉第电磁感应定律，也就是说，一个四电磁方程就可以涵盖麦克斯韦方程组。据此推测，利用四元数电磁场方程可以获得电磁场互易定理的一般形式。四元数体系与四维时空对应，且由于哈密顿算符与四元数运算同时包含旋度项及散度项，两个四元数相乘同时包含矢量点乘和叉乘，在全面反映电磁场互易定理的时空统一性时，具有极大的优势（许方官，2012）。

本书在第 5 章通过四元数体系推导了四电磁场能量动量守恒方程，在此基础上导出了频域电磁场互易定理的一般形式。该形式将目前已经发现的反应型互易定理全部统一在一个方程中，同时也导出了能量动量型的互易方程统一形式，该方程中包含着两项尚未被前人认知的方程。利用四元数体系，从时空角度全面反映两组电磁场的相互作用，有助于更好地认识各个方程以及方程之间的内在联系。

本书遵循的基本研究思路是：从时域电磁场的能量动量守恒方程出发，通过取时间周期平均，得到频域电磁场能-动量守恒方程，进而利用我们在上部专著《电磁场广义互易定理》中采用的合成场方法，导出两个电磁场的互能-动量方程，之后通过共轭变换得到两个电磁场的能-动量互易方程。我们亦对“Rumsey 反应”做出一般形式的扩展，将现有的 Rumsey 反应由功率密度反应和洛伦兹力密度反应两项（即 Lindell 反应），扩展为包含它们在内的四项（Liu et al., 2022b）。

在上部专著中，我们处理了均匀介质，在本书中，我们将 Feld-Tai 和两个动量互易方程推广到非均匀介质。此外，我们还扩展了诸如导出惠更斯原理等理论应用，这是本书写作的第三个原因。

1.2 本书主要内容

本书是我们上部专著《电磁场广义互易定理》的续集。

根据逻辑关系，本书共分为六章，各个章节的内容安排如下：

第 1 章，绪论，阐明本书的写作动因与目的。

第 2 章，为了自成体系，本章介绍了时域电磁场能量守恒方程、时谐电磁场能量守恒方程、时域电磁场动量守恒方程、时谐电磁场动量守恒方程，以及时间反转变换和频域共轭变换，这些方程和变换方法后续章节将用到。

第 3 章和第 4 章，分别从张量协变形式的电磁场方程和微分形式的电磁场方程出发，导出了电磁场互能-动量方程和能-动量互易方程，其中第一个方程中包含互能定理和互动量定理；第二个方程包含洛伦兹互易定理和动量互易定理。

第 5 章，从四元数形式的电磁场方程出发，导出了电磁场互能-动量方程和能-动量互易方程，其中第一个方程中包含互能定理、互动量定理、以及 Feld-Tai 互易定理和另一个动量互易定理对应的方程（之前并未被发表过）；第二个方程（刘国强等，2022a）包含洛伦兹互易定理、Feld-Tai 互易定理和两个动量互易定理。此外，本章还探讨了 Rumsey 反应的扩展。

第 6 章，将频域 Feld-Tai 定理和两个动量互易方程由均匀介质更新到非均匀介质情况，并给出了由动量互易定理导出惠更斯原理的过程（刘国强等，2022b）。

上部专著重点以矢量形式阐述了电磁场互易定理，本书则以张量形式、微分形式和四元数形式阐述了电磁场互易定理。四种方式的主要场量和方程对比如表 1.1 所示。

表 1.1　四种方式主要场量和方程对比

	张量形式	微分形式	四元数形式	矢量形式
微分算子	时域： $\partial_\mu=\left(\nabla,-\frac{\mathrm{i}}{c}\partial_t\right)$ 频域： $\partial_\mu=\left(\nabla,-\frac{\mathrm{i}}{c}\mathrm{j}\omega\right)$	时域： $d=d_S+\varepsilon_4\partial_4$ 频域： $d=d_S+\mathrm{j}k\varepsilon_4$	时域：$\partial=-\frac{\mathrm{i}}{c}\partial_t+\nabla$ 频域：$\partial=-\frac{\mathrm{i}}{c}\mathrm{j}\omega+\nabla$	时域：$\nabla\cdot$　$\nabla\times$　∂_t 频域：$\nabla\cdot$　$\nabla\times$　$\mathrm{j}\omega$
电磁场量	$F_{\mu\nu}=[BE]$ $G_{\mu\nu}=[DH]$	$\boldsymbol{\Phi}=\boldsymbol{B}+\boldsymbol{E}\wedge\varepsilon_4$ $\boldsymbol{\Psi}=\boldsymbol{D}-\boldsymbol{H}\wedge\varepsilon_4$	$F=\boldsymbol{B}-\frac{\mathrm{i}}{c}\boldsymbol{E}$ $G=\boldsymbol{H}-\mathrm{i}c\boldsymbol{D}$	$\boldsymbol{B}$　$\boldsymbol{E}$　$\boldsymbol{D}$　$\boldsymbol{H}$
电磁源量	$J_\mu=\boldsymbol{J}+\mathrm{i}c\rho$ 仅考虑电性源	$\boldsymbol{\gamma}_\mathrm{e}=\boldsymbol{\rho}_\mathrm{e}-\boldsymbol{J}_\mathrm{e}\wedge\varepsilon_4$ $\boldsymbol{\gamma}_\mathrm{m}=\boldsymbol{\rho}_\mathrm{m}-\boldsymbol{J}_\mathrm{m}\wedge\varepsilon_4$	$J=\mathrm{i}c\rho_\mathrm{e}-\frac{\rho_\mathrm{m}}{\mu_0}+\boldsymbol{J}_\mathrm{e}$ $+\frac{\mathrm{i}}{c\mu_0}\boldsymbol{J}_\mathrm{m}$	$\boldsymbol{J}_\mathrm{e}$　ρ_e　$\boldsymbol{J}_\mathrm{m}$　ρ_m
电磁场方程	麦克斯韦–法拉第方程 $\partial_\nu F_{\mu\nu}^+=0$ 麦克斯韦–安培方程 $\partial_\nu G_{\mu\nu}=J_\mu$	麦克斯韦–法拉第方程 $d\wedge\boldsymbol{\Phi}=\boldsymbol{\gamma}_\mathrm{m}$ 麦克斯韦–安培方程 $d\wedge\boldsymbol{\Psi}=\boldsymbol{\gamma}_\mathrm{e}$	$\partial G=J$	麦克斯韦–法拉第方程 $\begin{cases}\nabla\times\boldsymbol{E}+\partial_t\boldsymbol{B}=-\boldsymbol{J}_\mathrm{m}\\\nabla\cdot\boldsymbol{B}=\rho_\mathrm{m}\end{cases}$ 麦克斯韦–安培方程 $\begin{cases}\nabla\times\boldsymbol{H}-\partial_t\boldsymbol{D}=\boldsymbol{J}_\mathrm{e}\\\nabla\cdot\boldsymbol{D}=\rho_\mathrm{e}\end{cases}$
时域守恒方程	$\partial_\nu T_{\mu\nu}=f_\mu$	$d\wedge\bar{\bar{T}}=\bar{\bar{F}}$	$\frac{1}{2}\left[F^+(\partial G)-(\partial G)^+F\right]$ $=\frac{1}{2}\left(F^+J-J^+F\right)$	$\begin{cases}-\frac{1}{c^2}\partial_t S-\nabla\cdot\boldsymbol{\Phi}=\boldsymbol{f}\\-\partial_t w-\nabla\cdot\boldsymbol{S}=P_\mathrm{e}\end{cases}$
频域守恒方程	$\partial_j\mathrm{Re}\dot{T}_{\mu j}=\mathrm{Re}\dot{f}_\mu$	$d_S\wedge\mathrm{Re}\dot{\bar{\bar{T}}}=\mathrm{Re}\dot{\bar{\bar{F}}}$ 或 $d_S\wedge\mathrm{Re}\dot{\bar{\bar{S}}}=\mathrm{Re}\dot{\bar{\bar{f}}}$	$\frac{1}{2}\mathrm{Re}\left\{\frac{1}{2}\left[\dot{F}^+(\nabla\dot{G})-(\nabla\dot{G})^+\dot{F}\right]\right\}$ $=\frac{1}{2}\mathrm{Re}\left[\frac{1}{2}\left(\dot{F}^+\dot{J}-\dot{J}^+\dot{F}\right)\right]$	$\begin{cases}-\nabla\cdot\mathrm{Re}\dot{\boldsymbol{\Phi}}=\mathrm{Re}\dot{\boldsymbol{f}}\\-\nabla\cdot\mathrm{Re}\dot{\boldsymbol{S}}=\mathrm{Re}\dot{P}_\mathrm{e}\end{cases}$

续表

	张量形式	微分形式	四元数形式	矢量形式
互能-动量方程	$\partial_j\left(\dot{T}_{\mu j}^{1^*2}+\dot{T}_{\mu j}^{21^*}\right)=\dot{f}_\mu^{1^*2}+\dot{f}_\mu^{21^*}$	$d_S\wedge\left(\dot{\bar{\bar{T}}}_{1^*2}+\dot{\bar{\bar{T}}}_{21^*}\right)=\dot{\bar{\bar{F}}}_{1^*2}+\dot{\bar{\bar{F}}}_{21^*}$ 或 $d_S\wedge\left(\dot{\bar{\bar{S}}}_{1^*2}+\dot{\bar{\bar{S}}}_{21^*}\right)=\dot{\bar{\bar{f}}}_{1^*2}+\dot{\bar{\bar{f}}}_{21^*}$	$\frac{1}{2}\left[\dot{F}_1^+\left(\nabla\dot{G}_2\right)-\left(\nabla\dot{G}_1\right)^+\dot{F}_2\right]=\frac{1}{2}\left(\dot{F}_1^+\dot{J}_2-\dot{J}_1^+\dot{F}_2\right)$	$\begin{cases}-\nabla\cdot\left(\dot{\boldsymbol{\Phi}}_{1^*2}+\dot{\boldsymbol{\Phi}}_{21^*}\right)=\dot{\boldsymbol{f}}_{1^*2}+\dot{\boldsymbol{f}}_{21^*}\\-\nabla\cdot\left(\dot{\boldsymbol{S}}_{1^*2}+\dot{\boldsymbol{S}}_{21^*}\right)=\dot{P}_{\mathrm{e}1^*2}+\dot{P}_{\mathrm{e}21^*}\end{cases}$
能-动量互易方程	$\partial_j\left(\dot{T}_{\mu j}^{1^{*'}2}+\dot{T}_{\mu j}^{21^{*'}}\right)=\dot{f}_\mu^{1^{*'}2}+\dot{f}_\mu^{21^{*'}}$	$d_S\wedge\left(\dot{\bar{\bar{T}}}_{1^{*'}2}+\dot{\bar{\bar{T}}}_{21^{*'}}\right)=\dot{\bar{\bar{F}}}_{1^{*'}2}+\dot{\bar{\bar{F}}}_{21^{*'}}$ $d_S\wedge\left(\dot{\bar{\bar{S}}}_{1^{*'}2}+\dot{\bar{\bar{S}}}_{21^{*'}}\right)=\dot{\bar{\bar{f}}}_{1^{*'}2}+\dot{\bar{\bar{f}}}_{21^{*'}}$	$\frac{1}{2}\left[\widetilde{\dot{F}}_1\left(\nabla\dot{G}_2\right)-\left(\widetilde{\nabla\dot{G}_1}\right)\dot{F}_2\right]=\frac{1}{2}\left(\widetilde{\dot{F}}_1\dot{J}_2-\widetilde{\dot{J}}_1\dot{F}_2\right)$	$\begin{cases}-\nabla\cdot\left(\dot{\boldsymbol{\Phi}}_{1^{*'}2}+\dot{\boldsymbol{\Phi}}_{21^{*'}}\right)=\dot{\boldsymbol{f}}_{1^{*'}2}+\dot{\boldsymbol{f}}_{21^{*'}}\\-\nabla\cdot\left(\dot{\boldsymbol{S}}_{1^{*'}2}+\dot{\boldsymbol{S}}_{21^{*'}}\right)=\dot{P}_{\mathrm{e}1^{*'}2}+\dot{P}_{\mathrm{e}21^{*'}}\end{cases}$

第 2 章　电磁场守恒方程与时频反转变换

本章概述与电磁场互易定理相关的电磁场守恒方程，以及时间反转变换和频域共轭变换，作为后续章节的预备知识。

2.1　麦克斯韦方程组

若同时考虑电性源和磁性源，一般形式的麦克斯韦方程组为

$$\nabla\times\boldsymbol{E}=-\boldsymbol{J}_{\mathrm{m}}-\partial_t\boldsymbol{B} \tag{2.1.1a}$$

$$\nabla\cdot\boldsymbol{B}=\rho_{\mathrm{m}} \tag{2.1.1b}$$

$$\nabla\times\boldsymbol{H}=\boldsymbol{J}_{\mathrm{e}}+\partial_t\boldsymbol{D} \tag{2.1.2a}$$

$$\nabla\cdot\boldsymbol{D}=\rho_{\mathrm{e}} \tag{2.1.2b}$$

式中，$\partial_t=\dfrac{\partial}{\partial t}$为时间导数。

第一对方程称作麦克斯韦-法拉第方程，包含法拉第电磁感应定律与高斯磁通定理，第二对方程称作麦克斯韦-安培方程，包含安培定律与高斯电通定理。

介质中的性质方程为

$$\boldsymbol{D}=\varepsilon\boldsymbol{E}$$

$$\boldsymbol{B}=\mu\boldsymbol{H}$$

$$\boldsymbol{J}=\sigma\boldsymbol{E}$$

式中，$\boldsymbol{H}$，$\boldsymbol{E}$，$\boldsymbol{D}$，$\boldsymbol{B}$，$\boldsymbol{J}$分别为磁场强度，电场强度，电位移矢量，磁感应强度和电流密度；$\boldsymbol{J}_{\mathrm{e}}$，$\boldsymbol{J}_{\mathrm{m}}$，$\rho_{\mathrm{e}}$和$\rho_{\mathrm{m}}$分别为电流密度源、磁流密度源、电荷密度源和磁荷密度源；σ，ε和μ分别为电导率、介电常量和磁导率。

时谐电磁场麦克斯韦方程组为

$$\nabla\times\dot{\boldsymbol{E}}=-\dot{\boldsymbol{J}}_{\mathrm{m}}-\mathrm{j}\omega\dot{\boldsymbol{B}} \tag{2.1.3a}$$

$$\nabla\cdot\dot{\boldsymbol{B}}=\dot{\rho}_{\mathrm{m}} \tag{2.1.3b}$$

$$\nabla\times\dot{\boldsymbol{H}}=\dot{\boldsymbol{J}}_{\mathrm{e}}+\mathrm{j}\omega\dot{\boldsymbol{D}} \tag{2.1.4a}$$

$$\nabla\cdot\dot{\boldsymbol{D}}=\dot{\rho}_{\mathrm{e}} \tag{2.1.4b}$$

时谐场中所有物理量均是相量形式。

2.2　电磁场能量守恒方程

时域电磁场能量守恒方程为

$$-\partial_t\left[\frac{1}{2}\left(\boldsymbol{D}\cdot\boldsymbol{E}+\boldsymbol{B}\cdot\boldsymbol{H}\right)\right]-\nabla\cdot\left(\boldsymbol{E}\times\boldsymbol{H}\right)=\boldsymbol{J}_{\mathrm{e}}\cdot\boldsymbol{E} \tag{2.2.1a}$$

$$-\int_V\partial_t\left[\frac{1}{2}\left(\boldsymbol{D}\cdot\boldsymbol{E}+\boldsymbol{B}\cdot\boldsymbol{H}\right)\right]\mathrm{d}V-\oint_S\left(\boldsymbol{E}\times\boldsymbol{H}\right)\cdot\mathrm{d}\boldsymbol{S}=\int_V\boldsymbol{J}_{\mathrm{e}}\cdot\boldsymbol{E}\mathrm{d}V \tag{2.2.1b}$$

简记为

$$-\partial_t w-\nabla\cdot\boldsymbol{S}=P_{\mathrm{e}} \tag{2.2.1c}$$

$$-\int_V\partial_t w\mathrm{d}V-\oint_S\boldsymbol{S}\cdot\mathrm{d}\boldsymbol{S}=\int_V P_{\mathrm{e}}\mathrm{d}V \tag{2.2.1d}$$

式中，坡印廷矢量$\boldsymbol{S}$、电源功率P_{e}、电磁能密度w分别为

$$\boldsymbol{S}=\boldsymbol{E}\times\boldsymbol{H} \tag{2.2.2}$$

$$P_{\mathrm{e}}=\boldsymbol{J}_{\mathrm{e}}\cdot\boldsymbol{E} \tag{2.2.3}$$

$$w=\frac{1}{2}\left(\boldsymbol{D}\cdot\boldsymbol{E}+\boldsymbol{B}\cdot\boldsymbol{H}\right) \tag{2.2.4}$$

时谐电磁场能量守恒方程为

$$\nabla\cdot\left[\frac{1}{2}\mathrm{Re}\left(\dot{\boldsymbol{E}}\times\dot{\boldsymbol{H}}^*\right)\right]=-\frac{1}{2}\mathrm{Re}\left(\dot{\boldsymbol{J}}_{\mathrm{e}}^*\cdot\dot{\boldsymbol{E}}\right) \tag{2.2.5a}$$

$$\oint_S\frac{1}{2}\mathrm{Re}\left(\dot{\boldsymbol{E}}\times\dot{\boldsymbol{H}}^*\right)\cdot\mathrm{d}\boldsymbol{S}=-\int_V\frac{1}{2}\mathrm{Re}\left(\dot{\boldsymbol{J}}_{\mathrm{e}}^*\cdot\dot{\boldsymbol{E}}\right)\mathrm{d}V \tag{2.2.5b}$$

简记为

$$\nabla\cdot\langle \boldsymbol{S}\rangle = -\langle P_{\rm e}\rangle \tag{2.2.5c}$$

$$\oint_S \langle \boldsymbol{S}\rangle\cdot {\rm d}\boldsymbol{S} = -\int_V \langle P_{\rm e}\rangle {\rm d}V \tag{2.2.5d}$$

定义复坡印廷矢量 $\dot{\boldsymbol{S}}$ 和复功率密度 $\dot{P}_{\rm e}$ 分别为

$$\dot{\boldsymbol{S}} = \frac{1}{2}\dot{\boldsymbol{E}}\times\dot{\boldsymbol{H}}^* \tag{2.2.6}$$

$$\dot{P}_{\rm e} = \frac{1}{2}\dot{\boldsymbol{J}}_{\rm e}^*\cdot\dot{\boldsymbol{E}} \tag{2.2.7}$$

时谐电磁场能量守恒方程亦可写为

$$\nabla\cdot{\rm Re}\dot{\boldsymbol{S}} = -{\rm Re}\dot{P}_{\rm e} \tag{2.2.8a}$$

$$\oint_S {\rm Re}\dot{\boldsymbol{S}}\cdot{\rm d}\boldsymbol{S} = -\int_V {\rm Re}\dot{P}_{\rm e}{\rm d}V \tag{2.2.8b}$$

式中，${\rm Re}(\cdot)$表示取实部，“*”表示复共轭。

2.3　电磁场的力-动量守恒方程

时域电磁场与电荷系统的力-动量守恒方程为

$$\begin{aligned}&-\nabla\cdot\left[\frac{1}{2}(\boldsymbol{B}\cdot\boldsymbol{H}+\boldsymbol{D}\cdot\boldsymbol{E})\bar{\bar{\boldsymbol{I}}}-\boldsymbol{BH}-\boldsymbol{DE}\right]\\&=\mu\varepsilon\partial_t\boldsymbol{S}+\boldsymbol{J}_{\rm e}\times\boldsymbol{B}+\rho_{\rm e}\boldsymbol{E}\end{aligned} \tag{2.3.1a}$$

$$\begin{aligned}&-\oint_S\left[\frac{1}{2}(\boldsymbol{B}\cdot\boldsymbol{H}+\boldsymbol{D}\cdot\boldsymbol{E})\bar{\bar{\boldsymbol{I}}}-\boldsymbol{BH}-\boldsymbol{DE}\right]\cdot{\rm d}\boldsymbol{S}\\&=\int_V(\mu\varepsilon\partial_t\boldsymbol{S}+\boldsymbol{J}_{\rm e}\times\boldsymbol{B}+\rho_{\rm e}\boldsymbol{E}){\rm d}V\end{aligned} \tag{2.3.1b}$$

简记为

$$\nabla\cdot\boldsymbol{T} = -\nabla\cdot\boldsymbol{\Phi} = \partial_t\boldsymbol{g}_f+\boldsymbol{f} \tag{2.3.1c}$$

$$\int_V\partial_t\boldsymbol{g}_f{\rm d}V+\int_V\boldsymbol{f}{\rm d}V = \oint_S\boldsymbol{T}\cdot{\rm d}\boldsymbol{S} = -\oint_S\boldsymbol{\Phi}\cdot{\rm d}\boldsymbol{S} \tag{2.3.1d}$$

其中

$$\boldsymbol{f}=\partial_t\boldsymbol{g}_p=\boldsymbol{J}_{\mathrm{e}}\times\boldsymbol{B}+\rho_{\mathrm{e}}\boldsymbol{E} \tag{2.3.2}$$

$$\boldsymbol{g}_f=\mu\varepsilon\boldsymbol{S} \tag{2.3.3}$$

$$\boldsymbol{\Phi}=-\boldsymbol{T}=\frac{1}{2}(\boldsymbol{B}\cdot\boldsymbol{H}+\boldsymbol{D}\cdot\boldsymbol{E})\bar{\bar{\boldsymbol{I}}}-\boldsymbol{B}\boldsymbol{H}-\boldsymbol{D}\boldsymbol{E} \tag{2.3.4}$$

式中，$\bar{\bar{\boldsymbol{I}}}$为单位并矢，$\boldsymbol{f}$为洛伦兹力密度，$\boldsymbol{g}_f$和$(\boldsymbol{g}_p)$分别为电磁场和电荷系统的动量密度，$\boldsymbol{T}$为麦克斯韦应力张量，$\boldsymbol{\Phi}$为电磁场的动量流密度张量。

当洛伦兹力$\boldsymbol{f}$为零时，式（2.3.1a）亦称为电磁场动量守恒方程，本书中对两个命名不作严格区分。

时谐电磁场动量守恒方程为

$$-\nabla\cdot\left[\frac{1}{2}\mathrm{Re}\left(\frac{1}{2}\dot{\boldsymbol{D}}\cdot\dot{\boldsymbol{E}}^*\bar{\bar{\boldsymbol{I}}}-\dot{\boldsymbol{D}}\dot{\boldsymbol{E}}^*+\frac{1}{2}\dot{\boldsymbol{B}}\cdot\dot{\boldsymbol{H}}^*\bar{\bar{\boldsymbol{I}}}-\dot{\boldsymbol{B}}\dot{\boldsymbol{H}}^*\right)\right]$$

$$=\frac{1}{2}\mathrm{Re}(\dot{\boldsymbol{J}}_{\mathrm{e}}\times\dot{\boldsymbol{B}}^*+\dot{\rho}_{\mathrm{e}}\dot{\boldsymbol{E}}^*) \tag{2.3.5a}$$

$$-\oint_s\mathrm{d}\boldsymbol{S}\cdot\frac{1}{2}\mathrm{Re}\left(\frac{1}{2}\dot{\boldsymbol{D}}\cdot\dot{\boldsymbol{E}}^*\bar{\bar{\boldsymbol{I}}}-\dot{\boldsymbol{D}}\dot{\boldsymbol{E}}^*+\frac{1}{2}\dot{\boldsymbol{B}}\cdot\dot{\boldsymbol{H}}^*\bar{\bar{\boldsymbol{I}}}-\dot{\boldsymbol{B}}\dot{\boldsymbol{H}}^*\right)$$

$$=\int_V\frac{1}{2}\mathrm{Re}\left(\dot{\boldsymbol{J}}_{\mathrm{e}}\times\dot{\boldsymbol{B}}^*+\dot{\rho}_{\mathrm{e}}\dot{\boldsymbol{E}}^*\right)\mathrm{d}V \tag{2.3.5b}$$

微分方程简记为

$$-\nabla\cdot\langle\boldsymbol{\Phi}\rangle=\langle\boldsymbol{f}\rangle \tag{2.3.6a}$$

$$-\nabla\cdot\mathrm{Re}\dot{\boldsymbol{\Phi}}=\mathrm{Re}\dot{\boldsymbol{f}} \tag{2.3.6b}$$

积分方程简记为

$$-\oint_s\langle\boldsymbol{\Phi}\rangle\cdot\mathrm{d}\boldsymbol{S}=\int_V\langle\boldsymbol{f}\rangle\mathrm{d}V \tag{2.3.7a}$$

$$-\oint_s\mathrm{Re}\dot{\boldsymbol{\Phi}}\cdot\mathrm{d}\boldsymbol{S}=\int_V\mathrm{Re}\dot{\boldsymbol{f}}\mathrm{d}V \tag{2.3.7b}$$

式中

$$\langle\boldsymbol{\Phi}\rangle=\mathrm{Re}\dot{\boldsymbol{\Phi}} \tag{2.3.8a}$$

$$\langle\boldsymbol{f}\rangle=\mathrm{Re}\dot{\boldsymbol{f}} \tag{2.3.8b}$$

分别为电磁场动量流密度和洛仑兹力密度在一个周期内的平均值。

复动量流密度和复洛伦兹力密度分别

$$\dot{\boldsymbol{\Phi}}=\frac{1}{2}\left(\frac{1}{2}\dot{\boldsymbol{D}}\cdot\dot{\boldsymbol{E}}^{*}\overline{\overline{\boldsymbol{I}}}-\dot{\boldsymbol{D}}\dot{\boldsymbol{E}}^{*}+\frac{1}{2}\dot{\boldsymbol{B}}\cdot\dot{\boldsymbol{H}}^{*}\overline{\overline{\boldsymbol{I}}}-\dot{\boldsymbol{B}}\dot{\boldsymbol{H}}^{*}\right) \tag{2.3.9a}$$

$$\dot{\boldsymbol{f}}=\frac{1}{2}(\dot{\boldsymbol{J}}_{\mathrm{e}}\times\dot{\boldsymbol{B}}^{*}+\dot{\rho}_{\mathrm{e}}\dot{\boldsymbol{E}}^{*}) \tag{2.3.9b}$$

2.4　时间反转变换

麦克斯韦方程组可以有两种解，一种是滞后解（也称滞后波），另一种是超前解（也称超前波）。滞后波表示从源出发，向外传播出去的波。滞后波是从当前时间发送到未来时间，符合传统的因果律，是物理世界常见的波。超前波表示向源收缩的波，超前波的能量与波的传播方向相反，是从当前时间发送到过去时间的波，违背了传统的因果律。然而，许多物理学家，包括阿尔伯特-爱因斯坦，约翰阿奇博尔德-惠勒和理查德-费曼等均认为超前波是物理学中的真实现象。

对麦克斯韦方程组和洛伦兹力，作$t\to -t$作变换，若

$$\boldsymbol{E}\to\boldsymbol{E},\ \boldsymbol{D}\to\boldsymbol{D},\ \boldsymbol{B}\to-\boldsymbol{B},\ \boldsymbol{H}\to-\boldsymbol{H}$$

$$\boldsymbol{J}_{\mathrm{e}}\to-\boldsymbol{J}_{\mathrm{e}},\ \rho_{\mathrm{e}}\to\rho_{\mathrm{e}},\ \boldsymbol{J}_{\mathrm{m}}\to\boldsymbol{J}_{\mathrm{m}},\ \rho_{\mathrm{m}}\to-\rho_{\mathrm{m}}$$

则麦克斯韦方程组和洛伦兹力的形式不变，这种变换称为时间反转变换。

设$\boldsymbol{J}_{\mathrm{e}}(\boldsymbol{r},t),\boldsymbol{J}_{\mathrm{m}}(\boldsymbol{r},t),\rho_{\mathrm{e}}(\boldsymbol{r},t),\rho_{\mathrm{m}}(\boldsymbol{r},t)$是激励源，$\boldsymbol{E}(\boldsymbol{r},t),\boldsymbol{B}(\boldsymbol{r},t)$，$\boldsymbol{H}(\boldsymbol{r},t)$和$\boldsymbol{D}(\boldsymbol{r},t)$是时域 麦克斯韦方程组的滞后解。对时域滞后解进行时间反转后可以得到时域麦克斯韦方程组的超前解。

将时域麦克斯韦方程组的超前解（包括源）记为

$$\overline{\boldsymbol{E}}=\boldsymbol{E}(\boldsymbol{r},-t),\quad \overline{\boldsymbol{B}}=-\boldsymbol{B}(\boldsymbol{r},-t),\quad \overline{\boldsymbol{H}}=-\boldsymbol{H}(\boldsymbol{r},-t),\quad \overline{\boldsymbol{D}}=\boldsymbol{D}(\boldsymbol{r},-t)$$

$$\overline{\boldsymbol{J}}_{\mathrm{e}}=-\boldsymbol{J}_{\mathrm{e}}(\boldsymbol{r},-t),\quad \overline{\boldsymbol{J}}_{\mathrm{m}}=\boldsymbol{J}_{\mathrm{m}}(\boldsymbol{r},-t),\quad \overline{\rho}_{\mathrm{e}}=\rho_{\mathrm{e}}(\boldsymbol{r},-t),\quad \overline{\rho}_{\mathrm{m}}=-\rho_{\mathrm{m}}(\boldsymbol{r},-t)$$

滞后解满足式（2.1.1），超前解则满足时域麦克斯韦方程组

$$\begin{aligned}&\nabla\times\bar{\boldsymbol{E}}=-\bar{\boldsymbol{J}}_{\mathrm{m}}-\partial_t\bar{\boldsymbol{B}}\\&\nabla\cdot\bar{\boldsymbol{B}}=\bar{\rho}_{\mathrm{m}}\\&\nabla\times\bar{\boldsymbol{H}}=\bar{\boldsymbol{J}}_{\mathrm{e}}+\partial_t\bar{\boldsymbol{D}}\\&\nabla\cdot\bar{\boldsymbol{D}}=\bar{\rho}_{\mathrm{e}}\end{aligned}$$

亦即

$$\begin{aligned}&\nabla\times\left[\boldsymbol{E}(\boldsymbol{r},-t)\right]=-\left[\boldsymbol{J}_{\mathrm{m}}(\boldsymbol{r},-t)\right]-\frac{\partial}{\partial t}\left[-\boldsymbol{B}(\boldsymbol{r},-t)\right]\\&\nabla\cdot\left[-\boldsymbol{B}(\boldsymbol{r},-t)\right]=\left[-\rho_{\mathrm{m}}(\boldsymbol{r},-t)\right]\\&\nabla\times\left[-\boldsymbol{H}(\boldsymbol{r},-t)\right]=\left[-\boldsymbol{J}_{\mathrm{e}}(\boldsymbol{r},-t)\right]+\frac{\partial}{\partial t}\left[\boldsymbol{D}(\boldsymbol{r},-t)\right]\\&\nabla\cdot\left[\boldsymbol{D}(\boldsymbol{r},-t)\right]=\rho_{\mathrm{e}}(\boldsymbol{r},-t)\end{aligned}$$

2.5　频域共轭变换

频域共轭变换在互易过程有两个应用：一是在频域中实现两个滞后波作用关系到两个超前波作用关系的相互变换，二是在频域中实现反应型方程到能量动量型方程的相互变换。本书采用共轭变换主要是后者。

设空间中的场 $\dot{\boldsymbol{F}}$ 和源 $\dot{\boldsymbol{S}}$ 表示为

$$\dot{\boldsymbol{F}}=\left[\dot{\boldsymbol{E}},\dot{\boldsymbol{H}},\dot{\boldsymbol{D}},\dot{\boldsymbol{B}}\right]\tag{2.5.1}$$

$$\dot{\boldsymbol{S}}=\left[\dot{\boldsymbol{J}}_{\mathrm{e}},\dot{\boldsymbol{J}}_{\mathrm{m}},\dot{\rho}_{\mathrm{e}},\dot{\rho}_{\mathrm{m}}\right]\tag{2.5.2}$$

定义算子

$$\boldsymbol{L}=\begin{bmatrix}-\mathrm{j}\omega\varepsilon\bar{\bar{\boldsymbol{I}}} & \boldsymbol{\varXi} & 0 & 0\\ \boldsymbol{\varXi} & -\mathrm{j}\omega\mu\bar{\bar{\boldsymbol{I}}} & 0 & 0\\ 0 & 0 & \nabla & 0\\ 0 & 0 & 0 & \nabla\end{bmatrix}\tag{2.5.3}$$

式中，$\bar{\bar{\boldsymbol{I}}}$ 为单位并矢，$\boldsymbol{\varXi}\cdot\dot{\boldsymbol{A}}=\nabla\times\dot{\boldsymbol{A}}$， $\boldsymbol{A}$ 为任意矢量。

麦克斯韦方程组可以写成

$$\boldsymbol{L}\dot{\boldsymbol{F}}=\dot{\boldsymbol{S}} \tag{2.5.4}$$

定义共轭场、共轭源与共轭介质，共轭算子分别为

$$\dot{\boldsymbol{F}}^{+}=\left[\dot{\boldsymbol{E}}^{*},-\dot{\boldsymbol{H}}^{*},\dot{\boldsymbol{D}}^{*},-\dot{\boldsymbol{B}}^{*}\right] \tag{2.5.5}$$

$$\dot{\boldsymbol{S}}^{+}=\left[-\dot{\boldsymbol{J}}_{\mathrm{e}}^{*},\dot{\boldsymbol{J}}_{\mathrm{m}}^{*},\dot{\rho}_{\mathrm{e}}^{*},-\dot{\rho}_{\mathrm{m}}^{*}\right] \tag{2.5.6}$$

$$\boldsymbol{L}^{+}=\begin{bmatrix}-\mathrm{j}\omega\varepsilon^{*}\bar{\bar{\boldsymbol{I}}} & \Xi & 0 & 0\\ \Xi & -\mathrm{j}\omega\mu^{*}\bar{\bar{\boldsymbol{I}}} & 0 & 0\\ 0 & 0 & \nabla & 0\\ 0 & 0 & 0 & \nabla\end{bmatrix} \tag{2.5.7}$$

$$\varepsilon^{+}=\varepsilon^{*}\quad \mu^{+}=\mu^{*} \tag{2.5.8}$$

式中，“*”表示复共轭，“+”表示场和源的共轭。

可以证明，共轭场和共轭源在共轭介质中满足麦克斯韦方程组

$$\boldsymbol{L}^{+}\dot{\boldsymbol{F}}^{+}=\dot{\boldsymbol{S}}^{+} \tag{2.5.9}$$

用共轭场 $\dot{\boldsymbol{F}}^{+}$ 和共轭源 $\dot{\boldsymbol{S}}^{+}$ 以及共轭介质 ε^{+}，μ^{+} 分别替换场 $\dot{\boldsymbol{F}}$ 和源 $\dot{\boldsymbol{S}}$ 以及介质 ε，μ，则频域麦克斯韦方程组的形式不变，这种变换称为共轭变换。

若对两个电磁场源均作共轭变换，则导出的互易方程的形式不变。根据信号分析理论，时域实函数对应的频域函数 $X(\omega)$ 具有共轭对称性，即 $X(-\omega)=X^{*}(\omega)$，即频域反转等价于频域取共轭。于是，式（2.5.5）和式（2.5.6）可化为

$$\dot{\boldsymbol{F}}^{+}=\left[\dot{\boldsymbol{E}}(\boldsymbol{r},-\omega),-\dot{\boldsymbol{H}}(\boldsymbol{r},-\omega),\dot{\boldsymbol{D}}(\boldsymbol{r},-\omega),-\dot{\boldsymbol{B}}(\boldsymbol{r},-\omega)\right] \tag{2.5.10}$$

$$\dot{\boldsymbol{S}}^{+}=\left[-\dot{\boldsymbol{J}}_{\mathrm{e}}(\boldsymbol{r},-\omega),\dot{\boldsymbol{J}}_{\mathrm{m}}(\boldsymbol{r},-\omega),\dot{\rho}_{\mathrm{e}}(\boldsymbol{r},-\omega),-\dot{\rho}_{\mathrm{m}}(\boldsymbol{r},-\omega)\right] \tag{2.5.11}$$

经典洛伦兹互易定理描述的两个场源关系是针对麦克斯韦方程组滞后解的。根据 2.4 节可知，麦克斯韦方程组的解除了常见的滞后解，还存在超前解。式（2.5.10）和式（2.5.11）说明经过共轭变换，两个滞后波互易变换为两个超前波互易。共轭变换是一个物理变换，电磁场在共轭变换前满足麦克斯韦方程组，则变换后仍满足麦克斯韦

方程组。共轭变换把滞后波变成超前波，把超前波变成滞后波。

利用共轭变换，还可以实现反应型方程到能量动量型方程的变换。与滞后波互易方程到超前波的互易方程不同，若对能量动量型方程的任意一个场源作共轭变换可得反应型方程；反之，若对反应型方程的任意一个场源，作共轭变换可得能量动量型方程。这说明了反应型方程和能量动量型方程存在紧密联系。

比如，洛伦兹互易方程的一般形式为

$$\nabla\cdot\left(\dot{\boldsymbol{E}}_1\times\dot{\boldsymbol{H}}_2-\dot{\boldsymbol{E}}_2\times\dot{\boldsymbol{H}}_1\right)=\dot{\boldsymbol{J}}_{\mathrm{e}1}\cdot\dot{\boldsymbol{E}}_2-\dot{\boldsymbol{J}}_{\mathrm{e}2}\cdot\dot{\boldsymbol{E}}_1 \tag{2.5.12}$$

对式（2.5.12）关于角标 2 的物理量作共轭变换，可得互能方程

$$-\nabla\cdot\left(\dot{\boldsymbol{E}}_1\times\dot{\boldsymbol{H}}_2^*+\dot{\boldsymbol{E}}_2^*\times\dot{\boldsymbol{H}}_1\right)=\dot{\boldsymbol{J}}_{\mathrm{e}1}\cdot\dot{\boldsymbol{E}}_2^*+\dot{\boldsymbol{J}}_{\mathrm{e}2}^*\cdot\dot{\boldsymbol{E}}_1 \tag{2.5.13}$$

反之，对互能方程（2.5.13）关于角标 2 的物理量作共轭变换，可得互易方程。

因为后续章节通常是先获得能量动量型互易方程，之后利用共轭变换得到反应型互易方程，下面将以互动量方程为例，详细讨论由它到动量互易方程的共轭变换。

互动量方程简记为

$$-\nabla\cdot\dot{\boldsymbol{\Phi}}_{12*}=\dot{\boldsymbol{F}}_{12*} \tag{2.5.14a}$$

式中

$$\begin{aligned}\dot{\boldsymbol{\Phi}}_{12*}=\frac{1}{2}\mathrm{Re}\Big[&\left(\dot{\boldsymbol{H}}_1\cdot\dot{\boldsymbol{B}}_2^*\bar{\bar{\boldsymbol{I}}}-\dot{\boldsymbol{H}}_1\dot{\boldsymbol{B}}_2^*-\dot{\boldsymbol{B}}_2^*\dot{\boldsymbol{H}}_1\right)\\&+\left(\dot{\boldsymbol{D}}_1\cdot\dot{\boldsymbol{E}}_2^*\bar{\bar{\boldsymbol{I}}}-\dot{\boldsymbol{D}}_1\dot{\boldsymbol{E}}_2^*-\dot{\boldsymbol{E}}_2^*\dot{\boldsymbol{D}}_1\right)\Big]\end{aligned} \tag{2.5.14b}$$

$$\dot{\boldsymbol{F}}_{12*}=\frac{1}{2}\mathrm{Re}\left(\dot{\boldsymbol{J}}_{\mathrm{e}1}\times\dot{\boldsymbol{B}}_2^*+\dot{\boldsymbol{J}}_{\mathrm{e}2}^*\times\dot{\boldsymbol{B}}_1+\dot{\rho}_{\mathrm{e}1}\dot{\boldsymbol{E}}_2^*+\dot{\rho}_{\mathrm{e}2}^*\dot{\boldsymbol{E}}_1\right) \tag{2.5.14c}$$

分别为互电磁场动量流密度和互洛伦兹力密度。

式（2.5.14）中各物理量去掉$\frac{1}{2}\mathrm{Re}$，写作

$$-\nabla\cdot\left[\left(\dot{\boldsymbol{H}}_1\cdot\dot{\boldsymbol{B}}_2^*\bar{\bar{\boldsymbol{I}}}-\dot{\boldsymbol{H}}_1\dot{\boldsymbol{B}}_2^*-\dot{\boldsymbol{B}}_2^*\dot{\boldsymbol{H}}_1\right)+\left(\dot{\boldsymbol{D}}_1\cdot\dot{\boldsymbol{E}}_2^*\bar{\bar{\boldsymbol{I}}}-\dot{\boldsymbol{D}}_1\dot{\boldsymbol{E}}_2^*-\dot{\boldsymbol{E}}_2^*\dot{\boldsymbol{D}}_1\right)\right]$$

$$= \dot{\boldsymbol{J}}_{e1} \times \dot{\boldsymbol{B}}_2^* + \boldsymbol{J}_{e2}^* \times \dot{\boldsymbol{B}}_1 + \dot{\rho}_{e1}\dot{\boldsymbol{E}}_2^* + \dot{\rho}_{e2}^*\dot{\boldsymbol{E}}_1 \tag{2.5.15}$$

若对互动量方程（2.5.15）关于角标 2 的量作共轭变换，用2*'表示，具体处理方法是，对磁感应强度和电流密度取共轭后再取相反数，电场强度和电荷密度直接取共轭。

可得动量互易方程

$$-\nabla \cdot \dot{\boldsymbol{\Phi}}_{12*'} = \dot{\boldsymbol{F}}_{12*'} \tag{2.5.16a}$$

$$\dot{\boldsymbol{\Phi}}_{12*'} = \left[\dot{\boldsymbol{H}}_1 \cdot \left(-\dot{\boldsymbol{B}}_2\right)\overline{\overline{\boldsymbol{I}}} - \dot{\boldsymbol{H}}_1\left(-\dot{\boldsymbol{B}}_2\right) - \left(-\dot{\boldsymbol{B}}_2\right)\dot{\boldsymbol{H}}_1\right] + \left(\dot{\boldsymbol{D}}_1 \cdot \dot{\boldsymbol{E}}_2\overline{\overline{\boldsymbol{I}}} - \dot{\boldsymbol{D}}_1\dot{\boldsymbol{E}}_2 - \dot{\boldsymbol{E}}_2\dot{\boldsymbol{D}}_1\right) \tag{2.5.16b}$$

$$\dot{\boldsymbol{F}}_{12*'} = \dot{\boldsymbol{J}}_{e1} \times \left(-\dot{\boldsymbol{B}}_2\right) + \left(-\dot{\boldsymbol{J}}_{e2}\right) \times \dot{\boldsymbol{B}}_1 + \dot{\rho}_{e1}\dot{\boldsymbol{E}}_2 + \dot{\rho}_{e2}\dot{\boldsymbol{E}}_1 \tag{2.5.16c}$$

$$-\nabla \cdot \left\{\left[\dot{\boldsymbol{H}}_1 \cdot \left(-\dot{\boldsymbol{B}}_2\right)\overline{\overline{\boldsymbol{I}}} - \dot{\boldsymbol{H}}_1\left(-\dot{\boldsymbol{B}}_2\right) - \left(-\dot{\boldsymbol{B}}_2\right)\dot{\boldsymbol{H}}_1\right] + \left(\dot{\boldsymbol{D}}_1 \cdot \dot{\boldsymbol{E}}_2\overline{\overline{\boldsymbol{I}}} - \dot{\boldsymbol{D}}_1\dot{\boldsymbol{E}}_2 - \dot{\boldsymbol{E}}_2\dot{\boldsymbol{D}}_1\right)\right\}$$
$$= \dot{\boldsymbol{J}}_{e1} \times \left(-\dot{\boldsymbol{B}}_2\right) + \left(-\dot{\boldsymbol{J}}_{e2}\right) \times \dot{\boldsymbol{B}}_1 + \dot{\rho}_{e1}\dot{\boldsymbol{E}}_2 + \dot{\rho}_{e2}\dot{\boldsymbol{E}}_1 \tag{2.5.16d}$$

需要注意，式（2.5.16d）两边将多出一个负号，为了使相关物理量保持与变换前相对应的含义，将式（2.5.16）两边同除 −1，则有

$$-\nabla \cdot \left(-\dot{\boldsymbol{\Phi}}_{12*'}\right) = \left(-\dot{\boldsymbol{F}}_{12*'}\right) \tag{2.5.17a}$$

$$-\dot{\boldsymbol{\Phi}}_{12*'} = \left(\dot{\boldsymbol{H}}_1 \cdot \dot{\boldsymbol{B}}_2\overline{\overline{\boldsymbol{I}}} - \dot{\boldsymbol{H}}_1\dot{\boldsymbol{B}}_2 - \dot{\boldsymbol{B}}_2\dot{\boldsymbol{H}}_1\right) - \left(\dot{\boldsymbol{D}}_1 \cdot \dot{\boldsymbol{E}}_2\overline{\overline{\boldsymbol{I}}} - \dot{\boldsymbol{D}}_1\dot{\boldsymbol{E}}_2 - \dot{\boldsymbol{E}}_2\dot{\boldsymbol{D}}_1\right) \tag{2.5.17b}$$

$$-\dot{\boldsymbol{F}}_{12*'} = \dot{\boldsymbol{J}}_{e1} \times \dot{\boldsymbol{B}}_2 + \dot{\boldsymbol{J}}_{e2} \times \dot{\boldsymbol{B}}_1 - \dot{\rho}_{e1}\dot{\boldsymbol{E}}_2 - \dot{\rho}_{e2}\dot{\boldsymbol{E}}_1 \tag{2.5.17c}$$

$$-\nabla \cdot \left[\left(\dot{\boldsymbol{H}}_1 \cdot \dot{\boldsymbol{B}}_2\overline{\overline{\boldsymbol{I}}} - \dot{\boldsymbol{H}}_1\dot{\boldsymbol{B}}_2 - \dot{\boldsymbol{B}}_2\dot{\boldsymbol{H}}_1\right) - \left(\dot{\boldsymbol{D}}_1 \cdot \dot{\boldsymbol{E}}_2\overline{\overline{\boldsymbol{I}}} - \dot{\boldsymbol{D}}_1\dot{\boldsymbol{E}}_2 - \dot{\boldsymbol{E}}_2\dot{\boldsymbol{D}}_1\right)\right]$$
$$= \dot{\boldsymbol{J}}_{e1} \times \dot{\boldsymbol{B}}_2 + \dot{\boldsymbol{J}}_{e2} \times \dot{\boldsymbol{B}}_1 - \dot{\rho}_{e1}\dot{\boldsymbol{E}}_2 - \dot{\rho}_{e2}\dot{\boldsymbol{E}}_1 \tag{2.5.17d}$$

式中，$-\dot{\boldsymbol{\Phi}}_{12*'}$ 和 $-\dot{\boldsymbol{F}}_{12*'}$ 分别称为电磁场动量流密度反应和洛伦兹力密度反应。

尽管能量动量型方程与反应型方程有上述紧密的联系，它们仍是

两个完全独立的定理。反应型方程描述两个场源之间的“反应”关系，不具有实际物理意义，适用于处理两个相同性质的场源。能量动量型方程描述两个场源之间的“互复功率”或“互复动量”关系，具有实际物理意义，适用于处理一个源产生滞后波，另一个源产生超前波的情况。

需要说明的是，时间反转与频域共轭存在紧密联系。因为，将时域信号$x(t)$时间反转得到$x(-t)$，其对应的傅里叶变换信号$X(-\omega)$与时域信号$x(t)$直接作傅里叶变换得到频域信号$X(\omega)$再取共轭的结果是相等的。即时域信号先时间反转再作傅里叶变换与时域信号先作傅里叶变换再取共轭是等价的，时域的时间反转对应频域的共轭。

第 3 章　张量形式电磁场互易定理

本章首先介绍张量代数的基础知识，实数时间和虚数时间两种闵可夫斯基度规下张量形式的电磁场方程，以及时域四维张量电磁场能-动量守恒方程，这部分内容重点参考了朗道和吴大猷的专著（朗道，2012；吴大猷，1983）。进一步，容易得到频域四维张量电磁场能-动量守恒方程。在此基础上，我们导出了频域张量形式的电磁场互能-动量方程和能-动量互易方程。

今后无特殊说明，用希腊字母 $\mu\nu\lambda\alpha\beta$ 等表示四维时空指标，用拉丁字母 $ijklm$ 等表示空间指标。遵循爱因斯坦求和约定，即重复指标求和。

3.1　张量代数预备知识

根据狭义相对论，物理规律在惯性系下不变，即满足洛伦兹变换。

在四维空间中，采用实数时间，取

$$x^0 = ct,\ x^1 = x,\ x^2 = y,\ x^3 = z \tag{3.1.1a}$$

$$x_0 = ct,\ x_1 = -x,\ x_2 = -y,\ x_3 = -z \tag{3.1.1b}$$

二者满足

$$x_0 = x^0,\ x_1 = -x^1,\ x_2 = -x^2,\ x_3 = -x^3 \tag{3.1.2}$$

为了方便，引入四维矢量分量的两组类型，即四维径向矢量的逆变量和协变量分别为

$$x^\mu = \left(x^0, x^1, x^2, x^3\right) = \left(ct, x^1, x^2, x^3\right) = \left(ct, \boldsymbol{r}\right) \tag{3.1.3a}$$

$$x_\mu = \left(x_0, x_1, x_2, x_3\right) = \left(ct, x_1, x_2, x_3\right) = \left(ct, -\boldsymbol{r}\right) \tag{3.1.3b}$$

四维径向矢量的“长度”的平方为

$$x^{\mu}x_{\mu}=c^{2}t^{2}-x_{1}^{2}-x_{2}^{2}-x_{3}^{2}=c^{2}t^{2}-\left(x^{1}\right)^{2}-\left(x^{2}\right)^{2}-\left(x^{3}\right)^{2} \quad (3.1.4)$$

类似地，定义任意四维矢量 A^{μ} 和 A_{μ} 分别为

$$A^{\mu}=\left(A^{0},\boldsymbol{A}\right)=\left(A^{0},A^{1},A^{2},A^{3}\right) \quad (3.1.5a)$$

$$A_{\mu}=\left(A_{0},-\boldsymbol{A}\right)=\left(A_{0},A_{1},A_{2},A_{3}\right) \quad (3.1.5b)$$

式中，A^{μ} 称为四维矢量的逆变分量，A_{μ} 称为协变分量。A^{0} 和 A_{0} 称为四维矢量的时间分量，A^{1},A^{2},A^{3} 以及 A_{1},A_{2},A_{3} 称为四维矢量的空间分量。

四维微分算子（四维时空导数）的逆变和协变分量分别为

$$\partial^{\mu}=\frac{\partial}{\partial x_{\mu}}=\left(\frac{\partial}{\partial x_{0}},\frac{\partial}{\partial x_{1}},\frac{\partial}{\partial x_{2}},\frac{\partial}{\partial x_{3}}\right)=\left(\frac{1}{c}\frac{\partial}{\partial t},-\nabla\right) \quad (3.1.6a)$$

$$\begin{aligned}\partial_{\mu}&=\frac{\partial}{\partial x^{\mu}}=\left(\frac{\partial}{\partial x^{0}},\frac{\partial}{\partial x^{1}},\frac{\partial}{\partial x^{2}},\frac{\partial}{\partial x^{3}}\right)\\&=\left(\frac{1}{c}\frac{\partial}{\partial t},\nabla\right)\end{aligned} \quad (3.1.6b)$$

在频率域，$\dfrac{\partial}{\partial t}=\mathrm{j}\omega$，$k=\dfrac{\omega}{c}$，四维微分算子改写为

$$\partial^{\mu}=\left(\mathrm{j}k,-\nabla\right) \quad (3.1.7a)$$

$$\partial_{\mu}=\left(\mathrm{j}k,\nabla\right) \quad (3.1.7b)$$

两个四维矢量的内积定义为

$$A^{\mu}B_{\mu}=A^{0}B_{0}+A^{1}B_{1}+A^{2}B_{2}+A^{3}B_{3} \quad (3.1.8)$$

采用虚数时间，取

$$x_{1}=x^{1}=x,x_{2}=x^{2}=y,x_{3}=x^{3}=z,x_{4}=\mathrm{i}ct \quad (3.1.9)$$

由于四维矢量的时间变量含有虚数因子i，不必区分上下标，任选一个均可。

四维径向矢量为

$$x_{\mu}=\left(\boldsymbol{r},\mathrm{i}ct\right)=\left(x_{1},x_{2},x_{3},\mathrm{i}ct\right) \quad (3.1.10)$$

四维径向矢量的“长度”的平方为

$$x_\mu x_\mu = x_1^2 + x_2^2 + x_3^2 - c^2t^2 = \left(x^1\right)^2 + \left(x^2\right)^2 + \left(x^3\right)^2 - c^2t^2 \quad (3.1.11)$$

在虚数时间的闵可夫斯基度规下，四维微分算子为

$$\partial^\mu = \partial_\mu = \frac{\partial}{\partial x_\mu} = \left(\nabla, \frac{1}{\mathrm{i}c}\frac{\partial}{\partial t}\right) \quad (3.1.12)$$

在频率域，$\frac{\partial}{\partial t} = \mathrm{j}\omega$，四维微分算子改写为

$$\partial^\mu = \partial_\mu = \frac{\partial}{\partial x_\mu} = \left(\nabla, \frac{1}{\mathrm{i}}\mathrm{j}k\right) \quad (3.1.13)$$

四维矢量的散度为标量

$$\partial_\mu A_\mu = \frac{\partial A_\mu}{\partial x_\mu} = \frac{\partial A_1}{\partial x_1} + \frac{\partial A_2}{\partial x_2} + \frac{\partial A_3}{\partial x_3} + \frac{\partial A_4}{\partial x_4} \quad (3.1.14)$$

四维矢量的旋度为二阶张量

$$\left(\mathrm{curl}A\right)_{\mu\nu} = \partial_\mu A_\nu - \partial_\nu A_\mu \quad (3.1.15)$$

二阶张量的散度为四维矢量

$$\partial_\mu T_{\mu\nu} = \frac{\partial T_{\mu\nu}}{\partial x_\mu} = \left(\frac{\partial T_{1\nu}}{\partial x_1}, \frac{\partial T_{2\nu}}{\partial x_2}, \frac{\partial T_{3\nu}}{\partial x_3}, \frac{\partial T_{4\nu}}{\partial x_4}\right) \quad (3.1.16)$$

3.2 张量形式的电磁场方程

麦克斯韦方程组为

$$\nabla \times \boldsymbol{E} + \frac{\partial \boldsymbol{B}}{\partial t} = 0 \quad (3.2.1)$$

$$\nabla \cdot \boldsymbol{B} = 0 \quad (3.2.2)$$

$$\nabla \times \boldsymbol{H} - \frac{\partial \boldsymbol{D}}{\partial t} = \rho \boldsymbol{v} = \boldsymbol{J} \quad (3.2.3)$$

$$\nabla \cdot \boldsymbol{D} = \rho \quad (3.2.4)$$

采用实数时间，四维电磁场张量为

$$F^{\mu\nu}=\begin{bmatrix}0 & -\frac{E_1}{c} & -\frac{E_2}{c} & -\frac{E_3}{c}\\ \frac{E_1}{c} & 0 & -B_3 & B_2\\ \frac{E_2}{c} & B_3 & 0 & -B_1\\ \frac{E_3}{c} & -B_2 & B_1 & 0\end{bmatrix} \tag{3.2.5a}$$

$$F_{\mu\nu}=\begin{bmatrix}0 & \frac{E_1}{c} & \frac{E_2}{c} & \frac{E_3}{c}\\ -\frac{E_1}{c} & 0 & -B_3 & B_2\\ -\frac{E_2}{c} & B_3 & 0 & -B_1\\ -\frac{E_3}{c} & -B_2 & B_1 & 0\end{bmatrix} \tag{3.2.5b}$$

$$G^{\mu\nu}=\begin{bmatrix}0 & -cD_1 & -cD_2 & -cD_3\\ cD_1 & 0 & -H_3 & H_2\\ cD_2 & H_3 & 0 & -H_1\\ cD_3 & -H_2 & H_1 & 0\end{bmatrix} \tag{3.2.5c}$$

四维电磁场张量 $F^{\mu\nu}$ 与 $G^{\mu\nu}$ 满足

$$F^{\mu\nu}=\mu_0 G^{\mu\nu} \tag{3.2.6}$$

式（3.2.5a）的对偶张量为

$$F^{+\mu\nu}=\begin{bmatrix}0 & -B_1 & -B_2 & -B_3\\ B_1 & 0 & \frac{E_3}{c} & -\frac{E_2}{c}\\ B_2 & -\frac{E_3}{c} & 0 & \frac{E_1}{c}\\ B_3 & \frac{E_2}{c} & -\frac{E_1}{c} & 0\end{bmatrix} \tag{3.2.7}$$

对偶张量定义如下：

$$
\begin{aligned}
&F^{+01}=F^{23} \quad F^{+12}=F^{30} \quad F^{+20}=F^{13}\\
&F^{+03}=F^{12} \quad F^{+13}=F^{02} \quad F^{+23}=F^{10}
\end{aligned} \tag{3.2.8}
$$

四维电流密度矢量

$$
J^{\mu}=\left(c\rho,\boldsymbol{J}\right) \tag{3.2.9}
$$

麦克斯韦-法拉第方程和麦克斯韦-安培方程分别为

$$
\partial_{\nu}F^{+\mu\nu}=\frac{\partial F^{+\mu\nu}}{\partial x^{\nu}}=0 \tag{3.2.10a}
$$

$$
\partial_{\nu}G^{\mu\nu}=\frac{\partial G^{\mu\nu}}{\partial x^{\nu}}=-J^{\mu} \tag{3.2.10b}
$$

除了上述的四维表示外，还可以用虚数时间的方式。

电磁场张量为

$$
F_{\mu\nu}=\left[BE\right]=\begin{bmatrix} 0 & B_3 & -B_2 & -\dfrac{\mathrm{i}E_1}{c} \\ -B_3 & 0 & B_1 & -\dfrac{\mathrm{i}E_2}{c} \\ B_2 & -B_1 & 0 & -\dfrac{\mathrm{i}E_3}{c} \\ \dfrac{\mathrm{i}E_1}{c} & \dfrac{\mathrm{i}E_2}{c} & \dfrac{\mathrm{i}E_3}{c} & 0 \end{bmatrix} \tag{3.2.11a}
$$

$$
G_{\mu\nu}=\left[DH\right]=\begin{bmatrix} 0 & H_3 & -H_2 & -\mathrm{i}cD_1 \\ -H_3 & 0 & H_1 & -\mathrm{i}cD_2 \\ H_2 & -H_1 & 0 & -\mathrm{i}cD_3 \\ \mathrm{i}cD_1 & \mathrm{i}cD_2 & \mathrm{i}cD_3 & 0 \end{bmatrix} \tag{3.2.11b}
$$

式中，$\left[BE\right]$和$\left[DH\right]$分别是$F_{\mu\nu}$和$G_{\mu\nu}$的简记符号。

二者满足

$$
F_{\mu\nu}=\mu_0 G_{\mu\nu} \tag{3.2.12}
$$

$F_{\mu\nu}$ 的对偶张量为

$$F_{\mu\nu}^{+}=e_{\mu\nu\alpha\beta}F_{\alpha\beta}=\begin{bmatrix}0 & -\frac{\mathrm{i}E_3}{c} & \frac{\mathrm{i}E_2}{c} & B_1\\ \frac{\mathrm{i}E_3}{c} & 0 & -\frac{\mathrm{i}E_1}{c} & B_2\\ -\frac{\mathrm{i}E_2}{c} & \frac{\mathrm{i}E_1}{c} & 0 & B_3\\ -B_1 & -B_2 & -B_3 & 0\end{bmatrix} \tag{3.2.13}$$

式中，$e_{\mu\nu\alpha\beta}$ 为莱维-齐维塔（Levi-Civita）张量，μ,ν,α,β 四个指标均不相同的分量为±1，若此四个指标经过偶数次换位排成 1，2，3，4，则该分量为 1，经过奇数次换位则该分量为−1。

因此，有

$$\begin{aligned}&F_{12}^{+}=F_{34}\quad F_{23}^{+}=F_{14}\quad F_{31}^{+}=F_{24}\\&F_{14}^{+}=F_{23}\quad F_{24}^{+}=F_{31}\quad F_{34}^{+}=F_{12}\end{aligned} \tag{3.2.14}$$

对比式（3.2.8）和式（3.2.14）可知，实数时间和虚数时间下，对偶张量的定义不同。

四维电流密度矢量

$$J_{\mu}=(\boldsymbol{J},\mathrm{i}c\rho) \tag{3.2.15}$$

麦克斯韦-法拉第方程表示为

$$\partial_{\lambda}F_{\mu\nu}+\partial_{\mu}F_{\nu\lambda}+\partial_{\nu}F_{\lambda\mu}=\frac{\partial F_{\mu\nu}}{\partial x_{\lambda}}+\frac{\partial F_{\nu\lambda}}{\partial x_{\mu}}+\frac{\partial F_{\lambda\mu}}{\partial x_{\nu}}=0\quad \lambda\neq\mu\neq\nu$$

或

$$\partial_{\nu}F_{\mu\nu}^{+}=\frac{\partial F_{\mu\nu}^{+}}{\partial x_{\nu}}=0 \tag{3.2.16a}$$

麦克斯韦-安培方程表示为

$$\partial_{\nu}G_{\mu\nu}=\frac{\partial G_{\mu\nu}}{\partial x_{\nu}}=J_{\mu} \tag{3.2.16b}$$

3.3　时域张量形式电磁场能-动量守恒方程

四维电磁场张量左乘式（3.2.16b），有

$$F_{\mu\alpha}\partial_\nu G_{\alpha\nu} = F_{\mu\alpha}J_\alpha \tag{3.3.1}$$

由于

$$\partial_\nu\left(F_{\mu\alpha}G_{\alpha\nu}\right) = F_{\mu\alpha}\partial_\nu G_{\alpha\nu} + \left(\partial_\nu F_{\mu\alpha}\right)G_{\alpha\nu}$$

式（3.3.1）可化为

$$\partial_\nu\left(F_{\mu\alpha}G_{\alpha\nu}\right) - \left(\partial_\nu F_{\mu\alpha}\right)G_{\alpha\nu} = F_{\mu\alpha}J_\alpha \tag{3.3.2}$$

将$\left(\partial_\nu F_{\mu\alpha}\right)G_{\alpha\nu}$改写为

$$\left(\partial_\nu F_{\mu\alpha}\right)G_{\alpha\nu} = \frac{1}{2}\left[\left(\partial_\nu F_{\mu\alpha}\right)G_{\alpha\nu} + \left(\partial_\alpha F_{\mu\nu}\right)G_{\nu\alpha}\right] \tag{3.3.3}$$

由于$F_{\mu\nu}$和$G_{\mu\nu}$的反对称性，有$F_{\mu\nu} = -F_{\nu\mu}$，$G_{\mu\nu} = -G_{\nu\mu}$，于是

$$\left(\partial_\nu F_{\mu\alpha}\right)G_{\alpha\nu} = \frac{1}{2}\left[\left(\partial_\nu F_{\mu\alpha}\right)G_{\alpha\nu} + \left(\partial_\alpha F_{\nu\mu}\right)G_{\alpha\nu}\right] \tag{3.3.4}$$

由式（3.2.16a）可知

$$\partial_\alpha F_{\nu\mu} + \partial_\mu F_{\alpha\nu} + \partial_\nu F_{\mu\alpha} = 0 \tag{3.3.5}$$

代入式（3.3.4），并利用式（3.2.12），有

$$\left(\partial_\nu F_{\mu\alpha}\right)G_{\alpha\nu} = -\frac{1}{2}\left(\partial_\mu F_{\alpha\nu}\right)G_{\alpha\nu} = -\frac{1}{2\mu_0}\left(\partial_\mu F_{\alpha\nu}\right)F_{\alpha\nu} \tag{3.3.6}$$

进一步，有

$$\left(\partial_\nu F_{\mu\alpha}\right)G_{\alpha\nu} = -\frac{1}{4}\partial_\mu\left(\frac{1}{\mu_0}F_{\alpha\nu}F_{\alpha\nu}\right) = -\frac{1}{4}\partial_\mu\left(F_{\alpha\nu}G_{\alpha\nu}\right) \tag{3.3.7}$$

将式（3.3.7）代入式（3.3.2），有

$$\partial_\nu\left(F_{\mu\alpha}G_{\alpha\nu}\right) + \frac{1}{4}\partial_\mu\left(F_{\alpha\nu}G_{\alpha\nu}\right) = F_{\mu\alpha}J_\alpha \tag{3.3.8}$$

于是，得到时域四维张量电磁场能-动量守恒方程为

$$\partial_\nu\left(F_{\mu\alpha}G_{\alpha\nu}+\frac{1}{4}F_{\alpha\beta}G_{\alpha\beta}\delta_{\mu\nu}\right)=F_{\mu\alpha}J_\alpha \tag{3.3.9}$$

将式（3.3.9）简记为

$$\partial_\nu T_{\mu\nu}=f_\mu \tag{3.3.10}$$

式中，f_μ 和 $T_{\mu\nu}$ 分别为四维电磁力密度矢量和四维电磁能-动量张量

$$f_\mu=F_{\mu\nu}J_\nu=\left(\boldsymbol{f},\frac{\mathrm{i}P_{\mathrm{e}}}{c}\right)=\left(\boldsymbol{f},\frac{\mathrm{i}}{c}\rho\boldsymbol{v}\cdot\boldsymbol{E}\right) \tag{3.3.11a}$$

$$T_{\mu\nu}=F_{\mu\alpha}G_{\alpha\nu}+\frac{1}{4}F_{\alpha\nu}F_{\alpha\nu}\delta_{\mu\nu}=\frac{1}{\mu_0}F_{\mu\alpha}F_{\alpha\nu}+\frac{1}{4\mu_0}F_{\alpha\beta}F_{\alpha\beta}\delta_{\mu\nu} \tag{3.3.11b}$$

式（3.3.11）中，电磁功率密度 P_{e} 和洛伦兹力 $\boldsymbol{f}$ 分别为

$$P_{\mathrm{e}}=\rho\boldsymbol{v}\cdot\boldsymbol{E}=\boldsymbol{J}_{\mathrm{e}}\cdot\boldsymbol{E} \tag{3.3.12}$$

$$\boldsymbol{f}=\boldsymbol{J}_{\mathrm{e}}\times\boldsymbol{B}+\rho_{\mathrm{e}}\boldsymbol{E} \tag{3.3.13}$$

四维电磁力密度矢量 f_μ 可化为

$$\begin{aligned}f_\mu=F_{\mu\nu}J_\nu&=\begin{bmatrix}0 & B_3 & -B_2 & -\dfrac{\mathrm{i}E_1}{c}\\ -B_3 & 0 & B_1 & -\dfrac{\mathrm{i}E_2}{c}\\ B_2 & -B_1 & 0 & -\dfrac{\mathrm{i}E_3}{c}\\ \dfrac{\mathrm{i}E_1}{c} & \dfrac{\mathrm{i}E_2}{c} & \dfrac{\mathrm{i}E_3}{c} & 0\end{bmatrix}\begin{bmatrix}J_1\\ J_2\\ J_3\\ \mathrm{i}c\rho\end{bmatrix}\\ &=\Big(J_2B_3-J_3B_2+\rho E_1,-J_1B_3+J_3B_1+\rho E_2,J_1B_2\\ &\quad -J_2B_1+\rho E_3,\frac{\mathrm{i}}{c}\left(J_1E_1+J_2E_2+J_3E_3\right)\Big)\end{aligned} \tag{3.3.14}$$

四维电磁能-动量张量 $T_{\mu\nu}$ 还可以写为矩阵形式

$$T_{\mu\nu}=\begin{bmatrix} T_{11} & T_{12} & T_{13} & -\mathrm{i}cg_1 \\ T_{21} & T_{22} & T_{23} & -\mathrm{i}cg_2 \\ T_{31} & T_{32} & T_{33} & -\mathrm{i}cg_3 \\ -\dfrac{\mathrm{i}}{c}S_1 & -\dfrac{\mathrm{i}}{c}S_2 & -\dfrac{\mathrm{i}}{c}S_3 & w \end{bmatrix}=\begin{bmatrix} -\Phi_{11} & -\Phi_{12} & -\Phi_{13} & -\mathrm{i}cg_1 \\ -\Phi_{21} & -\Phi_{22} & -\Phi_{23} & -\mathrm{i}cg_2 \\ -\Phi_{31} & -\Phi_{32} & -\Phi_{33} & -\mathrm{i}cg_3 \\ -\dfrac{\mathrm{i}}{c}S_1 & -\dfrac{\mathrm{i}}{c}S_2 & -\dfrac{\mathrm{i}}{c}S_3 & w \end{bmatrix}$$

令

$$\boldsymbol{T}=\begin{bmatrix} T_{11} & T_{12} & T_{13} \\ T_{21} & T_{22} & T_{23} \\ T_{31} & T_{32} & T_{33} \end{bmatrix},\quad \boldsymbol{\Phi}=\begin{bmatrix} \Phi_{11} & \Phi_{12} & \Phi_{13} \\ \Phi_{21} & \Phi_{22} & \Phi_{23} \\ \Phi_{31} & \Phi_{32} & \Phi_{33} \end{bmatrix}$$

则$T_{\mu\nu}$可表示为

$$T_{\mu\nu}=\begin{bmatrix} -\boldsymbol{\Phi} & -\mathrm{i}c\boldsymbol{g} \\ -\mathrm{i}c\boldsymbol{g} & w \end{bmatrix}=\begin{bmatrix} \boldsymbol{T} & -\mathrm{i}c\boldsymbol{g} \\ -\dfrac{\mathrm{i}}{c}\boldsymbol{S} & w \end{bmatrix}=\begin{bmatrix} -\boldsymbol{\Phi} & -\mathrm{i}c\boldsymbol{g} \\ -\dfrac{\mathrm{i}}{c}\boldsymbol{S} & w \end{bmatrix} \tag{3.3.15}$$

式中，w、$\boldsymbol{S}$、$\boldsymbol{g}$、$\boldsymbol{T}$和$\boldsymbol{\Phi}$分别为电磁场的能量密度、能流密度、动量密度、应力张量和动量流密度。在四维公式中，能量密度、能流密度、动量密度和应力张量（或动量流密度）被压缩成一个物理量$T_{\mu\nu}$。自麦克斯韦的《电磁通论》出版后，该物理量被冠上各种不同的名字：应力-能量张量（the stress-energy tensor）、能量-动量张量（the energy-momentum tensor）或者应力-能量-动量张量（the stress-energy tensor）等，通常称为四维电磁能-动量张量。

取出式（3.3.10）中的空间分量和时间分量，有

$$\partial_\nu T_{i\nu}=f_i \tag{3.3.16a}$$

$$\partial_\nu T_{4\nu}=f_4 \tag{3.3.16b}$$

如前所述，希腊字母表示四维时空指数，故ν取值范围为 1，2，3，4；用拉丁字母表示空间指数，故i取值范围为 1，2，3。

与式（3.3.16）对应，有

$$-\nabla\cdot\boldsymbol{\Phi}-\frac{\partial\boldsymbol{g}}{\partial t}=\boldsymbol{f} \tag{3.3.17a}$$

$$-\nabla\cdot\boldsymbol{S}-\frac{\partial w}{\partial t}=P_{\mathrm{e}} \tag{3.3.17b}$$

式（3.3.16a）和式（3.3.17a）称为电磁场的力-动量守恒方程，当$\boldsymbol{f}$为零时称为电磁场动量守恒方程，本书并不严格区分这两个概念。式（3.3.16b）和式（3.3.17b）称为电磁场能量守恒方程。

3.4　频域张量形式电磁场能-动量守恒方程

对于时谐场，对式（3.3.10）取时间平均，有

$$\left\langle\partial_{\nu}T_{\mu\nu}\right\rangle=\left\langle f_{\mu}\right\rangle \tag{3.4.1}$$

式中，时间偏导数项被消去，则希腊字母ν替换为拉丁字母j，将式（3.4.1）中各物理量更换为对应的相量，考虑到两正弦瞬时量乘积的时间平均值等于前一个瞬时量对应复振幅与后一个瞬时量对应复振幅共轭乘积的实部的$\dfrac{1}{2}$，式（3.4.1）化为

$$\partial_{j}\left\langle T_{\mu j}\right\rangle=\left\langle f_{\mu}\right\rangle \tag{3.4.2}$$

式中

$$\left\langle T_{\mu j}\right\rangle=\mathrm{Re}\dot{T}_{\mu j} \tag{3.4.3a}$$

$$\left\langle f_{\mu}\right\rangle=\mathrm{Re}\dot{f}_{\mu} \tag{3.4.3b}$$

于是，式（3.4.2）进一步化为

$$\partial_{j}\mathrm{Re}\dot{T}_{\mu j}=\mathrm{Re}\dot{f}_{\mu} \tag{3.4.4}$$

式（3.4.4）就是频域四维张量电磁场能-动量守恒方程。

从式（3.4.4）中取出空间分量和时间分量，有

$$\partial_{j}\mathrm{Re}\dot{T}_{ij}=\mathrm{Re}\dot{f}_{i} \tag{3.4.5a}$$

$$\partial_{j}\mathrm{Re}\dot{T}_{4j}=\mathrm{Re}\dot{f}_{4} \tag{3.4.5b}$$

式（3.4.5a）为频域电磁场动量守恒方程，式（3.4.5b）为频域电磁场能量守恒方程。

式（3.4.3）中，$\dot{T}_{\mu j}$和$\dot{f}_{\mu}$为

$$\dot{T}_{\mu j}=\begin{bmatrix}-\dot{\boldsymbol{\Phi}}\\-\dfrac{\mathrm{i}}{c}\dot{\boldsymbol{S}}\end{bmatrix}=\begin{bmatrix}\dot{T}_{11} & \dot{T}_{12} & \dot{T}_{13}\\ \dot{T}_{21} & \dot{T}_{22} & \dot{T}_{23}\\ \dot{T}_{31} & \dot{T}_{32} & \dot{T}_{33}\\ -\dfrac{\mathrm{i}}{c}\dot{S}_1 & -\dfrac{\mathrm{i}}{c}\dot{S}_2 & -\dfrac{\mathrm{i}}{c}\dot{S}_3\end{bmatrix}=\frac{1}{2}\left(\dot{F}_{\mu\alpha}\dot{G}^{*}_{\alpha j}+\frac{1}{4}\dot{F}_{\alpha\beta}\dot{G}^{*}_{\alpha\beta}\delta_{\mu j}\right)$$

$$=\frac{1}{2}\left(\frac{1}{\mu_0}\dot{F}_{\mu\alpha}\dot{F}^{*}_{\alpha j}+\frac{1}{4\mu_0}\dot{F}_{\alpha\beta}\dot{F}^{*}_{\alpha\beta}\delta_{\mu j}\right) \tag{3.4.6a}$$

$$\dot{f}_{\mu}=\frac{1}{2}\dot{F}^{*}_{\mu\nu}\dot{J}_{\nu}=\frac{1}{2}\begin{bmatrix}0 & \dot{B}^{*}_3 & -\dot{B}^{*}_2 & -\dfrac{\mathrm{i}\dot{E}^{*}_1}{c}\\ -\dot{B}^{*}_3 & 0 & \dot{B}^{*}_1 & -\dfrac{\mathrm{i}\dot{E}^{*}_2}{c}\\ \dot{B}^{*}_2 & -\dot{B}^{*}_1 & 0 & -\dfrac{\mathrm{i}\dot{E}^{*}_3}{c}\\ \dfrac{\mathrm{i}\dot{E}^{*}_1}{c} & \dfrac{\mathrm{i}\dot{E}^{*}_2}{c} & \dfrac{\mathrm{i}\dot{E}^{*}_3}{c} & 0\end{bmatrix}\begin{bmatrix}\dot{J}_1\\ \dot{J}_2\\ \dot{J}_3\\ \mathrm{i}c\dot{\rho}\end{bmatrix}$$

$$=\frac{1}{2}\Big(\dot{J}_2\dot{B}^{*}_3-\dot{J}_3\dot{B}^{*}_2+\dot{\rho}\dot{E}^{*}_1,-\dot{J}_1\dot{B}^{*}_3+\dot{J}_3\dot{B}^{*}_1+\dot{\rho}\dot{E}^{*}_2,$$

$$\dot{J}_1\dot{B}^{*}_2-\dot{J}_2\dot{B}^{*}_1+\dot{\rho}\dot{E}^{*}_3,\frac{\mathrm{i}}{c}\left(\dot{J}_1\dot{E}^{*}_1+\dot{J}_2\dot{E}^{*}_2+\dot{J}_3\dot{E}^{*}_3\right)\Big)$$

$$=\frac{1}{2}\left(\dot{\boldsymbol{J}}_{\mathrm{e}}\times\dot{\boldsymbol{B}}^{*}+\rho_{\mathrm{e}}\dot{\boldsymbol{E}}^{*}+\frac{\mathrm{i}}{c}\dot{\boldsymbol{J}}_{\mathrm{e}}\cdot\dot{\boldsymbol{E}}^{*}\right) \tag{3.4.6b}$$

$\dot{T}_{\mu j}$取实部，有

$$\mathrm{Re}\dot{T}_{\mu j}=\mathrm{Re}\begin{bmatrix}-\dot{\boldsymbol{\Phi}}\\-\dfrac{\mathrm{i}}{c}\dot{\boldsymbol{S}}\end{bmatrix}=\begin{bmatrix}-\mathrm{Re}\dot{\boldsymbol{\Phi}}\\-\dfrac{\mathrm{i}}{c}\mathrm{Re}\dot{\boldsymbol{S}}\end{bmatrix}$$

需要注意，当$-\dfrac{\mathrm{i}}{c}\dot{\boldsymbol{S}}$取实部时，其中$-\dfrac{\mathrm{i}}{c}$不参与取实部运算。

频域四维张量电磁场能-动量守恒方程化为

$$\nabla\cdot\left(-\mathrm{Re}\dot{\boldsymbol{\Phi}}-\frac{\mathrm{i}}{c}\mathrm{Re}\dot{\boldsymbol{S}}\right)=\mathrm{Re}\dot{f}_{\mu}=\left(\mathrm{Re}\dot{\boldsymbol{f}},\frac{\mathrm{i}}{c}\mathrm{Re}\dot{P}_{\mathrm{e}}\right) \tag{3.4.7}$$

式（3.4.7）可分解为

$$-\nabla\cdot\mathrm{Re}\dot{\boldsymbol{\Phi}}=\mathrm{Re}\dot{\boldsymbol{f}} \tag{3.4.8a}$$

$$-\nabla\cdot\mathrm{Re}\dot{\boldsymbol{S}}=\mathrm{Re}\dot{P}_{\mathrm{e}} \tag{3.4.8b}$$

式（3.4.8a）对应频域动量守恒方程，式（3.4.8b）对应频域能量守恒方程。

3.5　频域张量形式电磁场互能-动量方程

本节导出张量形式的电磁场互能-动量方程，将其分解为空间分量和时间分量两部分，分别对应互动量定理和互能定理。

3.5.1　电磁场互能-动量方程的导出

考虑两组时谐电磁场，四维场源记为 $\dot{F}_{\mu\nu}^{1}$ ，$\dot{G}_{\mu\nu}^{1}$ ，$\dot{J}_{\mu}^{1}$ 与 $\dot{F}_{\mu\nu}^{2}$ ，$\dot{G}_{\mu\nu}^{2}$ ，$\dot{J}_{\mu}^{2}$，这里用上角标 1 和 2 区分两组不同的场。从式（3.4.4）中取出两个场相互作用量，则频域张量形式的电磁场互能-动量方程为

$$\partial_{j}\mathrm{Re}\left(\dot{T}_{\mu j}^{1*2}+\dot{T}_{\mu j}^{2*1}\right)=\mathrm{Re}\left(\dot{f}_{\mu}^{1*2}+\dot{f}_{\mu}^{2*1}\right) \tag{3.5.1}$$

考虑到任意复数的实部与该复数的复共轭的实部相等，式（3.5.1）可以改写为

$$\partial_{j}\mathrm{Re}\left(\dot{T}_{\mu j}^{1*2}+\dot{T}_{\mu j}^{21*}\right)=\mathrm{Re}\left(\dot{f}_{\mu}^{1*2}+\dot{f}_{\mu}^{21*}\right) \tag{3.5.2}$$

式中，1*和 2*分别表示第 1 个和第 2 个场源量的共轭，以下出现的符号含义与此相同。

取出式（3.5.2）中的空间分量和时间分量，有

$$\partial_{j}\mathrm{Re}\left(\dot{T}_{ij}^{1*2}+\dot{T}_{ij}^{21*}\right)=\mathrm{Re}\left(\dot{f}_{i}^{1*2}+\dot{f}_{i}^{21*}\right) \tag{3.5.3a}$$

$$\partial_{j}\mathrm{Re}\left(\dot{T}_{4j}^{1*2}+\dot{T}_{4j}^{21*}\right)=\mathrm{Re}\left(\dot{f}_{4}^{1*2}+\dot{f}_{4}^{21*}\right) \tag{3.5.3b}$$

式（3.5.3a）即为互动量定理，式（3.5.3b）即为互能定理。

将$\dot{T}_{\mu j}^{1*2}+\dot{T}_{\mu j}^{21*}$和$\dot{f}_{\mu}^{1*2}+\dot{f}_{\mu}^{21*}$分别展开，有

$$\dot{T}_{\mu j}^{1*2}+\dot{T}_{\mu j}^{21*}=\begin{bmatrix}-\left(\dot{\boldsymbol{\varPhi}}_{1*2}+\dot{\boldsymbol{\varPhi}}_{21*}\right)\\-\dfrac{\mathrm{i}}{c}\left(\dot{\boldsymbol{S}}_{1*2}+\dot{\boldsymbol{S}}_{21*}\right)\end{bmatrix}$$

$$=\frac{1}{2}\left(\frac{1}{\mu_0}\dot{F}_{\mu\alpha}^{2}\dot{F}_{\alpha j}^{1*}+\frac{1}{4\mu_0}\dot{F}_{\alpha\beta}^{2}\dot{F}_{\alpha\beta}^{1*}\delta_{\mu j}+\frac{1}{\mu_0}\dot{F}_{\mu\alpha}^{1*}\dot{F}_{\alpha j}^{2}+\frac{1}{4\mu_0}\dot{F}_{\alpha\beta}^{1*}\dot{F}_{\alpha\beta}^{2}\delta_{\mu j}\right)$$

$$=\frac{1}{2}\left(\frac{1}{\mu_0}\dot{F}_{\mu\alpha}^{1*}\dot{F}_{\alpha j}^{2}+\frac{1}{\mu_0}\dot{F}_{\mu\alpha}^{2}\dot{F}_{\alpha j}^{1*}+\frac{1}{2\mu_0}\dot{F}_{\alpha\beta}^{1*}\dot{F}_{\alpha\beta}^{2}\delta_{\mu j}\right)\tag{3.5.4a}$$

$$\dot{f}_{\mu}^{1*2}+\dot{f}_{\mu}^{21*}=\begin{bmatrix}\dot{\boldsymbol{f}}_{1*2}+\dot{\boldsymbol{f}}_{21*}\\\dfrac{\mathrm{i}}{c}\left(\dot{P}_{\mathrm{e}1*2}+\dot{P}_{\mathrm{e}21*}\right)\end{bmatrix}=\frac{1}{2}\left(\dot{F}_{\mu\nu}^{1*}\dot{J}_{\nu}^{2}+\dot{F}_{\mu\nu}^{2}\dot{J}_{\nu}^{1*}\right)\tag{3.5.4b}$$

于是，式（3.5.2）改写为

$$\nabla\cdot\begin{bmatrix}-\mathrm{Re}\left(\dot{\boldsymbol{\varPhi}}_{1*2}+\dot{\boldsymbol{\varPhi}}_{21*}\right)\\-\dfrac{\mathrm{i}}{c}\mathrm{Re}\left(\dot{\boldsymbol{S}}_{1*2}+\dot{\boldsymbol{S}}_{21*}\right)\end{bmatrix}=\begin{bmatrix}\mathrm{Re}\left(\dot{\boldsymbol{f}}_{1*2}+\dot{\boldsymbol{f}}_{21*}\right)\\\dfrac{\mathrm{i}}{c}\mathrm{Re}\left(\dot{P}_{\mathrm{e}1*2}+\dot{P}_{\mathrm{e}21*}\right)\end{bmatrix}\tag{3.5.5}$$

以及

$$\partial_j\frac{1}{2}\mathrm{Re}\left(\frac{1}{\mu_0}\dot{F}_{\mu\alpha}^{1*}\dot{F}_{\alpha j}^{2}+\frac{1}{\mu_0}\dot{F}_{\mu\alpha}^{2}\dot{F}_{\alpha j}^{1*}+\frac{1}{2\mu_0}\dot{F}_{\alpha\beta}^{1*}\dot{F}_{\alpha\beta}^{2}\delta_{\mu j}\right)$$

$$=\frac{1}{2}\mathrm{Re}\left(\dot{F}_{\mu\nu}^{1*}\dot{J}_{\nu}^{2}+\dot{F}_{\mu\nu}^{2}\dot{J}_{\nu}^{1*}\right)\tag{3.5.6}$$

将式（3.5.5）分解为空间分量和时间分量两部分，有

$$-\nabla\cdot\mathrm{Re}\left(\dot{\boldsymbol{\varPhi}}_{1*2}+\dot{\boldsymbol{\varPhi}}_{21*}\right)=\mathrm{Re}\left(\dot{\boldsymbol{f}}_{1*2}+\dot{\boldsymbol{f}}_{21*}\right)\tag{3.5.7a}$$

$$-\nabla\cdot\mathrm{Re}\left(\dot{\boldsymbol{S}}_{1*2}+\dot{\boldsymbol{S}}_{21*}\right)=\mathrm{Re}\left(\dot{P}_{\mathrm{e}1*2}+\dot{P}_{\mathrm{e}21*}\right)\tag{3.5.7b}$$

将式（3.5.6）分解为空间分量和时间分量两部分，有

$$\partial_j \frac{1}{2}\mathrm{Re}\left(\frac{1}{\mu_0}\dot{F}_{i\alpha}^{1*}\dot{F}_{\alpha j}^{2}+\frac{1}{\mu_0}\dot{F}_{i\alpha}^{2}\dot{F}_{\alpha j}^{1*}+\frac{1}{2\mu_0}\dot{F}_{\alpha\beta}^{1*}\dot{F}_{\alpha\beta}^{2}\delta_{ij}\right)=\frac{1}{2}\mathrm{Re}\left(\dot{F}_{i\nu}^{1*}\dot{J}_{\nu}^{2}+\dot{F}_{i\nu}^{2}\dot{J}_{\nu}^{1*}\right) \tag{3.5.8a}$$

$$\partial_j \frac{1}{2}\mathrm{Re}\left(\frac{1}{\mu_0}\dot{F}_{4\alpha}^{1*}\dot{F}_{\alpha j}^{2}+\frac{1}{\mu_0}\dot{F}_{4\alpha}^{2}\dot{F}_{\alpha j}^{1*}\right)=\frac{1}{2}\mathrm{Re}\left(\dot{F}_{4\nu}^{1*}\dot{J}_{\nu}^{2}+\dot{F}_{4\nu}^{2}\dot{J}_{\nu}^{1*}\right) \tag{3.5.8b}$$

式（3.5.7a）和式（3.5.8a）即为互动量定理，式（3.5.7b）和式（3.5.8b）即为互能定理。

3.5.2　电磁场互能-动量方程的展开

将式（3.5.1）和式（3.5.6）进一步展开。

四维复电磁场张量 $\dot{F}_{\mu\alpha}^{1*}$、$\dot{F}_{\alpha j}^{2}$、$\dot{F}_{\mu\alpha}^{2}$ 和 $\dot{F}_{\alpha j}^{1*}$ 分别为

$$\dot{F}_{\mu\alpha}^{1*}=\begin{bmatrix} 0 & \dot{B}_3^{1*} & -\dot{B}_2^{1*} & -\dfrac{\mathrm{i}\dot{E}_1^{1*}}{c} \\ -\dot{B}_3^{1*} & 0 & \dot{B}_1^{1*} & -\dfrac{\mathrm{i}\dot{E}_2^{1*}}{c} \\ \dot{B}_2^{1*} & -\dot{B}_1^{1*} & 0 & -\dfrac{\mathrm{i}\dot{E}_3^{1*}}{c} \\ \dfrac{\mathrm{i}\dot{E}_1^{1*}}{c} & \dfrac{\mathrm{i}\dot{E}_2^{1*}}{c} & \dfrac{\mathrm{i}\dot{E}_3^{1*}}{c} & 0 \end{bmatrix} \quad \dot{F}_{\alpha j}^{2}=\begin{bmatrix} 0 & \dot{B}_3^{2} & -\dot{B}_2^{2} \\ -\dot{B}_3^{2} & 0 & \dot{B}_1^{2} \\ \dot{B}_2^{2} & -\dot{B}_1^{2} & 0 \\ \dfrac{\mathrm{i}\dot{E}_1^{2}}{c} & \dfrac{\mathrm{i}\dot{E}_2^{2}}{c} & \dfrac{\mathrm{i}\dot{E}_3^{2}}{c} \end{bmatrix}$$

$$\dot{F}_{\mu\alpha}^{2}=\begin{bmatrix} 0 & \dot{B}_3^{2} & -\dot{B}_2^{2} & -\dfrac{\mathrm{i}\dot{E}_1^{2}}{c} \\ -\dot{B}_3^{2} & 0 & \dot{B}_1^{2} & -\dfrac{\mathrm{i}\dot{E}_2^{2}}{c} \\ \dot{B}_2^{2} & -\dot{B}_1^{2} & 0 & -\dfrac{\mathrm{i}\dot{E}_3^{2}}{c} \\ \dfrac{\mathrm{i}\dot{E}_1^{2}}{c} & \dfrac{\mathrm{i}\dot{E}_2^{2}}{c} & \dfrac{\mathrm{i}\dot{E}_3^{2}}{c} & 0 \end{bmatrix} \quad \dot{F}_{\alpha j}^{1*}=\begin{bmatrix} 0 & \dot{B}_3^{1*} & -\dot{B}_2^{1*} \\ -\dot{B}_3^{1*} & 0 & \dot{B}_1^{1*} \\ \dot{B}_2^{1*} & -\dot{B}_1^{1*} & 0 \\ \dfrac{\mathrm{i}\dot{E}_1^{1*}}{c} & \dfrac{\mathrm{i}\dot{E}_2^{1*}}{c} & \dfrac{\mathrm{i}\dot{E}_3^{1*}}{c} \end{bmatrix}$$

于是

$$\dot{T}_{\mu j}^{1*2}+\dot{T}_{\mu j}^{21*}=\begin{bmatrix}-\left(\dot{\boldsymbol{\Phi}}_{1*2}+\dot{\boldsymbol{\Phi}}_{21*}\right)\\ -\dfrac{\mathrm{i}}{c}\left(\dot{\boldsymbol{S}}_{1*2}+\dot{\boldsymbol{S}}_{21*}\right)\end{bmatrix}$$

$$=\frac{1}{2}\left(\frac{1}{\mu_0}\dot{F}_{\mu\alpha}^{1*}\dot{F}_{\alpha j}^{2}+\frac{1}{\mu_0}\dot{F}_{\mu\alpha}^{2}\dot{F}_{\alpha j}^{1*}+\frac{1}{2\mu_0}\dot{F}_{\alpha\beta}^{1*}\dot{F}_{\alpha\beta}^{2}\delta_{\mu j}\right)$$

$$=\begin{bmatrix}\dot{T}_{11}^{1*2}+\dot{T}_{11}^{21*} & \dot{T}_{12}^{1*2}+\dot{T}_{12}^{21*} & \dot{T}_{13}^{1*2}+\dot{T}_{13}^{21*}\\ \dot{T}_{21}^{1*2}+\dot{T}_{21}^{21*} & \dot{T}_{22}^{1*2}+\dot{T}_{22}^{21*} & \dot{T}_{23}^{1*2}+\dot{T}_{23}^{21*}\\ \dot{T}_{31}^{1*2}+\dot{T}_{31}^{21*} & \dot{T}_{32}^{1*2}+\dot{T}_{32}^{21*} & \dot{T}_{33}^{1*2}+\dot{T}_{33}^{21*}\\ -\dfrac{\mathrm{i}}{c}\left(\dot{S}_{1}^{1*2}+\dot{S}_{1}^{21*}\right) & -\dfrac{\mathrm{i}}{c}\left(\dot{S}_{2}^{1*2}+\dot{S}_{2}^{21*}\right) & -\dfrac{\mathrm{i}}{c}\left(\dot{S}_{3}^{1*2}+\dot{S}_{3}^{21*}\right)\end{bmatrix} \tag{3.5.9}$$

式（3.5.9）中各矩阵元素为

$$\dot{T}_{ij}^{1*2}+\dot{T}_{ij}^{21*}=\frac{1}{2\mu_0}\left(\dot{B}_j^{1*}\dot{B}_i^{2}+\dot{B}_j^{2}\dot{B}_i^{1*}\right)+\frac{1}{2c^2\mu_0}\left(\dot{E}_i^{1*}\dot{E}_j^{2}+\dot{E}_i^{2}\dot{E}_j^{1*}\right)$$
$$-\left(\frac{1}{2\mu_0}\dot{\boldsymbol{B}}_1^{*}\cdot\dot{\boldsymbol{B}}_2+\frac{1}{2\mu_0c^2}\dot{\boldsymbol{E}}_1^{*}\cdot\dot{\boldsymbol{E}}_2\right)\delta_{ij}\quad i,j=1,2,3 \tag{3.5.10a}$$

$$\dot{S}_1^{1*2}+\dot{S}_1^{21*}=\frac{1}{2\mu_0}\left(\dot{E}_2^{1*}\dot{B}_3^{2}-\dot{E}_3^{1*}\dot{B}_2^{2}+\dot{E}_2^{2}\dot{B}_3^{1*}-\dot{E}_3^{2}\dot{B}_2^{1*}\right) \tag{3.5.10b}$$

$$\dot{S}_2^{1*2}+\dot{S}_2^{21*}=\frac{1}{2\mu_0}\left(\dot{E}_3^{1*}\dot{B}_1^{2}-\dot{E}_1^{1*}\dot{B}_3^{2}+\dot{E}_3^{2}\dot{B}_1^{1*}-\dot{E}_1^{2}\dot{B}_3^{1*}\right) \tag{3.5.10c}$$

$$\dot{S}_3^{1*2}+\dot{S}_3^{21*}=\frac{1}{2\mu_0}\left(\dot{E}_1^{1*}\dot{B}_2^{2}-\dot{E}_2^{1*}\dot{B}_1^{2}+\dot{E}_1^{2}\dot{B}_2^{1*}-\dot{E}_2^{2}\dot{B}_1^{1*}\right) \tag{3.5.10d}$$

于是，互复动量流密度和互复能流密度为

$$\dot{\boldsymbol{\Phi}}_{1*2}+\dot{\boldsymbol{\Phi}}_{21*}=\frac{1}{2\mu_0}\left(\dot{\boldsymbol{B}}_1^{*}\cdot\dot{\boldsymbol{B}}_2\overline{\overline{\boldsymbol{I}}}-\dot{\boldsymbol{B}}_1^{*}\dot{\boldsymbol{B}}_2-\dot{\boldsymbol{B}}_2\dot{\boldsymbol{B}}_1^{*}\right.$$
$$\left.+\frac{1}{c^2}\dot{\boldsymbol{E}}_1^{*}\cdot\dot{\boldsymbol{E}}_2\overline{\overline{\boldsymbol{I}}}-\frac{1}{c^2}\dot{\boldsymbol{E}}_1^{*}\dot{\boldsymbol{E}}_2-\frac{1}{c^2}\dot{\boldsymbol{E}}_2\dot{\boldsymbol{E}}_1^{*}\right) \tag{3.5.11a}$$

$$\dot{\boldsymbol{S}}_{1*2}+\dot{\boldsymbol{S}}_{21*}=\frac{1}{2\mu_0}\left(\dot{\boldsymbol{E}}_1^{*}\times\dot{\boldsymbol{B}}_2+\dot{\boldsymbol{E}}_2\times\dot{\boldsymbol{B}}_1^{*}\right) \tag{3.5.11b}$$

且

$$\dot{f}_{1*2}+f_{21*}=\begin{bmatrix}\dot{\boldsymbol{f}}_{1*2}+\dot{\boldsymbol{f}}_{21*}\\ \dfrac{\mathrm{i}}{c}\dot{P}_{\mathrm{e}1*2}\end{bmatrix}=\frac{1}{2}\left(\dot{F}_{iv}^{1*}\dot{J}_{v}^{2}+\dot{F}_{iv}^{2}\dot{J}_{v}^{1*}\right)$$

$$=\frac{1}{2}\begin{bmatrix}0 & \dot{B}_3^{1*} & -\dot{B}_2^{1*} & -\dfrac{\mathrm{i}\dot{E}_1^{1*}}{c}\\ -\dot{B}_3^{1*} & 0 & \dot{B}_1^{1*} & -\dfrac{\mathrm{i}\dot{E}_2^{1*}}{c}\\ \dot{B}_2^{1*} & -\dot{B}_1^{1*} & 0 & -\dfrac{\mathrm{i}\dot{E}_3^{1*}}{c}\\ \dfrac{\mathrm{i}\dot{E}_1^{1*}}{c} & \dfrac{\mathrm{i}\dot{E}_2^{1*}}{c} & \dfrac{\mathrm{i}\dot{E}_3^{1*}}{c} & 0\end{bmatrix}\begin{bmatrix}\dot{J}_1^{2}\\ \dot{J}_2^{2}\\ \dot{J}_3^{2}\\ \mathrm{i}c\dot{\rho}^{2}\end{bmatrix}$$

$$+\frac{1}{2}\begin{bmatrix}0 & \dot{B}_3^{2} & -\dot{B}_2^{2} & -\dfrac{\mathrm{i}\dot{E}_1^{2}}{c}\\ -\dot{B}_3^{2} & 0 & \dot{B}_1^{2} & -\dfrac{\mathrm{i}\dot{E}_2^{2}}{c}\\ \dot{B}_2^{2} & -\dot{B}_1^{2} & 0 & -\dfrac{\mathrm{i}\dot{E}_3^{2}}{c}\\ \dfrac{\mathrm{i}\dot{E}_1^{2}}{c} & \dfrac{\mathrm{i}\dot{E}_2^{2}}{c} & \dfrac{\mathrm{i}\dot{E}_3^{2}}{c} & 0\end{bmatrix}\begin{bmatrix}\dot{J}_1^{1*}\\ \dot{J}_2^{1*}\\ \dot{J}_3^{1*}\\ \mathrm{i}c\dot{\rho}^{1*}\end{bmatrix}$$

$$=\frac{1}{2}\Big(\dot{J}_2^2\dot{B}_3^{1*}-\dot{J}_3^2\dot{B}_2^{1*}+\dot{\rho}^2\dot{E}_1^{1*},\dot{J}_3^2\dot{B}_1^{1*}-\dot{J}_1^2\dot{B}_3^{1*}+\dot{\rho}^2\dot{E}_2^{1*},\dot{J}_1^2\dot{B}_2^{1*}-\dot{J}_2^2\dot{B}_1^{1*}$$
$$+\dot{\rho}^2\dot{E}_3^{1*},\mathrm{i}/c(\dot{J}_1^2\dot{E}_1^{1*}+\dot{J}_2^2\dot{E}_2^{1*}+\dot{J}_3^2\dot{E}_3^{1*})\Big)$$
$$+\frac{1}{2}\Big(\dot{J}_2^{1*}\dot{B}_3^2-\dot{J}_3^{1*}\dot{B}_2^2+\dot{\rho}^{1*}\dot{E}_1^2,\dot{J}_3^{1*}\dot{B}_1^2-\dot{J}_1^{1*}\dot{B}_3^2+\dot{\rho}^1\dot{E}_2^2,\dot{J}_1^{1*}\dot{B}_2^2-\dot{J}_2^{1*}\dot{B}_1^2$$
$$+\dot{\rho}^{1*}\dot{E}_3^2,\mathrm{i}/c(\dot{J}_1^{1*}\dot{E}_1^2+\dot{J}_2^{1*}\dot{E}_2^2+\dot{J}_3^{1*}\dot{E}_3^2)\Big)$$
$$=\frac{1}{2}\left(\dot{\boldsymbol{J}}_{\mathrm{e}2}\times\dot{\boldsymbol{B}}_1^*+\dot{\rho}_{\mathrm{e}2}\dot{\boldsymbol{E}}_1^*+\dot{\boldsymbol{J}}_{\mathrm{e}1}^*\times\dot{\boldsymbol{B}}_2+\dot{\rho}_{\mathrm{e}1}^*\dot{\boldsymbol{E}}_2,\frac{\mathrm{i}}{c}\dot{\boldsymbol{J}}_{\mathrm{e}1}^*\cdot\dot{\boldsymbol{E}}_2+\frac{\mathrm{i}}{c}\dot{\boldsymbol{J}}_{\mathrm{e}2}\cdot\dot{\boldsymbol{E}}_1^*\right)\tag{3.5.12}$$

于是，互复洛伦兹力和互复功率密度为

$$\dot{\boldsymbol{f}}_{1*2}+\dot{\boldsymbol{f}}_{21*}=\frac{1}{2}\left(\dot{\boldsymbol{J}}_{e2}\times\dot{\boldsymbol{B}}_1^*+\dot{\rho}_{e2}\dot{\boldsymbol{E}}_1^*+\dot{\boldsymbol{J}}_{e1}^*\times\dot{\boldsymbol{B}}_2+\dot{\rho}_{e1}^*\dot{\boldsymbol{E}}_2\right) \tag{3.5.13a}$$

$$\dot{P}_{e1*2}+\dot{P}_{e21*}=\frac{1}{2}\left(\dot{\boldsymbol{J}}_{e1}^*\cdot\dot{\boldsymbol{E}}_2+\dot{\boldsymbol{J}}_{e2}\cdot\dot{\boldsymbol{E}}_1^*\right) \tag{3.5.13b}$$

需要注意，本节用上角标 1 和 2 表示两个四维电磁场或源及其分量，而用下角标 1 和 2 表示两个三维矢量电磁场或源。

将式（3.5.11）和式（3.5.13）代入式（3.5.7），有

$$-\nabla\cdot\frac{1}{2}\mathrm{Re}\left[\frac{1}{\mu_0}\left(\dot{\boldsymbol{B}}_1^*\cdot\dot{\boldsymbol{B}}_2\,\overline{\overline{\boldsymbol{I}}}-\dot{\boldsymbol{B}}_1^*\dot{\boldsymbol{B}}_2-\dot{\boldsymbol{B}}_2\dot{\boldsymbol{B}}_1^*\right.\right.$$
$$\left.\left.+\frac{1}{c^2}\dot{\boldsymbol{E}}_1^*\cdot\dot{\boldsymbol{E}}_2\,\overline{\overline{\boldsymbol{I}}}-\frac{1}{c^2}\dot{\boldsymbol{E}}_1^*\dot{\boldsymbol{E}}_2-\frac{1}{c^2}\dot{\boldsymbol{E}}_2\cdot\dot{\boldsymbol{E}}_1^*\right)\right]$$
$$=\frac{1}{2}\mathrm{Re}\left(\dot{\boldsymbol{J}}_{e2}\times\dot{\boldsymbol{B}}_1^*+\dot{\rho}_{e2}\dot{\boldsymbol{E}}_1^*+\dot{\boldsymbol{J}}_{e1}^*\times\dot{\boldsymbol{B}}_2^*+\dot{\rho}_{e1}^*\dot{\boldsymbol{E}}_2^*\right) \tag{3.5.14a}$$

$$-\nabla\cdot\frac{1}{2}\mathrm{Re}\left[\frac{1}{\mu_0}\left(\dot{\boldsymbol{E}}_1^*\times\dot{\boldsymbol{B}}_2+\dot{\boldsymbol{E}}_2\times\dot{\boldsymbol{B}}_1^*\right)\right]$$
$$=\frac{1}{2}\mathrm{Re}\left(\dot{\boldsymbol{J}}_{e1}^*\cdot\dot{\boldsymbol{E}}_2+\dot{\boldsymbol{J}}_{e2}\cdot\dot{\boldsymbol{E}}_1^*\right) \tag{3.5.14b}$$

式（3.5.14）进一步简化为

$$-\nabla\cdot\frac{1}{2}\mathrm{Re}\left[\left(\dot{\boldsymbol{B}}_1^*\cdot\dot{\boldsymbol{H}}_2\,\overline{\overline{\boldsymbol{I}}}-\dot{\boldsymbol{B}}_1^*\dot{\boldsymbol{H}}_2-\dot{\boldsymbol{H}}_2\dot{\boldsymbol{B}}_1^*+\dot{\boldsymbol{D}}_1^*\cdot\dot{\boldsymbol{E}}_2\,\overline{\overline{\boldsymbol{I}}}-\dot{\boldsymbol{D}}_1^*\dot{\boldsymbol{E}}_2-\dot{\boldsymbol{D}}_2\dot{\boldsymbol{E}}_1^*\right)\right]$$
$$=\frac{1}{2}\mathrm{Re}\left(\dot{\boldsymbol{J}}_{e2}\times\dot{\boldsymbol{B}}_1^*+\dot{\rho}_{e2}\dot{\boldsymbol{E}}_1^*+\dot{\boldsymbol{J}}_{e1}^*\times\dot{\boldsymbol{B}}_2+\dot{\rho}_{e1}^*\dot{\boldsymbol{E}}_2\right) \tag{3.5.15a}$$

$$-\nabla\cdot\frac{1}{2}\mathrm{Re}\left[\left(\dot{\boldsymbol{E}}_1^*\times\dot{\boldsymbol{H}}_2+\dot{\boldsymbol{E}}_2\times\dot{\boldsymbol{H}}_1^*\right)\right]$$
$$=\frac{1}{2}\mathrm{Re}\left(\dot{\boldsymbol{J}}_{e1}^*\cdot\dot{\boldsymbol{E}}_2+\dot{\boldsymbol{J}}_{e2}\cdot\dot{\boldsymbol{E}}_1^*\right) \tag{3.5.15b}$$

式（3.5.15a）正是用矢量语言书写的互动量定理，而式（3.5.15b）则是互能定理。

3.6　频域张量形式电磁场能-动量互易方程

本节导出张量形式的电磁场能-动量互易方程，将其分解为空间分量和时间分量两部分，分别对应动量互易定理和洛伦兹互易定理。

3.6.1　电磁场能-动量互易方程的导出

若考虑两组滞后波的相互作用，只需通过共轭变换就可以实现。将电磁场互能-动量方程中取实部的符号去掉，对上角标为“1”的四维张量电磁场和四维电流密度中的物理量取共轭变换。

将式（3.5.2）、式（3.5.5）和式（3.5.6）去掉Re，并对式中上角标为“1”的场量取共轭变换，用“1*'”表示。于是，两组滞后波的频域四维电磁互易方程为

$$\partial_j\left(\dot{T}_{\mu j}^{1^{*'}2}+\dot{T}_{\mu j}^{21^{*'}}\right)=\left(\dot{f}_{\mu}^{1^{*'}2}+\dot{f}_{\mu}^{21^{*'}}\right) \tag{3.6.1a}$$

$$\nabla\cdot\begin{bmatrix}-\left(\dot{\boldsymbol{\Phi}}_{1^{*'}2}+\dot{\boldsymbol{\Phi}}_{21^{*'}}\right)\\ -\dfrac{\mathrm{i}}{c}\left(\dot{\boldsymbol{S}}_{1^{*'}2}+\dot{\boldsymbol{S}}_{21^{*'}}\right)\end{bmatrix}=\begin{bmatrix}\dot{\boldsymbol{f}}_{1^{*'}2}+\dot{\boldsymbol{f}}_{21^{*'}}\\ \dfrac{\mathrm{i}}{c}\left(\dot{P}_{\mathrm{e}1^{*'}2}+\dot{P}_{\mathrm{e}21^{*'}}\right)\end{bmatrix} \tag{3.6.1b}$$

$$\partial_j\frac{1}{2}\left[\frac{1}{\mu_0}\left(\dot{F}_{\mu\alpha}^{1^{*'}}\dot{F}_{\alpha j}^{2}+\dot{F}_{\mu\alpha}^{2}\dot{F}_{\alpha j}^{1^{*'}}\right)+\frac{1}{2\mu_0}\dot{F}_{\alpha\beta}^{1^{*'}}\dot{F}_{\alpha\beta}^{2}\delta_{\mu j}\right]$$
$$=\frac{1}{2}\left(\dot{F}_{\mu\nu}^{1^{*'}}\dot{J}_{\nu}^{2}+\dot{F}_{\mu\nu}^{2}\dot{J}_{\nu}^{1^{*'}}\right) \tag{3.6.1c}$$

式（3.6.1）中，有

$$\dot{T}_{\mu j}^{1^{*'}2}+\dot{T}_{\mu j}^{21^{*'}}=\frac{1}{2}\left[\frac{1}{\mu_0}\left(\dot{F}_{\mu\alpha}^{1^{*'}}\dot{F}_{\alpha j}^{2}+\dot{F}_{\mu\alpha}^{2}\dot{F}_{\alpha j}^{1^{*'}}\right)+\frac{1}{2\mu_0}\dot{F}_{\alpha\beta}^{1^{*'}}\dot{F}_{\alpha\beta}^{2}\delta_{\mu j}\right] \tag{3.6.2a}$$

$$\dot{f}_{\mu}^{1^{*'}2}+\dot{f}_{\mu}^{21^{*'}}=\frac{1}{2}\left(\dot{F}_{\mu\nu}^{1^{*'}}\dot{J}_{\nu}^{2}+\dot{F}_{\mu\nu}^{2}\dot{J}_{\nu}^{1^{*'}}\right) \tag{3.6.2b}$$

从式（3.6.1）取出空间分量，为

$$\partial_j\left(\dot{T}_{ij}^{1^*{}'2}+\dot{T}_{ij}^{21^*{}'}\right)=\dot{f}_i^{1^*{}'2}+\dot{f}_i^{21^*{}'} \tag{3.6.3a}$$

$$-\nabla\cdot\left(\dot{\boldsymbol{\Phi}}_{1^*{}'2}+\dot{\boldsymbol{\Phi}}_{21^*{}'}\right)=\dot{\boldsymbol{f}}_{1^*{}'2}+\dot{\boldsymbol{f}}_{21^*{}'} \tag{3.6.3b}$$

$$\partial_j\frac{1}{2}\left[\frac{1}{\mu_0}\left(\dot{F}_{i\alpha}^{1^*{}'}\dot{F}_{\alpha j}^{2}+\dot{F}_{i\alpha}^{2}\dot{F}_{\alpha j}^{1^*{}'}\right)+\frac{1}{2\mu_0}\dot{F}_{\alpha\beta}^{1^*{}'}\dot{F}_{\alpha\beta}^{2}\delta_{ij}\right]$$

$$=\frac{1}{2}\left(\dot{F}_{i\nu}^{1^*{}'}\dot{J}_\nu^2+\dot{F}_{i\nu}^{2}\dot{J}_\nu^{1^*{}'}\right) \tag{3.6.3c}$$

取出式（3.6.1）中的时间分量，为

$$\partial_j\left(\dot{T}_{4j}^{1^*{}'2}+\dot{T}_{4j}^{21^*{}'}\right)=\dot{f}_4^{1^*{}'2}+\dot{f}_4^{21^*{}'} \tag{3.6.4a}$$

$$-\nabla\cdot\left(\dot{\boldsymbol{S}}_{1^*{}'2}+\dot{\boldsymbol{S}}_{21^*{}'}\right)=\dot{P}_{\mathrm{e}1^*{}'2}+\dot{P}_{\mathrm{e}21^*{}'} \tag{3.6.4b}$$

$$\partial_j\frac{1}{2}\left[\frac{1}{\mu_0}\left(\dot{F}_{4\alpha}^{1^*{}'}\dot{F}_{\alpha j}^{2}+\dot{F}_{4\alpha}^{2}\dot{F}_{\alpha j}^{1^*{}'}\right)\right]=\frac{1}{2}\left(\dot{F}_{4\nu}^{1^*{}'}\dot{J}_\nu^2+\dot{F}_{4\nu}^{2}\dot{J}_\nu^{1^*{}'}\right) \tag{3.6.4c}$$

式（3.6.3）即为动量互易定理，式（3.6.4）即为洛伦兹互易定理。

3.6.2　电磁场能-动量互易方程的展开

对上角标为“1”的四维张量场和四维源中的物理量取共轭变换，具体处理方法是，对磁感应强度和电流密度取共轭后再取相反数，电场强度和电荷密度直接取共轭。

四维电磁场张量 $\dot{F}_{\mu\alpha}^{1^*{}'}$、$\dot{F}_{\alpha j}^{2}$、$\dot{F}_{\mu\alpha}^{2}$ 以及 $\dot{F}_{\alpha j}^{1^*{}'}$ 分别为

$$\dot{F}_{\mu\alpha}^{1^*{}'}=\begin{bmatrix}0 & -\dot{B}_3^1 & \dot{B}_2^1 & -\dfrac{\mathrm{i}\dot{E}_1^1}{c}\\ \dot{B}_3^1 & 0 & -\dot{B}_1^1 & -\dfrac{\mathrm{i}\dot{E}_2^1}{c}\\ -\dot{B}_2^1 & \dot{B}_1^1 & 0 & -\dfrac{\mathrm{i}\dot{E}_3^1}{c}\\ \dfrac{\mathrm{i}\dot{E}_1^1}{c} & \dfrac{\mathrm{i}\dot{E}_2^1}{c} & \dfrac{\mathrm{i}\dot{E}_3^1}{c} & 0\end{bmatrix}\qquad \dot{F}_{\alpha j}^{2}=\begin{bmatrix}0 & \dot{B}_3^2 & -\dot{B}_2^2\\ -\dot{B}_3^2 & 0 & \dot{B}_1^2\\ \dot{B}_2^2 & -\dot{B}_1^2 & 0\\ \dfrac{\mathrm{i}\dot{E}_1^2}{c} & \dfrac{\mathrm{i}\dot{E}_2^2}{c} & \dfrac{\mathrm{i}\dot{E}_3^2}{c}\end{bmatrix}$$

$$\dot{F}^2_{\mu\alpha}=\begin{bmatrix} 0 & \dot{B}^2_3 & -\dot{B}^2_2 & -\dfrac{\mathrm{i}\dot{E}^2_1}{c} \\ -\dot{B}^2_3 & 0 & \dot{B}^2_1 & -\dfrac{\mathrm{i}\dot{E}^2_2}{c} \\ \dot{B}^2_2 & -\dot{B}^2_1 & 0 & -\dfrac{\mathrm{i}\dot{E}^2_3}{c} \\ \dfrac{\mathrm{i}\dot{E}^2_1}{c} & \dfrac{\mathrm{i}\dot{E}^2_2}{c} & \dfrac{\mathrm{i}\dot{E}^2_3}{c} & 0 \end{bmatrix} \quad \dot{F}^{1*'}_{\alpha j}=\begin{bmatrix} 0 & -\dot{B}^1_3 & \dot{B}^1_2 \\ \dot{B}^1_3 & 0 & -\dot{B}^1_1 \\ -\dot{B}^1_2 & \dot{B}^1_1 & 0 \\ \dfrac{\mathrm{i}\dot{E}^1_1}{c} & \dfrac{\mathrm{i}\dot{E}^1_2}{c} & \dfrac{\mathrm{i}\dot{E}^1_3}{c} \end{bmatrix}$$

于是

$$\dot{T}^{1*'2}_{\mu j}+\dot{T}^{21*'}_{\mu j}=\begin{bmatrix} -\left(\dot{\boldsymbol{\Phi}}_{1*'2}+\dot{\boldsymbol{\Phi}}_{21*'}\right) \\ -\dfrac{\mathrm{i}}{c}\left(\dot{\boldsymbol{S}}_{1*'2}+\dot{\boldsymbol{S}}_{21*'}\right) \end{bmatrix}$$

$$=\frac{1}{2}\left[\frac{1}{\mu_0}\left(\dot{F}^{1*'}_{\mu\alpha}\dot{F}^2_{\alpha j}+\dot{F}^2_{\mu\alpha}\dot{F}^{1*'}_{\alpha j}\right)+\frac{1}{2\mu_0}\dot{F}^{1*'}_{\alpha\beta}\dot{F}^2_{\alpha\beta}\delta_{\mu j}\right]$$

$$=\begin{bmatrix} \dot{T}^{1*'2}_{11}+\dot{T}^{21*'}_{11} & \dot{T}^{1*'2}_{12}+\dot{T}^{21*'}_{12} & \dot{T}^{1*'2}_{13}+\dot{T}^{21*'}_{13} \\ \dot{T}^{1*'2}_{21}+\dot{T}^{21*'}_{21} & \dot{T}^{1*'2}_{22}+\dot{T}^{21*'}_{22} & \dot{T}^{1*'2}_{23}+\dot{T}^{21*'}_{23} \\ \dot{T}^{1*'2}_{31}+\dot{T}^{21*'}_{31} & \dot{T}^{1*'2}_{32}+\dot{T}^{21*'}_{32} & \dot{T}^{1*'2}_{33}+\dot{T}^{21*'}_{33} \\ -\dfrac{\mathrm{i}}{c}\left(\dot{S}^{1*'2}_1+\dot{S}^{21*'}_1\right) & -\dfrac{\mathrm{i}}{c}\left(\dot{S}^{1*'2}_2+\dot{S}^{21*'}_2\right) & -\dfrac{\mathrm{i}}{c}\left(\dot{S}^{1*'2}_3+\dot{S}^{21*'}_3\right) \end{bmatrix} \tag{3.6.5}$$

式（3.6.5）中

$$\dot{T}^{1*'2}_{ij}+\dot{T}^{21*'}_{ij}=-\left(\dot{\Phi}^{1*'2}_{ij}+\dot{\Phi}^{21*'}_{ij}\right)=-\frac{1}{2\mu_0}\left(\dot{B}^1_i\dot{B}^2_j+\dot{B}^2_i\dot{B}^1_j\right)$$

$$+\frac{1}{2\mu_0c^2}\left(\dot{E}^1_i\dot{E}^2_j+\dot{E}^2_i\dot{E}^1_j\right)+\left(\frac{1}{2\mu_0}\dot{\boldsymbol{B}}_1\cdot\dot{\boldsymbol{B}}_2-\frac{1}{2\mu_0c^2}\dot{\boldsymbol{E}}_1\cdot\dot{\boldsymbol{E}}_2\right)\delta_{ij}$$

$$(i,j=1,2,3) \tag{3.6.6a}$$

$$\left(\dot{S}^{1*'2}_1+\dot{S}^{21*'}_1\right)=\frac{1}{2\mu_0}\left[\left(\dot{E}^1_2\dot{B}^2_3-\dot{E}^1_3\dot{B}^2_2\right)+\left(\dot{E}^2_3\dot{B}^1_2-\dot{E}^2_2\dot{B}^1_3\right)\right] \tag{3.6.6b}$$

$$\left(\dot{S}_2^{1^{*'}2}+\dot{S}_2^{21^{*'}}\right)=\frac{1}{2\mu_0}\left[\left(\dot{E}_3^1\dot{B}_1^2-\dot{E}_1^1\dot{B}_3^2\right)+\left(\dot{E}_1^2\dot{B}_3^1-\dot{E}_3^2\dot{B}_1^1\right)\right] \quad (3.6.6\text{c})$$

$$\left(\dot{S}_2^{1^{*'}2}+\dot{S}_2^{21^{*'}}\right)=\frac{1}{2\mu_0}\left[\left(\dot{E}_1^1\dot{B}_2^2-\dot{E}_2^1\dot{B}_1^2\right)+\left(\dot{E}_2^2\dot{B}_1^1-\dot{E}_1^2\dot{B}_2^1\right)\right] \quad (3.6.6\text{d})$$

于是

$$\dot{\boldsymbol{\Phi}}_{1^{*'}2}+\dot{\boldsymbol{\Phi}}_{21^{*'}}=-\frac{1}{2\mu_0}\left(\dot{\boldsymbol{B}}_1\cdot\dot{\boldsymbol{B}}_2\overline{\overline{\boldsymbol{I}}}-\dot{\boldsymbol{B}}_1\dot{\boldsymbol{B}}_2-\dot{\boldsymbol{B}}_2\dot{\boldsymbol{B}}_1-\frac{1}{c^2}\dot{\boldsymbol{E}}_1\cdot\dot{\boldsymbol{E}}_2\overline{\overline{\boldsymbol{I}}}+\frac{1}{c^2}\dot{\boldsymbol{E}}_1\dot{\boldsymbol{E}}_2+\frac{1}{c^2}\dot{\boldsymbol{E}}_2\dot{\boldsymbol{E}}_1\right) \quad (3.6.7\text{a})$$

$$\dot{\boldsymbol{S}}_{1^{*'}2}+\dot{\boldsymbol{S}}_{21^{*'}}=\frac{1}{2\mu_0}\left(\dot{\boldsymbol{E}}_1\times\dot{\boldsymbol{B}}_2-\dot{\boldsymbol{E}}_2\times\dot{\boldsymbol{B}}_1\right) \quad (3.6.7\text{b})$$

于是

$$\dot{f}_\mu^{1^{*'}2}+\dot{f}_\mu^{21^{*'}}=\begin{bmatrix}\dot{\boldsymbol{f}}_{1^{*'}2}+\dot{\boldsymbol{f}}_{21^{*'}}\\ \dfrac{\mathrm{i}}{c}\left(\dot{P}_{\mathrm{e}1^{*'}2}+\dot{P}_{\mathrm{e}21^{*'}}\right)\end{bmatrix}
=\frac{1}{2}\left(\dot{F}_{\mu\nu}^{1^{*'}}\dot{J}_\nu^2+\dot{F}_{\mu\nu}^2\dot{J}_\nu^{1^{*'}}\right)
=\frac{1}{2}\begin{bmatrix}0 & -\dot{B}_3^1 & \dot{B}_2^1 & -\dfrac{\mathrm{i}\dot{E}_1^1}{c}\\ \dot{B}_3^1 & 0 & -\dot{B}_1^1 & -\dfrac{\mathrm{i}\dot{E}_2^1}{c}\\ -\dot{B}_2^1 & \dot{B}_1^1 & 0 & -\dfrac{\mathrm{i}\dot{E}_3^1}{c}\\ \dfrac{\mathrm{i}\dot{E}_1^1}{c} & \dfrac{\mathrm{i}\dot{E}_2^1}{c} & \dfrac{\mathrm{i}\dot{E}_3^1}{c} & 0\end{bmatrix}\begin{bmatrix}\dot{J}_1^2\\ \dot{J}_2^2\\ \dot{J}_3^2\\ \mathrm{i}c\dot{\rho}^2\end{bmatrix}$$

$$+\frac{1}{2}\begin{bmatrix} 0 & \dot{B}_3^2 & -\dot{B}_2^2 & -\frac{\mathrm{i}\dot{E}_1^2}{c} \\ -\dot{B}_3^2 & 0 & \dot{B}_1^2 & -\frac{\mathrm{i}\dot{E}_2^2}{c} \\ \dot{B}_2^2 & -\dot{B}_1^2 & 0 & -\frac{\mathrm{i}\dot{E}_3^2}{c} \\ \frac{\mathrm{i}\dot{E}_1^2}{c} & \frac{\mathrm{i}\dot{E}_2^2}{c} & \frac{\mathrm{i}\dot{E}_3^2}{c} & 0 \end{bmatrix}\begin{bmatrix} -\dot{J}_1^1 \\ -\dot{J}_2^1 \\ -\dot{J}_3^1 \\ \mathrm{i}c\dot{\rho}^1 \end{bmatrix}$$

$$=-\frac{1}{2}\left(\dot{J}_2^2\dot{B}_3^1-\dot{J}_3^2\dot{B}_2^1-\dot{\rho}^2\dot{E}_1^1,\dot{J}_3^2\dot{B}_1^1-\dot{J}_1^2\dot{B}_3^1-\dot{\rho}^2\dot{E}_2^1,\dot{J}_1^2\dot{B}_2^1\right.$$

$$\left.-\dot{J}_2^2\dot{B}_1^1-\dot{\rho}^2\dot{E}_3^1,-\frac{\mathrm{i}}{c}\left(\dot{J}_1^2\dot{E}_1^1+\dot{J}_2^2\dot{E}_2^1+\dot{J}_3^2\dot{E}_3^1\right)\right)$$

$$-\frac{1}{2}\left(\dot{J}_2^1\dot{B}_3^2-\dot{J}_3^1\dot{B}_2^2-\dot{\rho}^1\dot{E}_1^2,\dot{J}_3^1\dot{B}_1^2-\dot{J}_1^1\dot{B}_3^2-\dot{\rho}^1\dot{E}_2^2,\right.$$

$$\left.\dot{J}_1^1\dot{B}_2^2-\dot{J}_2^1\dot{B}_1^2-\dot{\rho}^1\dot{E}_3^2,\frac{\mathrm{i}}{c}\left(\dot{J}_1^1\dot{E}_1^2+\dot{J}_2^1\dot{E}_2^2+\dot{J}_3^1\dot{E}_3^2\right)\right)$$

$$=-\frac{1}{2}\left(\dot{\boldsymbol{J}}_{\mathrm{e}2}\times\dot{\boldsymbol{B}}_1-\dot{\rho}_{\mathrm{e}2}\dot{\boldsymbol{E}}_1+\dot{\boldsymbol{J}}_{\mathrm{e}1}\times\dot{\boldsymbol{B}}_2-\dot{\rho}_{\mathrm{e}1}\dot{\boldsymbol{E}}_2,\frac{\mathrm{i}}{c}\dot{\boldsymbol{J}}_{\mathrm{e}1}\cdot\dot{\boldsymbol{E}}_2-\frac{\mathrm{i}}{c}\dot{\boldsymbol{J}}_{\mathrm{e}2}\cdot\dot{\boldsymbol{E}}_1\right) \tag{3.6.8}$$

于是

$$\dot{\boldsymbol{f}}_{1^*2}=-\frac{1}{2}\left(\dot{\boldsymbol{J}}_{\mathrm{e}2}\times\dot{\boldsymbol{B}}_1-\dot{\rho}_{\mathrm{e}2}\dot{\boldsymbol{E}}_1+\dot{\boldsymbol{J}}_{\mathrm{e}1}\times\dot{\boldsymbol{B}}_2-\dot{\rho}_{\mathrm{e}1}\dot{\boldsymbol{E}}_2\right) \tag{3.6.9a}$$

$$\dot{P}_{\mathrm{e}1^*2}=\frac{1}{2}\left(-\dot{\boldsymbol{J}}_{\mathrm{e}1}\cdot\dot{\boldsymbol{E}}_2+\dot{\boldsymbol{J}}_{\mathrm{e}2}\cdot\dot{\boldsymbol{E}}_1\right) \tag{3.6.9b}$$

将式（3.6.7）和式（3.6.9）代入式（3.6.3b）和（3.6.4b），有

$$-\nabla\cdot\frac{1}{2\mu_0}\left(\dot{\boldsymbol{B}}_1\cdot\dot{\boldsymbol{B}}_2\overset{=}{\boldsymbol{I}}-\dot{\boldsymbol{B}}_1\dot{\boldsymbol{B}}_2-\dot{\boldsymbol{B}}_2\dot{\boldsymbol{B}}_1-\frac{1}{c^2}\dot{\boldsymbol{E}}_1\cdot\dot{\boldsymbol{E}}_2\overset{=}{\boldsymbol{I}}+\frac{1}{c^2}\dot{\boldsymbol{E}}_1\dot{\boldsymbol{E}}_2+\frac{1}{c^2}\dot{\boldsymbol{E}}_2\dot{\boldsymbol{E}}_1\right)$$

$$=\frac{1}{2}\left(\dot{\boldsymbol{J}}_{\mathrm{e}2}\times\dot{\boldsymbol{B}}_1-\dot{\rho}_{\mathrm{e}2}\dot{\boldsymbol{E}}_1+\dot{\boldsymbol{J}}_{\mathrm{e}1}\times\dot{\boldsymbol{B}}_2-\dot{\rho}_{\mathrm{e}1}\dot{\boldsymbol{E}}_2\right) \tag{3.6.10a}$$

$$-\nabla\cdot\frac{1}{2\mu_0}\left(\dot{\boldsymbol{E}}_1\times\dot{\boldsymbol{B}}_2-\dot{\boldsymbol{E}}_2\times\dot{\boldsymbol{B}}_1\right)=\frac{1}{2}\left(-\dot{\boldsymbol{J}}_{\mathrm{e}1}\cdot\dot{\boldsymbol{E}}_2+\dot{\boldsymbol{J}}_{\mathrm{e}2}\cdot\dot{\boldsymbol{E}}_1\right) \tag{3.6.10b}$$

式（3.6.10）进一步简化为

$$\begin{aligned}&-\nabla\cdot\left(\dot{\boldsymbol{B}}_1\cdot\dot{\boldsymbol{H}}_2\,\overline{\overline{\boldsymbol{I}}}-\dot{\boldsymbol{B}}_1\dot{\boldsymbol{H}}_2-\dot{\boldsymbol{H}}_2\dot{\boldsymbol{B}}_1-\dot{\boldsymbol{D}}_1\cdot\dot{\boldsymbol{E}}_2\,\overline{\overline{\boldsymbol{I}}}+\dot{\boldsymbol{D}}_1\dot{\boldsymbol{E}}_2+\dot{\boldsymbol{E}}_2\dot{\boldsymbol{D}}_1\right)\\&=\dot{\boldsymbol{J}}_{\mathrm{e}2}\times\dot{\boldsymbol{B}}_1-\dot{\rho}_{\mathrm{e}2}\dot{\boldsymbol{E}}_1+\dot{\boldsymbol{J}}_{\mathrm{e}1}\times\dot{\boldsymbol{B}}_2-\dot{\rho}_{\mathrm{e}1}\dot{\boldsymbol{E}}_2\end{aligned} \tag{3.6.11a}$$

$$\nabla\cdot\left(\dot{\boldsymbol{E}}_1\times\dot{\boldsymbol{H}}_2-\dot{\boldsymbol{E}}_2\times\dot{\boldsymbol{H}}_1\right)=\dot{\boldsymbol{J}}_{\mathrm{e}1}\cdot\dot{\boldsymbol{E}}_2-\dot{\boldsymbol{J}}_{\mathrm{e}2}\cdot\dot{\boldsymbol{E}}_1 \tag{3.6.11b}$$

式（3.6.11a）和式（3.6.11b）正是用矢量语言书写的动量互易定理和洛伦兹互易定理。

习　题

3.1　试利用张量形式的电磁场方程，直接导出张量形式电磁场能-动量互易方程。

3.2　试利用张量形式的电磁场方程，导出 Feld-Tai 互易方程和另一个动量互易方程式（1.1.5）。

3.3　试利用张量形式电磁场能-动量互易方程，导出惠更斯原理。

第 4 章　微分形式电磁场互易定理

本章首先介绍微分形式的预备知识，时域四维张量电磁场能-动量守恒方程，这部分内容重点参考了 Lindell 的著作（Lindell，1995，2004，2015）。进一步，我们给出了频域微分形式的电磁场能-动量守恒方程。在此基础上，我们导出了频域微分形式的电磁场互能-动量方程和能-动量互易方程，最后讨论了广义反应。

今后无特殊说明，用希腊字母 $\mu\nu\lambda\alpha\beta$ 等表示四维时空指标，用拉丁字母 $ijklm$ 等表示空间指标。遵循爱因斯坦求和约定，即重复指标求和。

4.1　微分形式预备知识

考虑两个四维线性空间，矢量空间 $\mathbb{E}_{\mathrm{p}}$ 和 p-形式空间 $\mathbb{F}_{\mathrm{p}}$，$\boldsymbol{e}_1,\boldsymbol{e}_2,\boldsymbol{e}_3$ 为矢量空间基，$\boldsymbol{e}_4$ 为时间基，$\varepsilon_1,\varepsilon_2,\varepsilon_3$ 为 1-形式空间基，ε_4 为 1-形式时间基，$\varepsilon_{ij}=\varepsilon_i\wedge\varepsilon_j$ 为 2-形式基，$\varepsilon_{123}=\varepsilon_1\wedge\varepsilon_2\wedge\varepsilon_3$ 为 3-形式空间基。

吉布斯矢量，亦即我们现在所熟知的矢量形式，为了便于与多矢量（multivectors）和多形式（multiforms）对比，均采用下角标“g”的形式。

4.1.1　单位并矢

由 1-形式基 ε_i 定义的单位并矢 $\overline{\overline{\Gamma}}$ 为

$$\overline{\overline{\Gamma}}=\varepsilon_1\varepsilon_1+\varepsilon_2\varepsilon_2+\varepsilon_3\varepsilon_3+\varepsilon_4\varepsilon_4=\overline{\overline{\Gamma}}_S+\varepsilon_4\varepsilon_4 \quad \in\mathbb{F}_1\mathbb{F}_1 \qquad (4.1.1\mathrm{a})$$

由矢量基 $\boldsymbol{e}_i$ 定义的单位并矢 $\bar{\bar{G}}$ 为

$$\bar{\bar{G}} = \boldsymbol{e}_1\boldsymbol{e}_1 + \boldsymbol{e}_2\boldsymbol{e}_2 + \boldsymbol{e}_3\boldsymbol{e}_3 + \boldsymbol{e}_4\boldsymbol{e}_4 = \bar{\bar{G}}_S + \boldsymbol{e}_4\boldsymbol{e}_4 \in \mathbb{E}_1\mathbb{E}_1 \tag{4.1.1b}$$

由矢量基 $\boldsymbol{e}_i$ 和 1-形式基 ε_i 定义的单位并矢 $\bar{\bar{I}}$ 为

$$\bar{\bar{I}} = \boldsymbol{e}_1\varepsilon_1 + \boldsymbol{e}_2\varepsilon_2 + \boldsymbol{e}_3\varepsilon_3 + \boldsymbol{e}_4\varepsilon_4 = \bar{\bar{I}}_S + \boldsymbol{e}_4\varepsilon_4 \in \mathbb{E}_1\mathbb{F}_1 \tag{4.1.1c}$$

由 1-形式基 ε_i 和矢量基 $\boldsymbol{e}_i$ 定义的单位并矢 $\bar{\bar{I}}^T$ 为

$$\bar{\bar{I}}^T = \varepsilon_1\boldsymbol{e}_1 + \varepsilon_2\boldsymbol{e}_2 + \varepsilon_3\boldsymbol{e}_3 + \varepsilon_4\boldsymbol{e}_4 = \bar{\bar{I}}_S^T + \varepsilon_4\boldsymbol{e}_4 \in \mathbb{F}_1\mathbb{E}_1 \tag{4.1.1d}$$

式中，对应的单位空间并矢分别为

$$\bar{\bar{\Gamma}}_S = \varepsilon_i\varepsilon_i = \varepsilon_1\varepsilon_1 + \varepsilon_2\varepsilon_2 + \varepsilon_3\varepsilon_3 \in \mathbb{F}_1\mathbb{F}_1 \tag{4.1.2a}$$

$$\bar{\bar{G}}_S = \boldsymbol{e}_1\boldsymbol{e}_1 + \boldsymbol{e}_2\boldsymbol{e}_2 + \boldsymbol{e}_3\boldsymbol{e}_3 \in \mathbb{E}_1\mathbb{E}_1 \tag{4.1.2b}$$

$$\bar{\bar{I}}_S = \boldsymbol{e}_1\varepsilon_1 + \boldsymbol{e}_2\varepsilon_2 + \boldsymbol{e}_3\varepsilon_3 \in \mathbb{E}_1\mathbb{F}_1 \tag{4.1.2c}$$

$$\bar{\bar{I}}_S^T = \varepsilon_1\boldsymbol{e}_1 + \varepsilon_2\boldsymbol{e}_2 + \varepsilon_3\boldsymbol{e}_3 \in \mathbb{F}_1\mathbb{E}_1 \tag{4.1.2d}$$

这里 $\bar{\bar{G}}_S$ 即是吉布斯矢量语言中的单位并矢 $\bar{\bar{\boldsymbol{I}}}$，符号 $\bar{\bar{\boldsymbol{I}}}$ 出现在本章以外的其他章。勿将 $\bar{\bar{\boldsymbol{I}}}$ 与 $\bar{\bar{I}}$ 相混淆。

4.1.2　多矢量与多形式的运算

对偶积（duality product）是形式量和矢量之间的一种运算，两个同维的形式量和矢量的对偶积为一标量，这种运算类似点积（亦称为标量积）运算，用“|”表示，但需要注意对偶积与标量积的区别，后者是矢量之间的点乘。

例如：

对于 $\boldsymbol{a} \in \mathbb{E}_1$， $\boldsymbol{b} \in \mathbb{E}_1$，二者的点积为

$$\boldsymbol{a} \cdot \boldsymbol{b} = a_i b_i$$

对于$\boldsymbol{a}\in\mathbb{E}_1$，$\boldsymbol{b}\in\mathbb{F}_1$，二者的对偶积为

$$\boldsymbol{a}|\boldsymbol{b}=\boldsymbol{b}|\boldsymbol{a}=a_ib_i$$

对于$\boldsymbol{A}\in\mathbb{E}_2$，$\boldsymbol{B}\in\mathbb{F}_2$，二者的对偶积为

$$\boldsymbol{A}|\boldsymbol{B}=\boldsymbol{B}|\boldsymbol{A}=A_iB_i$$

$\boldsymbol{e}_{ij}$与ε_{kl}的对偶积为

$$\boldsymbol{e}_{ij}|\varepsilon_{kl}=\delta_{ik}\delta_{jl}$$

楔积（wedge product）是矢量之间或形式量之间的一种运算，用“∧”表示。利用楔积，可以由低维矢量生成高维矢量，或由低维形式量生成高维形式量。

例如：

对于$\boldsymbol{a}\in\mathbb{E}_1$，$\boldsymbol{b}\in\mathbb{E}_1$，二者的楔积为

$$\boldsymbol{a}\wedge\boldsymbol{b}=-\boldsymbol{b}\wedge\boldsymbol{a}$$

ε_1和ε_2的楔积为

$$\varepsilon_1\wedge\varepsilon_2=\varepsilon_{12}$$

$\boldsymbol{e}_1$，$\boldsymbol{e}_2$和$\boldsymbol{e}_3$的楔积为

$$\boldsymbol{e}_1\wedge\boldsymbol{e}_2\wedge\boldsymbol{e}_3=\boldsymbol{e}_{123}$$

缩积（contraction product）是形式量与矢量之间的一种运算，用“⌋”和“⌊”表示。通过高维矢量与低维形式量的缩积，可以获得低维矢量，通过高维形式量与低维矢量的缩积，可以获得低维形式量。

常用的缩积公式包括

$$\varepsilon_{ijk}\lfloor\boldsymbol{e}_{ij}=\boldsymbol{e}_{ij}\rfloor\varepsilon_{ijk}=\varepsilon_k$$

$$\varepsilon_{ijk}\lfloor\boldsymbol{e}_i=\boldsymbol{e}_i\rfloor\varepsilon_{ijk}=\varepsilon_{jk}$$

$$\varepsilon_{ijkl}\lfloor\boldsymbol{e}_i=-\boldsymbol{e}_i\rfloor\varepsilon_{ijkl}=\varepsilon_{jkl}$$

$$\varepsilon_{ijkl}\lfloor\boldsymbol{e}_{ij}=\boldsymbol{e}_{ij}\rfloor\varepsilon_{ijkl}=\varepsilon_{kl}$$

$$\varepsilon_{ijkl}\lfloor\boldsymbol{e}_{ijk}=-\boldsymbol{e}_{ijk}\rfloor\varepsilon_{ijkl}=\varepsilon_l$$

不完全的对偶积（incomplete duality product），也是形式量与矢量之间的一种运算。定义为：一个p-形式$\alpha\in\mathbb{F}_p$和一个q-矢量$\boldsymbol{a}\in\mathbb{E}_q$

（这里 $p \neq q$ ）的不完全对偶积，在 $p > q$ 时生成一个 $(p-q)$ -矢量 $\boldsymbol{b} \in \mathbb{E}_{p-q}$ ，在 $p < q$ 时生成一个 $(q-p)$ -形式 $\beta \in \mathbb{F}_{q-p}$ ，表达式为

$$\alpha \big| (\boldsymbol{a} \wedge \boldsymbol{b}) = (\alpha \llcorner \boldsymbol{a}) \big| \boldsymbol{b} \tag{4.1.3a}$$

$$\boldsymbol{a} \big| (\alpha \wedge \beta) = (\boldsymbol{a} \llcorner \alpha) \big| \beta \tag{4.1.3b}$$

4.1.3　吉布斯矢量与多形式的转化

1-形式量 $\boldsymbol{a}$ 和 2-形式量 $\boldsymbol{A}$ 分别为

$$\boldsymbol{a} = \varepsilon_1 a_1 + \varepsilon_2 a_2 + \varepsilon_3 a_3 \in \mathbb{F}_1 \tag{4.1.4a}$$

$$\boldsymbol{A} = \varepsilon_{23} A_{23} + \varepsilon_{31} A_{31} + \varepsilon_{12} A_{12} \in \mathbb{F}_2 \tag{4.1.4b}$$

对应的 1-矢量

$$\boldsymbol{a}_g = \boldsymbol{e}_1 a_1 + \boldsymbol{e}_2 a_2 + \boldsymbol{e}_3 a_3 \quad \in \mathbb{E}_1 \tag{4.1.5a}$$

$$\boldsymbol{A}_g = \boldsymbol{e}_1 A_{23} + \boldsymbol{e}_2 A_{31} + \boldsymbol{e}_3 A_{12} \in \mathbb{E}_1 \tag{4.1.5b}$$

1-形式量 $\boldsymbol{a}$ 与吉布斯矢量 $\boldsymbol{a}_g$ 相互转化公式为

$$\boldsymbol{a}_g = \boldsymbol{a} \big| \overline{\overline{G}}_S \tag{4.1.6a}$$

$$\boldsymbol{a} = \boldsymbol{a}_g \big| \overline{\overline{\Gamma}}_S \tag{4.1.6b}$$

2-形式量 $\boldsymbol{A}$ 与吉布斯矢量 $\boldsymbol{A}_g$ 相互转化公式为

$$\boldsymbol{A}_g = \boldsymbol{e}_{123} \llcorner \boldsymbol{A} \tag{4.1.7a}$$

$$\boldsymbol{A} = \varepsilon_{123} \llcorner \boldsymbol{A}_g \tag{4.1.7b}$$

形式量 $\boldsymbol{\rho}$ 与标量 ρ 的关系为

$$\boldsymbol{\rho} = \varepsilon_{123} \rho \in \mathbb{F}_3 \tag{4.1.8}$$

4.2　微分形式的电磁场方程

吉布斯电磁场量为

$$\rho_{\mathrm{e}} \in \mathbb{E}_0 \tag{4.2.1a}$$

$$\rho_{\rm m} \in \mathbb{E}_0 \tag{4.2.1b}$$

$$\boldsymbol{J}_{{\rm e}g} = \boldsymbol{e}_1 J_{\rm e23} + \boldsymbol{e}_2 J_{\rm e31} + \boldsymbol{e}_3 J_{\rm e12} \in \mathbb{E}_1 \tag{4.2.1c}$$

$$\boldsymbol{J}_{{\rm m}g} = \boldsymbol{e}_1 J_{\rm m23} + \boldsymbol{e}_2 J_{\rm m31} + \boldsymbol{e}_3 J_{\rm m12} \in \mathbb{E}_1 \tag{4.2.1d}$$

$$\boldsymbol{E}_g = \boldsymbol{e}_1 E_1 + \boldsymbol{e}_2 E_2 + \boldsymbol{e}_3 E_3 \in \mathbb{E}_1 \tag{4.2.1e}$$

$$\boldsymbol{H}_g = \boldsymbol{e}_1 H_1 + \boldsymbol{e}_2 H_2 + \boldsymbol{e}_3 H_3 \in \mathbb{E}_1 \tag{4.2.1f}$$

$$\boldsymbol{D}_g = \boldsymbol{e}_1 D_{23} + \boldsymbol{e}_2 D_{31} + \boldsymbol{e}_3 D_{12} \in \mathbb{E}_1 \tag{4.2.1g}$$

$$\boldsymbol{B}_g = \boldsymbol{e}_1 B_{23} + \boldsymbol{e}_2 B_{31} + \boldsymbol{e}_3 B_{12} \in \mathbb{E}_1 \tag{4.2.1h}$$

分别为电荷密度、磁荷密度、电流密度、磁流密度、电场强度、磁场强度、电通密度和磁通密度。

麦克斯韦方程组为

$$\nabla \times \boldsymbol{E}_g + \frac{\partial \boldsymbol{B}_g}{\partial t} = -\boldsymbol{J}_{{\rm m}g} \tag{4.2.2a}$$

$$\nabla \cdot \boldsymbol{B}_g = \rho_{\rm m} \tag{4.2.2b}$$

$$\nabla \times \boldsymbol{H}_g - \frac{\partial \boldsymbol{D}_g}{\partial t} = \boldsymbol{J}_{{\rm e}g} \tag{4.2.2c}$$

$$\nabla \cdot \boldsymbol{D}_g = \rho_{\rm e} \tag{4.2.2d}$$

式（4.2.1）对应的微分形式电磁场量为

$$\boldsymbol{\rho}_{\rm e} = \rho_{\rm e} \varepsilon_{123} \in \mathbb{F}_3 \tag{4.2.3a}$$

$$\boldsymbol{\rho}_{\rm m} = \rho_{\rm m} \varepsilon_{123} \in \mathbb{F}_3 \tag{4.2.3b}$$

$$\boldsymbol{J}_{\rm e} = \varepsilon_{23} J_{\rm e23} + \varepsilon_{31} J_{\rm e31} + \varepsilon_{12} J_{\rm e12} \in \mathbb{F}_2 \tag{4.2.3c}$$

$$\boldsymbol{J}_{\rm m} = \varepsilon_{23} J_{\rm m23} + \varepsilon_{31} J_{\rm m31} + \varepsilon_{12} J_{\rm m12} \in \mathbb{F}_2 \tag{4.2.3d}$$

$$\boldsymbol{E} = \varepsilon_1 E_1 + \varepsilon_2 E_2 + \varepsilon_3 E_3 \in \mathbb{F}_1 \tag{4.2.3e}$$

$$\boldsymbol{H} = \varepsilon_1 H_1 + \varepsilon_2 H_2 + \varepsilon_3 H_3 \in \mathbb{F}_1 \tag{4.2.3f}$$

$$\boldsymbol{B} = \varepsilon_{23} B_{23} + \varepsilon_{31} B_{31} + \varepsilon_{12} B_{12} \in \mathbb{F}_2 \tag{4.2.3g}$$

$$\boldsymbol{D} = \varepsilon_{23} D_{23} + \varepsilon_{31} D_{31} + \varepsilon_{12} D_{12} \in \mathbb{F}_2 \tag{4.2.3h}$$

闵可夫斯基四维公式中的场与源为

$$\boldsymbol{\Phi} = \boldsymbol{B} + \boldsymbol{E} \wedge \varepsilon_4 \in \mathbb{F}_2 \tag{4.2.4}$$

$$\boldsymbol{\Psi} = \boldsymbol{D} - \boldsymbol{H} \wedge \varepsilon_4 \in \mathbb{F}_2 \tag{4.2.5}$$

$$\gamma_{\mathrm{e}} = \boldsymbol{\rho}_{\mathrm{e}} - \boldsymbol{J}_{\mathrm{e}} \wedge \varepsilon_4 \in \mathbb{F}_3 \tag{4.2.6}$$

$$\gamma_{\mathrm{m}} = \boldsymbol{\rho}_{\mathrm{m}} - \boldsymbol{J}_{\mathrm{m}} \wedge \varepsilon_4 \in \mathbb{F}_3 \tag{4.2.7}$$

式中，γ_{e}和γ_{m}分别为电性源 3-形式与磁性源 3-形式。

微分算子为

$$\begin{aligned} d &= \varepsilon_i \partial_i = \varepsilon_1 \partial_1 + \varepsilon_2 \partial_2 + \varepsilon_3 \partial_3 + \varepsilon_4 \partial_4 \\ &= \mathrm{d}_S + \varepsilon_4 \partial_4 = d_S + \varepsilon_4 \partial_\tau \end{aligned} \tag{4.2.8}$$

对于时谐场，有

$$k = \frac{\omega}{c}, \quad \partial_\tau = \mathrm{j}k \tag{4.2.9}$$

则有

$$d = d_S + \varepsilon_4 \partial_4 = d_S + \mathrm{j}k\varepsilon_4 \tag{4.2.10}$$

微分形式电磁场方程可写为

$$d \wedge \boldsymbol{\Phi} = \gamma_{\mathrm{m}} \tag{4.2.11a}$$

$$d \wedge \boldsymbol{\Psi} = \gamma_{\mathrm{e}} \tag{4.2.11b}$$

对于均匀线性介质，本构关系为

$$\boldsymbol{\Psi} = \bar{\bar{M}} \,\big|\, \boldsymbol{\Phi} \tag{4.2.12a}$$

$$\boldsymbol{\Phi} = \bar{\bar{N}} \,\big|\, \boldsymbol{\Psi} \tag{4.2.12b}$$

$$\boldsymbol{e}_N \lfloor \boldsymbol{\Psi} = \bar{\bar{M}}_m \,\big|\, \boldsymbol{\Phi} \in \mathbb{E}_2 \tag{4.2.12c}$$

$$\boldsymbol{e}_N \lfloor \boldsymbol{\Phi} = \bar{\bar{N}}_m \,\big|\, \boldsymbol{\Psi} \in \mathbb{E}_2 \tag{4.2.12d}$$

式中，$\bar{\bar{M}}$ 和 $\bar{\bar{N}}$ 是 2-形式到 2-形式的介质双并矢，而 $\bar{\bar{M}}_m$ 和 $\bar{\bar{N}}_m$ 称为修正介质双并矢，这些量满足如下关系式：

$$\bar{\bar{M}} = \bar{\bar{N}}^{-1} = \bar{\bar{\varepsilon}} \wedge e_4 + \varepsilon_4 \wedge \bar{\bar{\mu}}^{-1} \in \mathbb{F}_2\mathbb{E}_2 \tag{4.2.13a}$$

$$\bar{\bar{N}} = \bar{\bar{M}}^{-1} \in \mathbb{F}_2\mathbb{E}_2 \tag{4.2.13b}$$

$$\bar{\bar{M}}_m = \boldsymbol{e}_N \lfloor \bar{\bar{M}} \in \mathbb{E}_2\mathbb{E}_2 \tag{4.2.13c}$$

$$\bar{\bar{N}}_m = \boldsymbol{e}_N \lfloor \bar{\bar{N}} \in \mathbb{E}_2\mathbb{E}_2 \tag{4.2.13d}$$

式中，$\bar{\bar{\varepsilon}} \in \mathbb{F}_2\mathbb{E}_1$ 和 $\bar{\bar{\mu}} \in \mathbb{F}_2\mathbb{E}_1$ 分别为介电常量并矢和磁导率并矢，$\bar{\bar{\mu}}^{-1} \in \mathbb{F}_1\mathbb{E}_2$ 为磁阻率并矢。

将式（4.2.4）~式（4.2.7）代入式（4.2.11），有

$$\begin{aligned} d \wedge \boldsymbol{\Phi} &= d \wedge (\boldsymbol{B} + \boldsymbol{E} \wedge \varepsilon_4) = (d_S + \varepsilon_4 \partial_\tau) \wedge (\boldsymbol{B} + \boldsymbol{E} \wedge \varepsilon_4) \\ &= d_S \wedge \boldsymbol{B} + d_S \wedge \boldsymbol{E} \wedge \varepsilon_4 + \varepsilon_4 \partial_\tau \wedge \boldsymbol{B} \\ &= d_S \wedge \boldsymbol{B} + (d_S \wedge \boldsymbol{E} + \partial_\tau \boldsymbol{B}) \wedge \varepsilon_4 = \boldsymbol{\rho}_\mathrm{m} - \boldsymbol{J}_\mathrm{m} \wedge \varepsilon_4 \end{aligned} \tag{4.2.14a}$$

$$\begin{aligned} d \wedge \boldsymbol{\Psi} &= d \wedge (\boldsymbol{D} - \boldsymbol{H} \wedge \varepsilon_4) = (d_S + \varepsilon_4 \partial_\tau) \wedge (\boldsymbol{D} - \boldsymbol{H} \wedge \varepsilon_4) \\ &= d_S \wedge \boldsymbol{D} - d_S \wedge \boldsymbol{H} \wedge \varepsilon_4 + \varepsilon_4 \partial_\tau \wedge \boldsymbol{D} \\ &= d_S \wedge \boldsymbol{D} - (d_S \wedge \boldsymbol{H} - \partial_\tau \boldsymbol{D}) \wedge \varepsilon_4 = \boldsymbol{\rho}_\mathrm{e} - \boldsymbol{J}_\mathrm{e} \wedge \varepsilon_4 \end{aligned} \tag{4.2.14b}$$

取出式（4.2.14）空间分量和时间分量则有

$$d_S \wedge \boldsymbol{B} = \boldsymbol{\rho}_\mathrm{m} \tag{4.2.15a}$$

$$d_S \wedge \boldsymbol{E} + \partial_\tau \boldsymbol{B} = -\boldsymbol{J}_\mathrm{m} \tag{4.2.15b}$$

$$d_S \wedge \boldsymbol{D} = \rho_\mathrm{e} \tag{4.2.15c}$$

$$d_S \wedge \boldsymbol{H} - \partial_\tau \boldsymbol{D} = \boldsymbol{J}_\mathrm{e} \tag{4.2.15d}$$

为了看清楚式（4.2.15），将它展开，有

$$\begin{aligned} d_S \wedge \boldsymbol{B} &= (\varepsilon_1\partial_1 + \varepsilon_2\partial_2 + \varepsilon_3\partial_3) \wedge (\varepsilon_{23}B_{23} + \varepsilon_{31}B_{31} + \varepsilon_{12}B_{12}) \\ &= \varepsilon_{123}(\partial_1 B_{23} + \partial_2 B_{31} + \partial_3 B_{12}) = 0 \end{aligned} \tag{4.2.16a}$$

$$\begin{aligned} d_s \wedge \boldsymbol{E} + \partial_\tau \boldsymbol{B} &= (\varepsilon_1\partial_1 + \varepsilon_2\partial_2 + \varepsilon_3\partial_3) \wedge (\varepsilon_1 E_1 + \varepsilon_2 E_2 + \varepsilon_3 E_3) \\ &\quad + \partial_\tau (\varepsilon_{23}B_{23} + \varepsilon_{31}B_{31} + \varepsilon_{12}B_{12}) = \varepsilon_{23}(\partial_2 E_3 - \partial_3 E_2 + \partial_\tau B_{23}) \\ &\quad + \varepsilon_{31}(\partial_3 E_1 - \partial_1 E_3 + \partial_\tau B_{31}) + \varepsilon_{12}(\partial_1 E_2 - \partial_2 E_1 + \partial_\tau B_{12}) \\ &= 0 \end{aligned} \tag{4.2.16b}$$

$$\begin{aligned} d_S \wedge \boldsymbol{D} &= (\varepsilon_1\partial_1 + \varepsilon_2\partial_2 + \varepsilon_3\partial_3) \wedge (\varepsilon_{23}D_{23} + \varepsilon_{31}D_{31} + \varepsilon_{12}D_{12}) \\ &= \varepsilon_{123}(\partial_1 D_{23} + \partial_2 D_{31} + \partial_3 D_{12}) = \rho_\mathrm{e} \end{aligned} \tag{4.2.16c}$$

$$d_S \wedge \boldsymbol{H} - \partial_\tau \boldsymbol{D} = (\varepsilon_1\partial_1 + \varepsilon_2\partial_2 + \varepsilon_3\partial_3) \wedge (\varepsilon_1 H_1 + \varepsilon_2 H_2 + \varepsilon_1 H_3)$$
$$- \partial_\tau (\varepsilon_{23} D_{23} + \varepsilon_{31} D_{31} + \varepsilon_{12} D_{12})$$
$$= \varepsilon_{23}(\partial_2 H_3 - \partial_3 H_2 - \partial_\tau D_{23})$$
$$+ \varepsilon_{31}(\partial_3 H_1 - \partial_1 H_3 - \partial_\tau D_{31}) + \varepsilon_{12}(\partial_1 H_2 - \partial_2 H_1 - \partial_\tau D_{12}) = \boldsymbol{J}_\mathrm{e} \tag{4.2.16d}$$

可以看出，式（4.2.15）的前两式对应式（4.2.2）的前两式，式（4.2.15）的后两式对应式（4.2.2）的后两式。因此，式（4.2.11a）对应第一对麦克斯韦方程，式（4.2.11b）对应第二对麦克斯韦方程。

4.3　时域微分形式的电磁场能-动量守恒方程

4.3.1　电磁场能-动量守恒方程导出

对式（4.2.11a）和（4.2.11b）分别与 $\bar{\bar{I}}^T \rfloor \boldsymbol{\Psi}$ 和 $\bar{\bar{I}}^T \rfloor \boldsymbol{\Phi}$ 作楔积运算，有

$$d \wedge \boldsymbol{\Phi} \wedge \left(\bar{\bar{I}}^T \rfloor \boldsymbol{\Psi}\right) = \boldsymbol{\gamma}_\mathrm{m} \wedge \left(\bar{\bar{I}}^T \rfloor \boldsymbol{\Psi}\right) \tag{4.3.1a}$$

$$d \wedge \boldsymbol{\Psi} \wedge \left(\bar{\bar{I}}^T \rfloor \boldsymbol{\Phi}\right) = \boldsymbol{\gamma}_\mathrm{e} \wedge \left(\bar{\bar{I}}^T \rfloor \boldsymbol{\Phi}\right) \tag{4.3.1b}$$

式（4.3.1a）与式（4.3.1b）相减，有

$$d \wedge \boldsymbol{\Phi} \wedge \left(\bar{\bar{I}}^T \rfloor \boldsymbol{\Psi}\right) - d \wedge \boldsymbol{\Psi} \wedge \left(\bar{\bar{I}}^T \rfloor \boldsymbol{\Phi}\right)$$
$$= \boldsymbol{\gamma}_\mathrm{m} \wedge \left(\bar{\bar{I}}^T \rfloor \boldsymbol{\Psi}\right) - \boldsymbol{\gamma}_\mathrm{e} \wedge \left(\bar{\bar{I}}^T \rfloor \boldsymbol{\Phi}\right) \tag{4.3.2}$$

由于

$$d \wedge \left(\boldsymbol{\Phi} \wedge \left(\bar{\bar{I}}^T \rfloor \boldsymbol{\Psi}\right) - \boldsymbol{\Psi} \wedge \left(\bar{\bar{I}}^T \rfloor \boldsymbol{\Phi}\right)\right) = d \wedge \boldsymbol{\Phi} \wedge \left(\bar{\bar{I}}^T \rfloor \boldsymbol{\Psi}_c\right) - d \wedge \boldsymbol{\Psi} \wedge \left(\bar{\bar{I}}^T \rfloor \boldsymbol{\Phi}_c\right)$$

$$-d\wedge\boldsymbol{\Psi}_c\wedge\left(\bar{\bar{I}}^T\rfloor\boldsymbol{\Phi}\right)+d\wedge\boldsymbol{\Phi}_c\wedge\left(\bar{\bar{I}}^T\rfloor\boldsymbol{\Psi}\right) \tag{4.3.3}$$

式中，下角标c表示在微分过程保持不变的量。

由恒等式

$$(\boldsymbol{\Psi}\wedge\boldsymbol{\Phi})\llcorner\bar{\bar{I}}=(\boldsymbol{\Phi}\wedge\boldsymbol{\Psi})\llcorner\bar{\bar{I}}=\boldsymbol{\Psi}\wedge\left(\bar{\bar{I}}^T\rfloor\boldsymbol{\Phi}\right)+\boldsymbol{\Phi}\wedge\left(\bar{\bar{I}}^T\rfloor\boldsymbol{\Psi}\right) \tag{4.3.4}$$

可得

$$d\wedge\left((\boldsymbol{\Phi}_c\wedge\boldsymbol{\Psi})\llcorner\bar{\bar{I}}\right)=d\wedge\boldsymbol{\Psi}\wedge\left(\bar{\bar{I}}^T\rfloor\boldsymbol{\Phi}_c\right)+d\wedge\boldsymbol{\Phi}_c\wedge\left(\bar{\bar{I}}^T\rfloor\boldsymbol{\Psi}\right) \tag{4.3.5}$$

$$d\wedge\left((\boldsymbol{\Psi}_c\wedge\boldsymbol{\Phi})\llcorner\bar{\bar{I}}\right)=d\wedge\boldsymbol{\Psi}_c\wedge\left(\bar{\bar{I}}^T\rfloor\boldsymbol{\Phi}\right)+d\wedge\boldsymbol{\Phi}\wedge\left(\bar{\bar{I}}^T\rfloor\boldsymbol{\Psi}_c\right) \tag{4.3.6}$$

上两式相减，有

$$\begin{aligned}d\wedge\left((\boldsymbol{\Phi}_c\wedge\boldsymbol{\Psi}-\boldsymbol{\Psi}_c\wedge\boldsymbol{\Phi})\llcorner\bar{\bar{I}}\right)&=d\wedge\boldsymbol{\Phi}_c\wedge\left(\bar{\bar{I}}^T\rfloor\boldsymbol{\Psi}\right)-d\wedge\boldsymbol{\Psi}_c\wedge\left(\bar{\bar{I}}^T\rfloor\boldsymbol{\Phi}\right)\\&\quad-d\wedge\boldsymbol{\Phi}\wedge\left(\bar{\bar{I}}^T\rfloor\boldsymbol{\Psi}_c\right)+d\wedge\boldsymbol{\Psi}\wedge\left(\bar{\bar{I}}^T\rfloor\boldsymbol{\Phi}_c\right)\end{aligned} \tag{4.3.7}$$

将式（4.3.7）代入式（4.3.3）可导出

$$\begin{aligned}&d\wedge\frac{1}{2}\left(\boldsymbol{\Phi}\wedge\left(\bar{\bar{I}}^T\rfloor\boldsymbol{\Psi}\right)-\boldsymbol{\Psi}\wedge\left(\bar{\bar{I}}^T\rfloor\boldsymbol{\Phi}\right)\right)-\frac{1}{2}d\wedge\left((\boldsymbol{\Psi}_c\wedge\boldsymbol{\Phi}-\boldsymbol{\Phi}_c\wedge\boldsymbol{\Psi})\llcorner\bar{\bar{I}}\right)\\&=d\wedge\boldsymbol{\Phi}\wedge\left(\bar{\bar{I}}^T\rfloor\boldsymbol{\Psi}_c\right)-d\wedge\boldsymbol{\Psi}\wedge\left(\bar{\bar{I}}^T\rfloor\boldsymbol{\Phi}_c\right)\end{aligned} \tag{4.3.8}$$

将式（4.3.8）代入式（4.3.2）有

$$d\wedge\frac{1}{2}\left(\boldsymbol{\Phi}\wedge\left(\bar{\bar{I}}^T\rfloor\boldsymbol{\Psi}\right)-\boldsymbol{\Psi}\wedge\left(\bar{\bar{I}}^T\rfloor\boldsymbol{\Phi}\right)\right)-\frac{1}{2}d\wedge\left((\boldsymbol{\Psi}_c\wedge\boldsymbol{\Phi}-\boldsymbol{\Phi}_c\wedge\boldsymbol{\Psi})\llcorner\bar{\bar{I}}\right)$$

$$=\gamma_{\mathrm{m}}\wedge\left(\overline{\overline{I}}^{T}\rfloor\boldsymbol{\Psi}\right)-\gamma_{\mathrm{e}}\wedge\left(\overline{\overline{I}}^{T}\rfloor\boldsymbol{\Phi}\right) \tag{4.3.9}$$

可以证明，当修正介质并矢满足对称性，即 $\overline{\overline{M}}_m=\overline{\overline{M}}_M^T$，式中等号左端第二项可消去。这是因为，该项为零则等价于

$$d\left(\boldsymbol{\Psi}_c\cdot\boldsymbol{\Phi}-\boldsymbol{\Phi}_c\cdot\boldsymbol{\Psi}\right)=d\boldsymbol{\Phi}\left|\left(\overline{\overline{M}}_m-\overline{\overline{M}}_M^T\right)\right|=0$$

对于各向同性介质，这个条件是满足的。因此，有

$$d\wedge\frac{1}{2}\left(\boldsymbol{\Phi}\wedge\left(\overline{\overline{I}}^{T}\rfloor\boldsymbol{\Psi}\right)-\boldsymbol{\Psi}\wedge\left(\overline{\overline{I}}^{T}\rfloor\boldsymbol{\Phi}\right)\right)$$

$$=\gamma_{\mathrm{m}}\wedge\left(\overline{\overline{I}}^{T}\rfloor\boldsymbol{\Psi}\right)-\gamma_{\mathrm{e}}\wedge\left(\overline{\overline{I}}^{T}\rfloor\boldsymbol{\Phi}\right) \tag{4.3.10a}$$

或

$$d\wedge\frac{1}{2}\left(\boldsymbol{\Psi}\wedge\left(\boldsymbol{\Phi}\llcorner\overline{\overline{I}}\right)-\boldsymbol{\Phi}\wedge\left(\boldsymbol{\Psi}\llcorner\overline{\overline{I}}\right)\right)$$

$$=\gamma_{\mathrm{m}}\wedge\left(\overline{\overline{I}}^{T}\rfloor\boldsymbol{\Psi}\right)-\gamma_{\mathrm{e}}\wedge\left(\overline{\overline{I}}^{T}\rfloor\boldsymbol{\Phi}\right) \tag{4.3.10b}$$

若记 $\overline{\overline{T}}\in\mathbb{F}_3\mathbb{F}_1$ 和 $\overline{\overline{F}}\in\mathbb{F}_4\mathbb{F}_1$ 为

$$\overline{\overline{T}}=\frac{1}{2}\left(\boldsymbol{\Phi}\wedge\left(\overline{\overline{I}}^{T}\rfloor\boldsymbol{\Psi}\right)-\boldsymbol{\Psi}\wedge\left(\overline{\overline{I}}^{T}\rfloor\boldsymbol{\Phi}\right)\right)$$

$$=\frac{1}{2}\left(\boldsymbol{\Psi}\wedge\left(\boldsymbol{\Phi}\llcorner\overline{\overline{I}}\right)-\boldsymbol{\Phi}\wedge\left(\boldsymbol{\Psi}\llcorner\overline{\overline{I}}\right)\right)\in\mathbb{F}_3\mathbb{F}_1 \tag{4.3.11}$$

$$\overline{\overline{F}}=\gamma_{\mathrm{m}}\wedge\left(\overline{\overline{I}}^{T}\rfloor\boldsymbol{\Psi}\right)-\gamma_{\mathrm{e}}\wedge\left(\overline{\overline{I}}^{T}\rfloor\boldsymbol{\Phi}\right)\in\mathbb{F}_4\mathbb{F}_1 \tag{4.3.12}$$

式中，$\overline{\overline{T}}$ 对应第 3 章中的四维电磁能-动量张量 $T_{\mu\nu}$，是由坡印廷 2 形式、能量密度、动量密度组成的应力并矢，称为能量-动量密度并矢，简称为能-动量密度并矢；$\overline{\overline{F}}$ 对应第 3 章中的四维电磁力密度 f_μ，是

由洛伦兹力和功率密度组成的并矢，称为力-能密度并矢。

于是，式（4.3.10）可记为

$$d\wedge\bar{\bar{T}}=\bar{\bar{F}} \tag{4.3.13}$$

式（4.3.10）和式（4.3.13）可看成时域微分形式的电磁场能-动量守恒方程。

4.3.2　能-动量密度并矢分析

为了看出能-动量密度并矢的真面目，下面将它展开。

将式（4.2.4）和式（4.2.5）代入式（4.3.11），有

$$\begin{aligned}\bar{\bar{T}}&=\frac{1}{2}\left(\left(\boldsymbol{B}+\boldsymbol{E}\wedge\varepsilon_4\right)\wedge\left(\bar{\bar{I}}^T\rfloor\boldsymbol{D}-\bar{\bar{I}}^T\rfloor\boldsymbol{H}\wedge\varepsilon_4\right)\right.\\&\quad\left.-\left(\boldsymbol{D}-\boldsymbol{H}\wedge\varepsilon_4\right)\wedge\left(\bar{\bar{I}}^T\rfloor\boldsymbol{B}+\bar{\bar{I}}^T\rfloor\boldsymbol{E}\wedge\varepsilon_4\right)\right)\\&=\bar{\bar{T}}'_1+\bar{\bar{T}}'_2+\bar{\bar{T}}'_3+\bar{\bar{T}}'_4\end{aligned} \tag{4.3.14}$$

式中

$$\bar{\bar{T}}'_1=-\frac{1}{2}\left(\boldsymbol{D}\wedge\bar{\bar{I}}^T\rfloor\left(\boldsymbol{E}\wedge\varepsilon_4\right)+\boldsymbol{B}\wedge\bar{\bar{I}}^T\rfloor\left(\boldsymbol{H}\wedge\varepsilon_4\right)\right) \tag{4.3.15a}$$

$$\bar{\bar{T}}'_2=\frac{1}{2}\left(\boldsymbol{H}\wedge\varepsilon_4\wedge\bar{\bar{I}}^T\rfloor\left(\boldsymbol{E}\wedge\varepsilon_4\right)-\boldsymbol{E}\wedge\varepsilon_4\wedge\bar{\bar{I}}^T\rfloor\left(\boldsymbol{H}\wedge\varepsilon_4\right)\right) \tag{4.3.15b}$$

$$\bar{\bar{T}}'_3=\frac{1}{2}\left(\boldsymbol{B}\wedge\bar{\bar{I}}^T\rfloor\boldsymbol{D}-\boldsymbol{D}\wedge\bar{\bar{I}}^T\rfloor\boldsymbol{B}\right) \tag{4.3.15c}$$

$$\bar{\bar{T}}'_4=\frac{1}{2}\left(\boldsymbol{H}\wedge\varepsilon_4\wedge\bar{\bar{I}}^T\rfloor\boldsymbol{B}+\boldsymbol{E}\wedge\varepsilon_4\wedge\bar{\bar{I}}^T\rfloor\boldsymbol{D}\right) \tag{4.3.15d}$$

假定 $\boldsymbol{a}$ 和 $\boldsymbol{b}$ 为1-形式，$\boldsymbol{A}$ 和 $\boldsymbol{B}$ 为2-形式，可以看到，式中各项是由 $\bar{\bar{I}}^T\rfloor\boldsymbol{A}$，$\bar{\bar{I}}^T\rfloor\left(\boldsymbol{a}\wedge\varepsilon_4\right)$ 等“小积木”搭建成“大积木” $\boldsymbol{A}\wedge\bar{\bar{I}}^T\rfloor\boldsymbol{B}$，

$\boldsymbol{a}\wedge\bar{\bar{I}}^T\rfloor\boldsymbol{B}$，$\boldsymbol{A}\wedge\bar{\bar{I}}^T\rfloor(\boldsymbol{a}\wedge\varepsilon_4)$和$\boldsymbol{b}\wedge\varepsilon_4\wedge\bar{\bar{I}}^T\rfloor(\boldsymbol{a}\wedge\varepsilon_4)$等，由这些“大积木”组成了能-动量密度并矢。

利用如下恒等式

$$\bar{\bar{I}}^T\rfloor(\boldsymbol{a}\wedge\boldsymbol{b})=\boldsymbol{ba}-\boldsymbol{ab}$$

“小积木”为

$$\begin{aligned}\bar{\bar{A}}=\bar{\bar{I}}^T\rfloor\boldsymbol{A}=&A_{23}(\varepsilon_3\varepsilon_2-\varepsilon_2\varepsilon_3)+A_{31}(\varepsilon_1\varepsilon_3-\varepsilon_3\varepsilon_1)\\&+A_{12}(\varepsilon_2\varepsilon_1-\varepsilon_1\varepsilon_2)\in\mathbb{F}_1\mathbb{F}_1\end{aligned}\tag{4.3.16a}$$

$$\bar{\bar{I}}^T\rfloor(\boldsymbol{a}\wedge\varepsilon_4)=\varepsilon_4\boldsymbol{a}-\boldsymbol{a}\varepsilon_4\tag{4.3.16b}$$

式中，$\bar{\bar{A}}$为三维空间反对称并矢。

“大积木”为

$$\boldsymbol{A}\wedge\bar{\bar{I}}^T\rfloor\boldsymbol{B}=-\boldsymbol{B}\wedge\bar{\bar{I}}^T\rfloor\boldsymbol{A}\tag{4.3.17a}$$

$$\boldsymbol{a}\wedge\bar{\bar{I}}^T\rfloor\boldsymbol{B}=-\boldsymbol{B}\wedge\bar{\bar{I}}^T\rfloor\boldsymbol{a}\tag{4.3.17b}$$

$$\begin{aligned}\boldsymbol{A}\wedge\bar{\bar{I}}^T\rfloor(\boldsymbol{a}\wedge\varepsilon_4)&=\boldsymbol{A}\wedge(\varepsilon_4\boldsymbol{a}-\boldsymbol{a}\varepsilon_4)\\&=\varepsilon_4\wedge\boldsymbol{Aa}-\boldsymbol{A}\wedge\boldsymbol{a}\varepsilon_4\end{aligned}\tag{4.3.17c}$$

$$\begin{aligned}\boldsymbol{a}\wedge\varepsilon_4\wedge\bar{\bar{I}}^T\rfloor(\boldsymbol{b}\wedge\varepsilon_4)&=-\boldsymbol{b}\wedge\varepsilon_4\wedge\bar{\bar{I}}^T\rfloor(\boldsymbol{a}\wedge\varepsilon_4)\\&=-\varepsilon_4\wedge\boldsymbol{b}\wedge\boldsymbol{a}\varepsilon_4\end{aligned}\tag{4.3.17d}$$

因此，有

$$\bar{\bar{T}}'_1=\frac{1}{2}(\boldsymbol{D}\wedge\boldsymbol{E}+\boldsymbol{B}\wedge\boldsymbol{H})\varepsilon_4-\varepsilon_4\wedge\frac{1}{2}(\boldsymbol{DE}+\boldsymbol{BH})$$

$$\bar{\bar{T}}'_2=-\varepsilon_4\wedge\boldsymbol{E}\wedge\boldsymbol{H}\varepsilon_4$$

$$\bar{\bar{T}}'_3=-\boldsymbol{D}\wedge\ \bar{\bar{I}}^T\rfloor\boldsymbol{B}$$

$$\bar{\bar{T}}'_4=-\varepsilon_4\wedge\frac{1}{2}\left(\boldsymbol{H}\wedge\bar{\bar{I}}^T\rfloor\boldsymbol{B}+\boldsymbol{E}\wedge\bar{\bar{I}}^T\rfloor\boldsymbol{D}\right)$$

将$\bar{\bar{T}}'_1$分为两项，第一项记为$\bar{\bar{T}}_1$，而第二项并入到$\bar{\bar{T}}'_4$，记为$\bar{\bar{T}}_4$，$\bar{\bar{T}}'_2$

和$\bar{\bar{T}}_3'$分别记为$\bar{\bar{T}}_2$和$\bar{\bar{T}}_3$，因此有

$$\bar{\bar{T}}_1=\frac{1}{2}(\boldsymbol{D}\wedge\boldsymbol{E}+\boldsymbol{B}\wedge\boldsymbol{H})\varepsilon_4$$

$$\bar{\bar{T}}_2=-\varepsilon_4\wedge\boldsymbol{E}\wedge\boldsymbol{H}\varepsilon_4$$

$$\bar{\bar{T}}_3=-\boldsymbol{D}\wedge\bar{\bar{I}}^T\rfloor\boldsymbol{B}$$

$$\bar{\bar{T}}_4=-\frac{1}{2}\varepsilon_4\wedge\left(\boldsymbol{H}\wedge\bar{\bar{I}}^T\rfloor\boldsymbol{B}+\boldsymbol{E}\wedge\bar{\bar{I}}^T\rfloor\boldsymbol{D}+\boldsymbol{D}\boldsymbol{E}+\boldsymbol{B}\boldsymbol{H}\right)$$

将式（4.3.14）改写为

$$\bar{\bar{T}}=\bar{\bar{T}}_1+\bar{\bar{T}}_2+\bar{\bar{T}}_3+\bar{\bar{T}}_4=\frac{1}{2}(\boldsymbol{D}\wedge\boldsymbol{E}+\boldsymbol{B}\wedge\boldsymbol{H})\varepsilon_4-\varepsilon_4\wedge\boldsymbol{E}\wedge\boldsymbol{H}\varepsilon_4-\boldsymbol{D}\wedge\bar{\bar{I}}^T\rfloor\boldsymbol{B}$$
$$-\frac{1}{2}\varepsilon_4\wedge\left(\boldsymbol{H}\wedge\bar{\bar{I}}^T\rfloor\boldsymbol{B}+\boldsymbol{E}\wedge\bar{\bar{I}}^T\rfloor\boldsymbol{D}+\boldsymbol{D}\boldsymbol{E}+\boldsymbol{B}\boldsymbol{H}\right)\tag{4.3.18a}$$

等价于

$$\bar{\bar{T}}=\frac{1}{2}(\boldsymbol{D}\wedge\boldsymbol{E}+\boldsymbol{B}\wedge\boldsymbol{H})\varepsilon_4-\varepsilon_4\wedge\boldsymbol{E}\wedge\boldsymbol{H}\varepsilon_4-\boldsymbol{D}\wedge\bar{\bar{I}}_S^T\rfloor\boldsymbol{B}$$
$$-\frac{1}{2}\varepsilon_4\wedge\left(\boldsymbol{H}\wedge\bar{\bar{I}}_S^T\rfloor\boldsymbol{B}+\boldsymbol{E}\wedge\bar{\bar{I}}_S^T\rfloor\boldsymbol{D}+\boldsymbol{D}\boldsymbol{E}+\boldsymbol{B}\boldsymbol{H}\right)\tag{4.3.18b}$$

定义

$$k(1)=23,\ k(2)=31,\ k(3)=12$$

标量形式电磁场能量密度w为

$$\begin{aligned}w&=\frac{1}{2}\left(D_{k(i)}E_i+B_{k(i)}H_i\right)\\&=\frac{1}{2}\left(D_{23}E_1+D_{31}E_2+D_{12}E_3+B_{23}H_1+B_{31}H_2+B_{12}H_3\right)\\&=\frac{1}{2}\left(\boldsymbol{D}_g\cdot\boldsymbol{E}_g+\boldsymbol{B}_g\cdot\boldsymbol{H}_g\right)\end{aligned}\tag{4.3.19}$$

定义$\boldsymbol{w}$为电磁场能量密度3-形式，有

$$\begin{aligned} \boldsymbol{w} &= \frac{1}{2}\left(\boldsymbol{D} \wedge \boldsymbol{E} + \boldsymbol{B} \wedge \boldsymbol{H}\right) \\ &= \frac{1}{2}\left(\varepsilon_{23} D_{23} + \varepsilon_{31} D_{31} + \varepsilon_{12} D_{12}\right) \wedge \left(\varepsilon_1 E_1 + \varepsilon_2 E_2 + \varepsilon_3 E_3\right) \\ &\quad + \frac{1}{2}\left(\varepsilon_{23} B_{23} + \varepsilon_{31} B_{31} + \varepsilon_{12} B_{12}\right) \wedge \left(\varepsilon_1 H_1 + \varepsilon_2 H_2 + \varepsilon_3 H_3\right) \\ &= \varepsilon_{123} w = \varepsilon_{123} \frac{1}{2}\left(\boldsymbol{D}_g \cdot \boldsymbol{E}_g + \boldsymbol{B}_g \cdot \boldsymbol{H}_g\right) \in \mathbb{F}_3 \end{aligned} \tag{4.3.20}$$

能流密度 2-形式，或称为坡印廷 2-形式为

$$\begin{aligned} \boldsymbol{S} = \boldsymbol{E} \wedge \boldsymbol{H} &= \left(\varepsilon_1 E_1 + \varepsilon_2 E_2 + \varepsilon_3 E_3\right) \wedge \left(\varepsilon_1 H_1 + \varepsilon_2 H_2 + \varepsilon_3 H_3\right) \\ &= \varepsilon_{23}\left(E_2 H_3 - E_3 H_2\right) + \varepsilon_{31}\left(E_3 H_1 - E_1 H_3\right) + \varepsilon_{12}\left(E_1 H_2 - E_2 H_1\right) \\ &= \varepsilon_{k(i)}\left[\boldsymbol{E}_g \times \boldsymbol{H}_g\right]_i = \varepsilon_{123} \llcorner \left(\boldsymbol{E}_g \times \boldsymbol{H}_g\right) \in \mathbb{F}_2 \end{aligned} \tag{4.3.21}$$

式中，$\left[\boldsymbol{E}_g \times \boldsymbol{H}_g\right]_i$ 的定义如下：

$$\left[\boldsymbol{E}_g \times \boldsymbol{H}_g\right]_1 = E_2 H_3 - E_3 H_2$$

$$\left[\boldsymbol{E}_g \times \boldsymbol{H}_g\right]_2 = E_3 H_1 - E_1 H_3$$

$$\left[\boldsymbol{E}_g \times \boldsymbol{H}_g\right]_3 = E_1 H_2 - E_2 H_1$$

这里 $\boldsymbol{E}_g$ 和 $\boldsymbol{H}_g$ 是 $\boldsymbol{E}$ 和 $\boldsymbol{H}$ 对应的吉布斯矢量，而 $\left[\boldsymbol{E}_g \times \boldsymbol{H}_g\right]_i$ 是两个吉布斯矢量叉积的第 i 个分量。

下文再出现的两个 1-形式量对应的吉布斯矢量的叉积均按上述定义。

电磁场动量密度 $\bar{\bar{g}}_f \in \mathbb{F}_3\mathbb{F}_1$ 为

$$\begin{aligned} \bar{\bar{g}}_f &= \boldsymbol{D} \wedge \bar{\bar{I}}^T \rfloor \boldsymbol{B} = \boldsymbol{D} \wedge \bar{\bar{I}}_S^T \rfloor \boldsymbol{B} = \varepsilon_{123} g_f \\ &= \varepsilon_{123}\left(\boldsymbol{D}_g \times \boldsymbol{B}_g\right) \Big| \bar{\bar{\Gamma}}_S \in \mathbb{F}_3\mathbb{F}_1 \end{aligned} \tag{4.3.22}$$

式中，$g_f \in \mathbb{F}_1$ 为电磁场动量密度 1-形式，

$$g_f = \varepsilon_1\left(D_{31} B_{12} - D_{12} B_{31}\right) + \varepsilon_2\left(D_{12} B_{23} - D_{23} B_{12}\right) + \varepsilon_3\left(D_{23} B_{31} - D_{31} B_{23}\right)$$

$$=\varepsilon_i\left[\boldsymbol{D}_g\times\boldsymbol{B}_g\right]_i=\left(\boldsymbol{D}_g\times\boldsymbol{B}_g\right)\Big|\bar{\bar{\varGamma}}_S\in\mathbb{F}_1 \tag{4.3.23}$$

式中，$\left[\boldsymbol{D}_g\times\boldsymbol{B}_g\right]_i$ 的定义如下：

$$\left[\boldsymbol{D}_g\times\boldsymbol{B}_g\right]_1=D_{31}B_{12}-D_{12}B_{31}$$
$$\left[\boldsymbol{D}_g\times\boldsymbol{B}_g\right]_2=D_{12}B_{23}-D_{23}B_{12}$$
$$\left[\boldsymbol{D}_g\times\boldsymbol{B}_g\right]_3=D_{23}B_{31}-D_{31}B_{23}$$

这里 $\boldsymbol{D}_g$ 和 $\boldsymbol{B}_g$ 是 $\boldsymbol{D}$ 和 $\boldsymbol{B}$ 对应的吉布斯矢量，而 $\left[\boldsymbol{D}_g\times\boldsymbol{B}_g\right]_i$ 是两个吉布斯矢量叉积的第 i 个分量。

下文再出现的两个 2-形式量对应的吉布斯矢量的叉积均按上述定义。

接下来分析 $\bar{\bar{T}}_4$。有

$$\begin{aligned}\boldsymbol{H}\wedge\bar{\bar{I}}^T\rfloor\boldsymbol{B}=\boldsymbol{H}\wedge\ \bar{\bar{I}}_S^T\rfloor\boldsymbol{B}\\
=\big(&-H_1B_{23}\varepsilon_{31}\varepsilon_2-H_1B_{23}\varepsilon_{12}\varepsilon_3+H_1B_{31}\varepsilon_{31}\varepsilon_1\\
&+H_1B_{12}\varepsilon_{12}\varepsilon_1+H_2B_{23}\varepsilon_{23}\varepsilon_2-H_2B_{31}\varepsilon_{12}\varepsilon_3\\
&-H_2B_{31}\varepsilon_{23}\varepsilon_1+H_2B_{12}\varepsilon_{12}\varepsilon_2+H_3B_{23}\varepsilon_{23}\varepsilon_3\\
&+H_3B_{31}\varepsilon_{31}\varepsilon_3-H_3B_{12}\varepsilon_{23}\varepsilon_1-H_3B_{12}\varepsilon_{31}\varepsilon_2\big)\end{aligned} \tag{4.3.24}$$

将式（4.3.24）写成我们所熟知的矩阵形式，即以 23，31，12 为行，以 1，2，3 为列的矩阵，有

$$\begin{bmatrix}-\left(B_{31}H_2+B_{12}H_3\right) & B_{23}H_2 & B_{23}H_3\\ B_{31}H_1 & -\left(B_{23}H_1+B_{12}H_3\right) & B_{31}H_3\\ B_{12}H_1 & B_{12}H_2 & -\left(B_{23}H_1+B_{31}H_2\right)\end{bmatrix}$$

因此，有

$$\begin{aligned}\boldsymbol{H}\wedge\bar{\bar{I}}^T\rfloor\boldsymbol{B}&=\sum_{i=1}^{3}\sum_{j=1}^{3}\left[B_{k(i)}H_j-\left(\sum_{l=1}^{3}B_{k(l)}H_l\right)\delta_{ij}\right]\varepsilon_{k(i)}\varepsilon_j\\
&=\varepsilon_{123}\Big\lfloor\left(\boldsymbol{B}_g\boldsymbol{H}_g-\boldsymbol{B}_g\cdot\boldsymbol{H}_g\bar{\bar{G}}_S\right)\Big|\bar{\bar{\varGamma}}_S\end{aligned} \tag{4.3.25}$$

定义应力张量 $\bar{\bar{T}}_E \in \mathbb{F}_2\mathbb{F}_1$ 为

$$\begin{aligned}\bar{\bar{T}}_E &= \frac{1}{2}\left(\boldsymbol{H} \wedge \bar{\bar{I}}^T \rfloor \boldsymbol{B} + \boldsymbol{E} \wedge \bar{\bar{I}}^T \rfloor \boldsymbol{D} + \boldsymbol{DE} + \boldsymbol{BH}\right)\\ &= \sum_{i=1}^{3}\sum_{j=1}^{3}\left\{B_{k(i)}H_j + D_{k(i)}E_j - \frac{1}{2}\left[\sum_{l=1}^{3}\left(B_{k(l)}H_l + D_{k(l)}E_l\right)\right]\delta_{ij}\right\}\varepsilon_{k(i)}\varepsilon_j\\ &= \varepsilon_{123}\left\lfloor\left(\boldsymbol{B}_g\boldsymbol{H}_g + \boldsymbol{D}_g\boldsymbol{E}_g - \frac{1}{2}\left(\boldsymbol{B}_g\cdot\boldsymbol{H}_g + \boldsymbol{D}_g\cdot\boldsymbol{E}_g\right)\bar{\bar{G}}_S\right)\right|\bar{\bar{\Gamma}}_S\\ &= \varepsilon_{123}\left\lfloor\left(\boldsymbol{B}_g\boldsymbol{H}_g + \boldsymbol{D}_g\boldsymbol{E}_g - w\bar{\bar{G}}_S\right)\right|\bar{\bar{\Gamma}}_S\end{aligned} \tag{4.3.26}$$

写成矩阵形式为

$$\bar{\bar{T}}_E = \begin{bmatrix} B_{23}H_1 + D_{23}E_1 - w & B_{23}H_2 + D_{23}E_2 & B_{23}H_3 + D_{23}E_3 \\ B_{31}H_1 + D_{31}E_1 & B_{31}H_2 + D_{31}E_2 - w & B_{31}H_3 + D_{31}E_3 \\ B_{12}H_1 + D_{12}E_1 & B_{12}H_2 + D_{12}E_2 & B_{12}H_3 + D_{12}E_3 - w \end{bmatrix}$$

因此，有

$$\bar{\bar{T}}_1 = \boldsymbol{w}\varepsilon_4$$

$$\bar{\bar{T}}_2 = -\varepsilon_4 \wedge \boldsymbol{S}\varepsilon_4$$

$$\bar{\bar{T}}_3 = -\bar{\bar{g}}_f = -\varepsilon_{123}g_f$$

$$\bar{\bar{T}}_4 = -\varepsilon_4 \wedge \bar{\bar{T}}_E$$

式（4.3.18）等价于

$$\begin{aligned}\bar{\bar{T}} &= \boldsymbol{w}\varepsilon_4 - \varepsilon_4 \wedge \boldsymbol{S}\varepsilon_4 - \bar{\bar{g}}_f - \varepsilon_4 \wedge \bar{\bar{T}}_E\\ &= \frac{1}{2}\left(D_{k(i)}E_i + B_{k(i)}H_i\right)\varepsilon_{123}\varepsilon_4\\ &\quad - \left[\boldsymbol{E}_g \times \boldsymbol{H}_g\right]_i \varepsilon_4 \wedge \varepsilon_{k(i)}\varepsilon_4 - \left[\boldsymbol{D}_g \times \boldsymbol{B}_g\right]_i \varepsilon_{123}\varepsilon_i\\ &\quad - \varepsilon_4 \wedge \sum_{i=1}^{3}\sum_{j=1}^{3}\left\{B_{k(i)}H_j + D_{k(i)}E_j - \frac{1}{2}\left[\sum_{l=1}^{3}\left(B_{k(l)}H_l + D_{k(l)}E_l\right)\right]\delta_{ij}\right\}\varepsilon_{k(i)}\varepsilon_j\end{aligned}$$

$$=\frac{1}{2}\left(\boldsymbol{D}_g\cdot\boldsymbol{E}_g+\boldsymbol{B}_g\cdot\boldsymbol{H}_g\right)\varepsilon_{123}\varepsilon_4-\varepsilon_4\wedge\varepsilon_{123}\left\lfloor\left(\boldsymbol{E}_g\times\boldsymbol{H}_g\right)\varepsilon_4-\varepsilon_{123}\left(\boldsymbol{D}_g\times\boldsymbol{B}_g\right)\right|\bar{\bar{\Gamma}}_S$$

$$-\varepsilon_4\wedge\varepsilon_{123}\left\lfloor\left(\boldsymbol{B}_g\boldsymbol{H}_g+\boldsymbol{D}_g\boldsymbol{E}_g-\frac{1}{2}\left(\boldsymbol{B}_g\cdot\boldsymbol{H}_g+\boldsymbol{D}_g\cdot\boldsymbol{E}_g\right)\bar{\bar{G}}_S\right)\right|\bar{\bar{\Gamma}}_S \quad (4.3.27)$$

从能-动量密度并矢中可以分解出如下物理量：

应力密度-能流密度并矢 $\bar{\bar{S}}\in\mathbb{F}_2\mathbb{F}_1$

$$\bar{\bar{S}}=-\boldsymbol{e}_4\rfloor\bar{\bar{T}}=\bar{\bar{T}}_E+\boldsymbol{S}\varepsilon_4 \quad (4.3.28a)$$

电磁场动量密度-能量密度 1-形式为

$$-\boldsymbol{e}_{123}\left|\bar{\bar{T}}=-\boldsymbol{e}_{123}\right|\left(\bar{\bar{T}}_1+\bar{\bar{T}}_3\right)=g_f-w\varepsilon_4 \quad (4.3.28b)$$

电磁场能量-能流密度 3-形式为

$$\bar{\bar{T}}\Big|\boldsymbol{e}_4=\boldsymbol{w}-\varepsilon_4\wedge\boldsymbol{S} \quad (4.3.28c)$$

还可以作如下处理，将相关的四个物理量取出来：

从能-动量密度并矢中取出空间-时间（spatial-temporal）部分，得到能量密度标量形式 w

$$\boldsymbol{e}_{123}\left|\bar{\bar{T}}\right|\boldsymbol{e}_4=w \quad (4.3.29a)$$

从能-动量密度并矢中取出时间-时间（temporal-temporal）部分，得到能流密度 2-形式

$$-\boldsymbol{e}_4\rfloor\bar{\bar{T}}\Big|\boldsymbol{e}_4=\boldsymbol{S} \quad (4.3.29b)$$

从能-动量密度并矢中取出空间-空间（spatial-spatial）部分，得到电磁场动量密度的 2-矢量 $\boldsymbol{g}_f$

$$-\boldsymbol{e}_{123}\left|\bar{\bar{T}}\rfloor\boldsymbol{e}_{123}=-\boldsymbol{e}_{123}\right|\bar{\bar{T}}_3\rfloor\boldsymbol{e}_{123}=\boldsymbol{e}_{123}\left|\left(\varepsilon_{123}g_f\right)\right\rfloor\boldsymbol{e}_{123}=g_f\rfloor\boldsymbol{e}_{123}$$

$$=\left[\boldsymbol{D}_g\times\boldsymbol{B}_g\right]_i\varepsilon_i\rfloor\boldsymbol{e}_{123}=\left[\boldsymbol{D}_g\times\boldsymbol{B}_g\right]_i\boldsymbol{e}_{k(i)}=\boldsymbol{e}_{23}\left(D_{31}B_{12}-D_{12}B_{31}\right)$$

$$+\boldsymbol{e}_{23}\left(D_{12}B_{23}-D_{23}B_{12}\right)+\boldsymbol{e}_{12}\left(D_{23}B_{31}-D_{31}B_{23}\right)=\boldsymbol{g}_f\in\mathbb{E}_2 \quad (4.3.29c)$$

从能-动量密度并矢中取出时间-空间（temporal-spatial）部分，得到应力密度并矢 $\in \mathbb{F}_2\mathbb{E}_2$

$$-\boldsymbol{e}_4 \rfloor \bar{\bar{T}} \rfloor \boldsymbol{e}_{123} = \bar{\bar{T}}_E \rfloor \boldsymbol{e}_{123}$$
$$= \sum_{i=1}^{3}\sum_{j=1}^{3}\left\{ B_{k(i)}H_j + D_{k(i)}E_j - \frac{1}{2}\left[\sum_{l=1}^{3}\left(B_{k(l)}H_l + D_{k(l)}E_l\right)\right]\delta_{ij}\right\}\varepsilon_{k(i)}\boldsymbol{e}_{k(j)} \in \mathbb{F}_2\mathbb{E}_2 \quad (4.3.29\text{d})$$

4.3.3　电磁力密度并矢分析

式（4.3.13）中右端项，即力-能并矢 $\bar{\bar{F}}$ 包含两项，分别涉及电性源和磁性源。若只考虑电性源情况，则有

$$\bar{\bar{F}} = -\boldsymbol{\gamma}_e \wedge \left(\bar{\bar{I}}^T \rfloor \boldsymbol{\Phi}\right) \in \mathbb{F}_4\mathbb{F}_1 \quad (4.3.30\text{a})$$

将式（4.2.4）~式（4.2.7）代入式（4.3.30a），有

$$\bar{\bar{F}} = -\left(\boldsymbol{\rho}_\mathrm{e} - \boldsymbol{J}_\mathrm{e} \wedge \varepsilon_4\right) \wedge \left(\bar{\bar{I}}^T \rfloor \boldsymbol{B} + \bar{\bar{I}}^T \rfloor \left(\boldsymbol{E} \wedge \varepsilon_4\right)\right)$$
$$= \varepsilon_4 \wedge \left(\boldsymbol{\rho}_\mathrm{e}\boldsymbol{E} + \boldsymbol{J}_\mathrm{e} \wedge \bar{\bar{I}}_S^T \rfloor \boldsymbol{B} - \left(\boldsymbol{J}_\mathrm{e} \wedge \boldsymbol{E}\right)\varepsilon_4\right) \quad (4.3.30\text{b})$$

定义电场力密度并矢 $\in \mathbb{F}_3\mathbb{F}_1$ 和磁场力密度并矢 $\in \mathbb{F}_3\mathbb{F}_1$ 为

$$\bar{\bar{F}}_\mathrm{e} = \boldsymbol{\rho}_\mathrm{e}\boldsymbol{E} \in \mathbb{F}_3\mathbb{F}_1 \quad (4.3.31)$$

$$\bar{\bar{F}}_\mathrm{m} = \boldsymbol{J}_\mathrm{e} \wedge \bar{\bar{I}}_S^T \rfloor \boldsymbol{B} \in \mathbb{F}_3\mathbb{F}_1 \quad (4.3.32)$$

功率密度 3-形式为

$$\boldsymbol{P}_\mathrm{e} = \boldsymbol{J}_\mathrm{e} \wedge \boldsymbol{E} \in \mathbb{F}_3 \quad (4.3.33)$$

定义力-能并矢 $\bar{\bar{f}} \in \mathbb{F}_3\mathbb{F}_1$

$$\bar{\bar{f}} = \bar{\bar{F}}_\mathrm{e} + \bar{\bar{F}}_\mathrm{m} - \boldsymbol{P}_\mathrm{e}\varepsilon_4 \quad (4.3.34)$$

于是

$$\bar{\bar{F}} = \varepsilon_4 \wedge \bar{\bar{f}} = \varepsilon_4 \wedge \left(\bar{\bar{F}}_{\mathrm{e}} + \bar{\bar{F}}_{\mathrm{m}} - \boldsymbol{P}_{\mathrm{e}} \varepsilon_4 \right) \tag{4.3.35}$$

将式（4.3.31）~式（4.3.33）展开，有

$$\bar{\bar{F}}_{\mathrm{e}} = \boldsymbol{\rho}_{\mathrm{e}} \boldsymbol{E} = \varepsilon_{123} \rho_{\mathrm{e}} \boldsymbol{E} = \rho_{\mathrm{e}} E_i \varepsilon_{123} \varepsilon_i = \varepsilon_{123} \, \rho_{\mathrm{e}} \boldsymbol{E}_g \Big| \bar{\bar{\Gamma}}_S \tag{4.3.36}$$

$$\begin{aligned} \bar{\bar{F}}_{\mathrm{m}} &= \boldsymbol{J}_{\mathrm{e}} \wedge \bar{\bar{I}}_S^T \rfloor \boldsymbol{B} = \varepsilon_{123} \big(\varepsilon_1 \left(J_{\mathrm{e}31} B_{12} - J_{\mathrm{e}12} B_{31} \right) \\ &\quad + \varepsilon_2 \left(J_{\mathrm{e}12} B_{23} - J_{\mathrm{e}23} B_{12} \right) + \varepsilon_3 \left(J_{\mathrm{e}23} B_{31} - J_{\mathrm{e}31} B_{23} \right) \big) \\ &= \varepsilon_{123} \left[\boldsymbol{J}_{\mathrm{eg}} \times \boldsymbol{B}_g \right]_i \varepsilon_i = \varepsilon_{123} \left(\boldsymbol{J}_{\mathrm{eg}} \times \boldsymbol{B}_g \right) \Big| \bar{\bar{\Gamma}}_S \end{aligned} \tag{4.3.37}$$

$$\begin{aligned} \boldsymbol{P}_{\mathrm{e}} \varepsilon_4 &= \boldsymbol{J}_{\mathrm{e}} \wedge \boldsymbol{E} \varepsilon_4 = \varepsilon_{123} \varepsilon_4 \left(J_{\mathrm{e}23} E_1 + J_{\mathrm{e}31} E_2 + J_{\mathrm{e}12} E_3 \right) \\ &= \varepsilon_{123} \varepsilon_4 J_{\mathrm{e}k(i)} E_i = \varepsilon_{123} \left(\boldsymbol{J}_{\mathrm{eg}} \cdot \boldsymbol{E}_g \right) \varepsilon_4 \end{aligned} \tag{4.3.38}$$

于是

$$\begin{aligned} \bar{\bar{F}} &= \varepsilon_4 \wedge \varepsilon_{123} \left(\rho_{\mathrm{e}} E_i \varepsilon_i + \left[\boldsymbol{J}_{\mathrm{eg}} \times \boldsymbol{B}_g \right]_i \varepsilon_i - J_{\mathrm{e}k(i)} E_i \varepsilon_4 \right) \\ &= -\varepsilon_N \left(\left(\boldsymbol{J}_{\mathrm{eg}} \times \boldsymbol{B}_g + \rho_{\mathrm{e}} \boldsymbol{E}_g \right) \Big| \bar{\bar{\Gamma}}_S - \left(\boldsymbol{J}_{\mathrm{eg}} \cdot \boldsymbol{E}_g \right) \varepsilon_4 \right) \end{aligned} \tag{4.3.39}$$

对 $\bar{\bar{F}}$ 作 $-e_N\big|$ 运算，有

$$\begin{aligned} -e_N \Big| \bar{\bar{F}} &= \rho_{\mathrm{e}} E_i \varepsilon_i + \left[\boldsymbol{J}_{\mathrm{eg}} \times \boldsymbol{B}_g \right]_i \varepsilon_i + J_{\mathrm{e}k(i)} E_i \varepsilon_4 \\ &= \left(\boldsymbol{J}_{\mathrm{eg}} \times \boldsymbol{B}_g + \rho_{\mathrm{e}} \boldsymbol{E}_g \right) \Big| \bar{\bar{\Gamma}}_S + \left(\boldsymbol{J}_{\mathrm{eg}} \cdot \boldsymbol{E}_g \right) \varepsilon_4 \end{aligned} \tag{4.3.40}$$

式（4.3.40）对应的四维吉布斯矢量为

$$\left(-e_N \Big| \bar{\bar{F}} \right) \Big| \bar{\bar{G}} = \boldsymbol{J}_{\mathrm{eg}} \times \boldsymbol{B}_g + \rho_{\mathrm{e}} \boldsymbol{E}_g + \left(\boldsymbol{J}_{\mathrm{eg}} \cdot \boldsymbol{E}_g \right) \boldsymbol{e}_4 \tag{4.3.41}$$

4.3.4 电磁场能-动量守恒方程展开

将式（4.3.18b）和式（4.3.30b），或把式（4.3.27）和式（4.3.35）

代入式（4.3.13），电磁场能-动量守恒方程化为

$$d\wedge\left(\frac{1}{2}(\boldsymbol{D}\wedge\boldsymbol{E}+\boldsymbol{B}\wedge\boldsymbol{H})\varepsilon_4-\varepsilon_4\wedge\boldsymbol{E}\wedge\boldsymbol{H}\varepsilon_4-\boldsymbol{D}\wedge\bar{\bar{I}}_S^T\rfloor\boldsymbol{B}\right.$$

$$\left.-\frac{1}{2}\varepsilon_4\wedge\left(\boldsymbol{H}\wedge\bar{\bar{I}}_S^T\rfloor\boldsymbol{B}+\boldsymbol{E}\wedge\bar{\bar{I}}_S^T\rfloor\boldsymbol{D}+\boldsymbol{D}\boldsymbol{E}+\boldsymbol{B}\boldsymbol{H}\right)\right)$$

$$=\varepsilon_4\wedge\left(\boldsymbol{\rho}_{\mathrm{e}}\boldsymbol{E}+\boldsymbol{J}_{\mathrm{e}}\wedge\bar{\bar{I}}_S^T\rfloor\boldsymbol{B}-(\boldsymbol{J}_{\mathrm{e}}\wedge\boldsymbol{E})\varepsilon_4\right)\tag{4.3.42a}$$

$$d\wedge\left(\boldsymbol{w}\varepsilon_4-\varepsilon_4\wedge\boldsymbol{S}\varepsilon_4-\bar{\bar{g}}_f-\varepsilon_4\wedge\bar{\bar{T}}_E\right)$$

$$=\varepsilon_4\wedge\left(\bar{\bar{F}}_{\mathrm{e}}+\bar{\bar{F}}_{\mathrm{m}}-\boldsymbol{P}_{\mathrm{e}}\varepsilon_4\right)\tag{4.3.42b}$$

利用微分算子 $d=d_S+\varepsilon_4\partial_4$，式（4.3.42）可写为

$$\varepsilon_4\wedge\partial_4\frac{1}{2}(\boldsymbol{D}\wedge\boldsymbol{E}+\boldsymbol{B}\wedge\boldsymbol{H})\varepsilon_4+\varepsilon_4\wedge d_S\wedge(\boldsymbol{E}\wedge\boldsymbol{H}\varepsilon_4)$$

$$-\varepsilon_4\wedge\partial_4\left(\boldsymbol{D}\wedge\bar{\bar{I}}^T\rfloor\boldsymbol{B}\right)$$

$$+\varepsilon_4\wedge d_S\wedge\frac{1}{2}\left(\boldsymbol{H}\wedge\bar{\bar{I}}_S^T\rfloor\boldsymbol{B}+\boldsymbol{E}\wedge\bar{\bar{I}}_S^T\rfloor\boldsymbol{D}+\boldsymbol{D}\boldsymbol{E}+\boldsymbol{B}\boldsymbol{H}\right)$$

$$=\varepsilon_4\wedge\left(\boldsymbol{\rho}_{\mathrm{e}}\boldsymbol{E}+\boldsymbol{J}_{\mathrm{e}}\wedge\bar{\bar{I}}_S^T\rfloor\boldsymbol{B}-(\boldsymbol{J}_{\mathrm{e}}\wedge\boldsymbol{E})\varepsilon_4\right)\tag{4.3.43a}$$

$$\varepsilon_4\wedge\left(\partial_4\boldsymbol{w}\varepsilon_4+d_S\wedge\boldsymbol{S}\varepsilon_4-\partial_4\bar{\bar{g}}_f+d_S\wedge\bar{\bar{T}}_E\right)$$

$$=\varepsilon_4\wedge\left(\bar{\bar{F}}_{\mathrm{e}}+\bar{\bar{F}}_{\mathrm{m}}-\boldsymbol{P}_{\mathrm{e}}\varepsilon_4\right)\tag{4.3.43b}$$

对上述方程作 $\boldsymbol{e}_4\rfloor$ 运算，有

$$\partial_4\frac{1}{2}(\boldsymbol{D}\wedge\boldsymbol{E}+\boldsymbol{B}\wedge\boldsymbol{H})\varepsilon_4+d_S\wedge(\boldsymbol{E}\wedge\boldsymbol{H})\varepsilon_4-\partial_4\left(\boldsymbol{D}\wedge\bar{\bar{I}}^T\rfloor\boldsymbol{B}\right)$$

$$+d_S\wedge\frac{1}{2}\left(\boldsymbol{H}\wedge\bar{\bar{I}}_S^T\rfloor\boldsymbol{B}+\boldsymbol{E}\wedge\bar{\bar{I}}_S^T\rfloor\boldsymbol{D}+\boldsymbol{D}\boldsymbol{E}+\boldsymbol{B}\boldsymbol{H}\right)$$

$$=\boldsymbol{\rho}_{\mathrm{e}}\boldsymbol{E}+\boldsymbol{J}_{\mathrm{e}}\wedge\bar{\bar{I}}_S^T\rfloor\boldsymbol{B}-\left(\boldsymbol{J}_{\mathrm{e}}\wedge\boldsymbol{E}\right)\varepsilon_4 \tag{4.3.44a}$$

$$\partial_4\boldsymbol{w}\varepsilon_4+d_S\wedge\boldsymbol{S}\varepsilon_4-\partial_4\bar{\bar{g}}_f+d_S\wedge\bar{\bar{T}}_E$$

$$=\bar{\bar{F}}_{\mathrm{e}}+\bar{\bar{F}}_{\mathrm{m}}-\boldsymbol{P}_{\mathrm{e}}\varepsilon_4 \tag{4.3.44b}$$

从式（4.3.44）取出时间部分，有

$$\partial_4\frac{1}{2}\left(\boldsymbol{D}\wedge\boldsymbol{E}+\boldsymbol{B}\wedge\boldsymbol{H}\right)+d_S\wedge\left(\boldsymbol{E}\wedge\boldsymbol{H}\right)=-\boldsymbol{J}_{\mathrm{e}}\wedge\boldsymbol{E} \tag{4.3.45a}$$

$$\partial_4\boldsymbol{w}+d_S\wedge\boldsymbol{S}=-\boldsymbol{P}_{\mathrm{e}} \tag{4.3.45b}$$

从式（4.3.44）取出空间部分，有

$$-\partial_4\left(\boldsymbol{D}\wedge\bar{\bar{I}}^T\rfloor\boldsymbol{B}\right)+d_S\wedge\frac{1}{2}\left(\boldsymbol{H}\wedge\bar{\bar{I}}_S^T\rfloor\boldsymbol{B}+\boldsymbol{E}\wedge\bar{\bar{I}}_S^T\rfloor\boldsymbol{D}+\boldsymbol{DE}+\boldsymbol{BH}\right)$$

$$=\boldsymbol{J}_{\mathrm{e}}\wedge\bar{\bar{I}}_S^T\rfloor\boldsymbol{B}+\boldsymbol{\rho}_{\mathrm{e}}\boldsymbol{E} \tag{4.3.46a}$$

$$-\partial_4\bar{\bar{g}}_f+d_S\wedge\bar{\bar{T}}_E=\bar{\bar{F}}_{\mathrm{e}}+\bar{\bar{F}}_{\mathrm{m}} \tag{4.3.46b}$$

为了看清楚式（4.3.45）和式（4.3.46），可以将它们化成吉布斯矢量语言描述的方程。

将式（4.3.20）、式（4.3.21）和式（4.3.38）代入式（4.3.45），有

$$\partial_4\varepsilon_{123}\frac{1}{2}\left(\boldsymbol{D}_g\cdot\boldsymbol{E}_g+\boldsymbol{B}_g\cdot\boldsymbol{H}_g\right)+d_S\wedge\left(\varepsilon_{123}\llcorner\left(\boldsymbol{E}_g\times\boldsymbol{H}_g\right)\right)=-\varepsilon_{123}\left(\boldsymbol{J}_{\mathrm{eg}}\cdot\boldsymbol{E}_g\right)$$

于是，式（4.3.45）对应的吉布斯矢量方程为

$$\partial_4\frac{1}{2}\left(\boldsymbol{D}_g\cdot\boldsymbol{E}_g+\boldsymbol{B}_g\cdot\boldsymbol{H}_g\right)+\nabla\cdot\left(\boldsymbol{E}_g\times\boldsymbol{H}_g\right)=-\boldsymbol{J}_{\mathrm{eg}}\cdot\boldsymbol{E}_g \tag{4.3.47}$$

将式（4.3.22）、式（4.3.26）、式（4.3.36）和式（4.3.37）代入式（4.3.46），有

$$-\partial_4\varepsilon_{123}\left(\boldsymbol{D}_g\times\boldsymbol{B}_g\right)\Big|\bar{\bar{\Gamma}}_S$$

$$+d_S\wedge\left(\varepsilon_{123}\left\lfloor\left(\boldsymbol{B}_g\boldsymbol{H}_g+\boldsymbol{D}_g\boldsymbol{E}_g-\frac{1}{2}\boldsymbol{B}_g\cdot\boldsymbol{H}_g\bar{\bar{G}}_S-\frac{1}{2}\boldsymbol{D}_g\cdot\boldsymbol{E}_g\bar{\bar{G}}_S\right)\right|\bar{\bar{\Gamma}}_S\right)$$

$$=\varepsilon_{123}\left(\boldsymbol{J}_{\mathrm{eg}}\times\boldsymbol{B}_g+\rho_{\mathrm{e}}\boldsymbol{E}_g\right)\Big|\bar{\bar{\Gamma}}_S$$

于是，式（4.3.46）对应的吉布斯矢量方程为

$$-\partial_4\left(\boldsymbol{D}_g\times\boldsymbol{B}_g\right)+\nabla\cdot\left(\boldsymbol{B}_g\boldsymbol{H}_g+\boldsymbol{D}_g\boldsymbol{E}_g-\frac{1}{2}\boldsymbol{B}_g\cdot\boldsymbol{H}_g\bar{\bar{G}}_S-\frac{1}{2}\boldsymbol{D}_g\cdot\boldsymbol{E}_g\bar{\bar{G}}_S\right)$$

$$=\boldsymbol{J}_{\mathrm{e}g}\times\boldsymbol{B}_g+\rho_{\mathrm{e}}\boldsymbol{E}_g \tag{4.3.48}$$

式（4.3.47）正是我们熟知的时域电磁场能量守恒方程，而式（4.3.48）正是时域力-动量守恒方程。式（4.3.45）和式（4.3.46）分别为时域微分形式的电磁场能量守恒方程和力-动量守恒方程。

4.4　频域微分形式的电磁场能-动量守恒方程

对于时谐场，只考虑电性源，对式（4.3.13）取时间平均，则有

$$\left\langle d\wedge\bar{\bar{T}}\right\rangle=\left\langle\bar{\bar{F}}\right\rangle \tag{4.4.1}$$

将微分算子代入式（4.4.1），有

$$\left\langle d\wedge\bar{\bar{T}}\right\rangle=\left\langle d_S\wedge\bar{\bar{T}}\right\rangle+\left\langle\partial_4\varepsilon_4\wedge\bar{\bar{T}}\right\rangle=\left\langle\bar{\bar{F}}\right\rangle \tag{4.4.2}$$

时间偏导数项在取时间平均后可被消去，且 d_S 为空间微分，与时间无关，故可提到周期平均之外，于是有

$$\left\langle d\wedge\bar{\bar{T}}\right\rangle=\left\langle d_S\wedge\bar{\bar{T}}\right\rangle=d_S\wedge\left\langle\bar{\bar{T}}\right\rangle=\left\langle\bar{\bar{F}}\right\rangle\in\mathbb{F}_4\mathbb{F}_1 \tag{4.4.3a}$$

对式（4.3.44b）取时间平均，则有

$$\left\langle\partial_4\boldsymbol{w}\varepsilon_4+d_S\wedge\boldsymbol{S}\varepsilon_4-\partial_4\bar{\bar{g}}_f+d_S\wedge\bar{\bar{T}}_E\right\rangle=\left\langle\bar{\bar{F}}_{\mathrm{e}}+\bar{\bar{F}}_{\mathrm{m}}-\boldsymbol{P}_{\mathrm{e}}\varepsilon_4\right\rangle$$

同样的方式处理上式，有

$$d_S\wedge\left\langle\boldsymbol{S}\varepsilon_4+\bar{\bar{T}}_E\right\rangle=\left\langle\bar{\bar{F}}_{\mathrm{e}}+\bar{\bar{F}}_{\mathrm{m}}-\boldsymbol{P}_{\mathrm{e}}\varepsilon_4\right\rangle \tag{4.4.3b}$$

即

$$d_S\wedge\left\langle\bar{\bar{S}}\right\rangle=\left\langle\bar{\bar{f}}\right\rangle\in\mathbb{F}_3\mathbb{F}_1 \tag{4.4.3c}$$

式中，$\overline{\overline{S}} \in \mathbb{F}_2\mathbb{F}_1$ 和 $\overline{\overline{f}} \in \mathbb{F}_3\mathbb{F}_1$ 分别为应力-能流并矢和力-能并矢。

将式（4.4.3）中各物理量更换为对应的相量，并考虑到两正弦瞬时量乘积的时间平均值等于前一个瞬时量对应复振幅与后一个瞬时量对应复振幅共轭乘积的实部的 $\frac{1}{2}$，式（4.4.3）化为

$$d_S \wedge \mathrm{Re}\,\dot{\overline{\overline{T}}} = \mathrm{Re}\,\dot{\overline{\overline{F}}} \tag{4.4.4a}$$

$$d_S \wedge \mathrm{Re}\left(\dot{\boldsymbol{S}}\varepsilon_4 + \dot{\overline{\overline{T}}}_E\right) = \mathrm{Re}\left(\dot{\overline{\overline{F}}}_{\mathrm{e}} + \dot{\overline{\overline{F}}}_{\mathrm{m}} - \dot{\boldsymbol{P}}_{\mathrm{e}}\varepsilon_4\right) \tag{4.4.4b}$$

$$d_S \wedge \mathrm{Re}\,\dot{\overline{\overline{S}}} = \mathrm{Re}\,\dot{\overline{\overline{f}}} \tag{4.4.4c}$$

对应

$$d_S \wedge \frac{1}{2}\mathrm{Re}\left(\frac{1}{2}\dot{\boldsymbol{\Phi}} \wedge \left(\overline{\overline{I}}^T \rfloor \dot{\boldsymbol{\Psi}}^*\right) - \frac{1}{2}\dot{\boldsymbol{\Psi}}^* \wedge \overline{\overline{I}}^T \rfloor \dot{\boldsymbol{\Phi}}\right)$$
$$= -\frac{1}{2}\mathrm{Re}\left(\dot{\boldsymbol{\gamma}}_{\mathrm{e}}^* \wedge \overline{\overline{I}}^T \rfloor \dot{\boldsymbol{\Phi}}\right) \tag{4.4.5a}$$

$$d_S \wedge \frac{1}{2}\mathrm{Re}\left(\dot{\boldsymbol{E}} \wedge \dot{\boldsymbol{H}}^*\varepsilon_4 + \frac{1}{2}\left(\dot{\boldsymbol{H}}^* \wedge \overline{\overline{I}}^T \rfloor \dot{\boldsymbol{B}} + \dot{\boldsymbol{E}} \wedge \overline{\overline{I}}^T \rfloor \dot{\boldsymbol{D}}^* + \dot{\boldsymbol{D}}^*\dot{\boldsymbol{E}} + \dot{\boldsymbol{B}}\dot{\boldsymbol{H}}^*\right)\right)$$
$$= \frac{1}{2}\mathrm{Re}\left(\dot{\boldsymbol{\rho}}_{\mathrm{e}}^*\dot{\boldsymbol{E}} + \dot{\boldsymbol{J}}_{\mathrm{e}}^* \wedge \overline{\overline{I}}^T \rfloor \dot{\boldsymbol{B}} - \left(\dot{\boldsymbol{J}}_{\mathrm{e}}^* \wedge \dot{\boldsymbol{E}}\right)\varepsilon_4\right) \tag{4.4.5b}$$

式（4.4.3）~式（4.4.5）是频域微分形式电磁场能-动量守恒方程。

场源的共轭为

$$\dot{\boldsymbol{\Phi}}^* = \dot{\boldsymbol{B}}^* + \dot{\boldsymbol{E}}^* \wedge \varepsilon_4 \tag{4.4.6a}$$

$$\dot{\boldsymbol{\Psi}}^* = \dot{\boldsymbol{D}}^* - \dot{\boldsymbol{H}}^* \wedge \varepsilon_4 \tag{4.4.6b}$$

$$\dot{\boldsymbol{\gamma}}_{\mathrm{e}}^* = \dot{\boldsymbol{\rho}}_{\mathrm{e}}^* - \dot{\boldsymbol{J}}_{\mathrm{e}}^* \wedge \varepsilon_4 \tag{4.4.6c}$$

复能-动量密度并矢 $\dot{\overline{\overline{T}}} \in \mathbb{F}_3\mathbb{F}_1$、复力-能密度并矢 $\dot{\overline{\overline{F}}} \in \mathbb{F}_4\mathbb{F}_1$、复能流

密度 $\dot{\boldsymbol{S}}\in\mathbb{F}_2$、复应力密度并矢 $\dot{\overline{\overline{T}}}_E\in\mathbb{F}_2\mathbb{F}_1$、复电场力密度 $\dot{\overline{\overline{F}}}_{\mathrm{e}}\in\mathbb{F}_3\mathbb{F}_1$、复磁场力密度 $\dot{\overline{\overline{F}}}_{\mathrm{m}}\in\mathbb{F}_3\mathbb{F}_1$、复功率密度 $\dot{\boldsymbol{P}}_{\mathrm{e}}\in\mathbb{F}_3$、复应力-能流并矢 $\dot{\overline{\overline{S}}}\in\mathbb{F}_2\mathbb{F}_1$ 和力-能并矢 $\dot{\overline{\overline{f}}}\in\mathbb{F}_3\mathbb{F}_1$ 分别为

$$\dot{\overline{\overline{T}}}=\frac{1}{4}\dot{\boldsymbol{\Phi}}\wedge\left(\overline{\overline{I}}^T\rfloor\dot{\boldsymbol{\Psi}}^*\right)-\frac{1}{4}\dot{\boldsymbol{\Psi}}^*\wedge\overline{\overline{I}}^T\rfloor\dot{\boldsymbol{\Phi}}\tag{4.4.7a}$$

$$\dot{\overline{\overline{F}}}=\frac{1}{2}\left(-\dot{\gamma}_{\mathrm{e}}^*\wedge\overline{\overline{I}}^T\rfloor\dot{\boldsymbol{\Phi}}\right)\tag{4.4.7b}$$

$$\dot{\boldsymbol{S}}=\frac{1}{2}\dot{\boldsymbol{E}}\wedge\dot{\boldsymbol{H}}^*\tag{4.4.7c}$$

$$\dot{\overline{\overline{T}}}_E=\frac{1}{2}\left(\dot{\boldsymbol{H}}^*\wedge\overline{\overline{I}}^T\rfloor\dot{\boldsymbol{B}}+\dot{\boldsymbol{E}}\wedge\overline{\overline{I}}^T\rfloor\dot{\boldsymbol{D}}^*+\dot{\boldsymbol{D}}^*\dot{\boldsymbol{E}}+\dot{\boldsymbol{B}}\dot{\boldsymbol{H}}^*\right)\tag{4.4.7d}$$

$$\dot{\overline{\overline{F}}}_{\mathrm{e}}=\frac{1}{2}\dot{\boldsymbol{\rho}}_{\mathrm{e}}^*\dot{\boldsymbol{E}}\tag{4.4.7e}$$

$$\dot{\overline{\overline{F}}}_{\mathrm{m}}=\frac{1}{2}\dot{\boldsymbol{J}}_{\mathrm{e}}^*\wedge\overline{\overline{I}}^T\rfloor\dot{\boldsymbol{B}}\tag{4.4.7f}$$

$$\dot{\boldsymbol{P}}_{\mathrm{e}}=\frac{1}{2}\dot{\boldsymbol{J}}_{\mathrm{e}}^*\wedge\dot{\boldsymbol{E}}\tag{4.4.7g}$$

$$\dot{\overline{\overline{S}}}=\dot{\overline{\overline{T}}}_E+\dot{\boldsymbol{S}}\varepsilon_4\tag{4.4.7h}$$

$$\dot{\overline{\overline{f}}}=\dot{\overline{\overline{F}}}_{\mathrm{e}}+\dot{\overline{\overline{F}}}_{\mathrm{m}}-\dot{\boldsymbol{P}}_{\mathrm{e}}\varepsilon_4\tag{4.4.7i}$$

取出式（4.4.4b）和式（4.4.5b）中的时间部分，得到频域能量守恒方程

$$-d_S\wedge\frac{1}{2}\mathrm{Re}\left(\dot{\boldsymbol{E}}\wedge\dot{\boldsymbol{H}}^*\right)=\frac{1}{2}\mathrm{Re}\left(\dot{\boldsymbol{J}}_{\mathrm{e}}\wedge\dot{\boldsymbol{E}}^*\right)\tag{4.4.8a}$$

$$-d_S\wedge\mathrm{Re}\dot{\boldsymbol{S}}=\mathrm{Re}\dot{\boldsymbol{P}}_{\mathrm{e}}\tag{4.4.8b}$$

取出式（4.4.4b）和式（4.4.5b）中的空间部分，得到力-动量守

恒方程

$$d_S \wedge \frac{1}{2}\left(\mathrm{Re}\left(\dot{\boldsymbol{H}}^* \wedge \bar{\bar{I}}^T \rfloor \boldsymbol{B} + \dot{\boldsymbol{E}}^* \wedge \bar{\bar{I}}^T \rfloor \dot{\boldsymbol{D}} + \dot{\boldsymbol{D}}^* \dot{\boldsymbol{E}} + \dot{\boldsymbol{B}} \dot{\boldsymbol{H}}^*\right)\right)$$

$$= \frac{1}{2}\mathrm{Re}\left(\dot{\boldsymbol{\rho}}_{\mathrm{e}}^* \dot{\boldsymbol{E}} + \dot{\boldsymbol{J}}_{\mathrm{e}}^* \wedge \bar{\bar{I}}^T \rfloor \dot{\boldsymbol{B}}\right) \tag{4.4.9a}$$

$$d_S \wedge \mathrm{Re}\dot{\bar{\bar{T}}}_E = \mathrm{Re}\left(\dot{\bar{\bar{F}}}_{\mathrm{e}} + \dot{\bar{\bar{F}}}_{\mathrm{m}}\right) \tag{4.4.9b}$$

4.5　频域微分形式电磁场互能-动量方程

考虑两组时谐电磁场，场源记为$\dot{\boldsymbol{H}}_1$，$\dot{\boldsymbol{D}}_1$，$\dot{\boldsymbol{E}}_1$，$\dot{\boldsymbol{B}}_1$，$\dot{\gamma}_{\mathrm{e}1}$，$\dot{\boldsymbol{\Psi}}_1$，$\dot{\boldsymbol{\Phi}}_1$，$\dot{\bar{\bar{F}}}_1$与$\dot{\boldsymbol{H}}_2$，$\dot{\boldsymbol{D}}_2$，$\dot{\boldsymbol{E}}_2$，$\dot{\boldsymbol{B}}_2$，$\dot{\gamma}_{\mathrm{e}2}$，$\dot{\boldsymbol{\Psi}}_2$，$\dot{\boldsymbol{\Phi}}_2$，$\dot{\bar{\bar{F}}}_2$。

为了方程的简洁性，将式（4.4.4）和式（4.4.5）中的$\frac{1}{2}\mathrm{Re}$去掉，并从中取出两个电磁场相互作用量，假定介质为无损耗，$\varepsilon^* = \varepsilon$，$\mu^* = \mu$，考虑到任意复数的实部与该复数的复共轭的实部相等，则频域微分形式电磁场互能-动量方程为

$$d_S \wedge \left(\dot{\bar{\bar{T}}}_{1*2} + \dot{\bar{\bar{T}}}_{21*}\right) = \dot{\bar{\bar{F}}}_{1*2} + \dot{\bar{\bar{F}}}_{21*} \tag{4.5.1a}$$

$$d_S \wedge \left(\dot{\bar{\bar{S}}}_{1*2} + \dot{\bar{\bar{S}}}_{21*}\right) = \dot{\bar{\bar{f}}}_{1*2} + \dot{\bar{\bar{f}}}_{21*} \tag{4.5.1b}$$

$$d_S \wedge \left(\dot{\boldsymbol{S}}_{1*2}\varepsilon_4 + \dot{\boldsymbol{S}}_{21*}\varepsilon_4 + \dot{\bar{\bar{T}}}_{E1*2} + \dot{\bar{\bar{T}}}_{E21*}\right)$$

$$= \dot{\bar{\bar{F}}}_{\mathrm{e}1*2} + \dot{\bar{\bar{F}}}_{\mathrm{m}1*2} + \dot{\bar{\bar{F}}}_{\mathrm{e}21*} + \dot{\bar{\bar{F}}}_{\mathrm{m}21*} - \dot{\boldsymbol{P}}_{\mathrm{e}1*2}\varepsilon_4 - \dot{\boldsymbol{P}}_{\mathrm{e}21*}\varepsilon_4 \tag{4.5.1c}$$

对应

$$d_S\wedge\left(\frac{1}{2}\dot{\boldsymbol{\Psi}}_1^*\wedge\bar{\bar{I}}^T\rfloor\dot{\boldsymbol{\Phi}}_2-\frac{1}{2}\dot{\boldsymbol{\Phi}}_2\wedge\left(\bar{\bar{I}}^T\rfloor\dot{\boldsymbol{\Psi}}_1^*\right)+\frac{1}{2}\dot{\boldsymbol{\Psi}}_2\wedge\bar{\bar{I}}^T\rfloor\dot{\boldsymbol{\Phi}}_1^*-\frac{1}{2}\dot{\boldsymbol{\Phi}}_1^*\wedge\left(\bar{\bar{I}}^T\rfloor\dot{\boldsymbol{\Psi}}_2\right)\right)$$

$$=\frac{1}{2}\dot{\gamma}_{e1}^*\wedge\bar{\bar{I}}^T\rfloor\dot{\boldsymbol{\Phi}}_2+\frac{1}{2}\dot{\gamma}_{e2}\wedge\bar{\bar{I}}^T\rfloor\dot{\boldsymbol{\Phi}}_1^* \tag{4.5.2a}$$

$$d_S\wedge\left(\dot{\boldsymbol{E}}_2\wedge\dot{\boldsymbol{H}}_1^*\varepsilon_4+\frac{1}{2}\left(\dot{\boldsymbol{H}}_1^*\wedge\bar{\bar{I}}^T\rfloor\dot{\boldsymbol{B}}_2+\dot{\boldsymbol{E}}_2\wedge\bar{\bar{I}}^T\rfloor\dot{\boldsymbol{D}}_1^*+\dot{\boldsymbol{D}}_1^*\dot{\boldsymbol{E}}_2+\dot{\boldsymbol{B}}_2\dot{\boldsymbol{H}}_1^*\right)\right.$$
$$\left.+\dot{\boldsymbol{E}}_1^*\wedge\dot{\boldsymbol{H}}_2\varepsilon_4+\frac{1}{2}\left(\dot{\boldsymbol{H}}_2^*\wedge\bar{\bar{I}}^T\rfloor\dot{\boldsymbol{B}}_1^*+\dot{\boldsymbol{E}}_1^*\wedge\bar{\bar{I}}^T\rfloor\dot{\boldsymbol{D}}_2+\dot{\boldsymbol{D}}_2\dot{\boldsymbol{E}}_1^*+\dot{\boldsymbol{B}}_1^*\dot{\boldsymbol{H}}_2\right)\right)$$

$$=\dot{\boldsymbol{\rho}}_{e1}^*\dot{\boldsymbol{E}}_2+\dot{\boldsymbol{J}}_{e1}^*\wedge\bar{\bar{I}}^T\rfloor\dot{\boldsymbol{B}}_2-\left(\dot{\boldsymbol{J}}_{e1}^*\wedge\dot{\boldsymbol{E}}_2\right)\varepsilon_4+\dot{\boldsymbol{\rho}}_{e2}\dot{\boldsymbol{E}}_1^*+\dot{\boldsymbol{J}}_{e2}\wedge\bar{\bar{I}}^T\rfloor\dot{\boldsymbol{B}}_1^*-\left(\dot{\boldsymbol{J}}_{e2}\wedge\dot{\boldsymbol{E}}_1^*\right)\varepsilon_4 \tag{4.5.2b}$$

将式（4.5.2b）分为时间项和空间项，有

$$-d_S\wedge\left(\dot{\boldsymbol{E}}_2\wedge\dot{\boldsymbol{H}}_1^*+\dot{\boldsymbol{E}}_1^*\wedge\dot{\boldsymbol{H}}_2\right)=\dot{\boldsymbol{J}}_{e1}^*\wedge\dot{\boldsymbol{E}}_2+\dot{\boldsymbol{J}}_{e2}\wedge\dot{\boldsymbol{E}}_1^* \tag{4.5.3}$$

$$d_S\wedge\left(\frac{1}{2}\left(\dot{\boldsymbol{H}}_1^*\wedge\bar{\bar{I}}^T\rfloor\dot{\boldsymbol{B}}_2+\dot{\boldsymbol{E}}_2\wedge\bar{\bar{I}}^T\rfloor\dot{\boldsymbol{D}}_1^*+\dot{\boldsymbol{D}}_1^*\dot{\boldsymbol{E}}_2+\dot{\boldsymbol{B}}_2\dot{\boldsymbol{H}}_1^*\right)\right.$$
$$\left.+\frac{1}{2}\left(\dot{\boldsymbol{H}}_2\wedge\bar{\bar{I}}^T\rfloor\dot{\boldsymbol{B}}_1^*+\dot{\boldsymbol{E}}_1^*\wedge\bar{\bar{I}}^T\rfloor\dot{\boldsymbol{D}}_2+\dot{\boldsymbol{D}}_2\dot{\boldsymbol{E}}_1^*+\dot{\boldsymbol{B}}_1^*\dot{\boldsymbol{H}}_2\right)\right)$$

$$=\dot{\boldsymbol{\rho}}_{e1}^*\dot{\boldsymbol{E}}_2+\dot{\boldsymbol{J}}_{e1}^*\wedge\bar{\bar{I}}^T\rfloor\dot{\boldsymbol{B}}_2+\dot{\boldsymbol{\rho}}_{e2}\dot{\boldsymbol{E}}_1^*+\dot{\boldsymbol{J}}_{e2}\wedge\bar{\bar{I}}^T\rfloor\dot{\boldsymbol{B}}_1^* \tag{4.5.4}$$

以上两个方程对应的吉布斯矢量方程为

$$-\nabla\cdot\left(\dot{\boldsymbol{E}}_{2g}\times\dot{\boldsymbol{H}}_{1g}^*+\dot{\boldsymbol{E}}_{1g}^*\times\dot{\boldsymbol{H}}_{2g}\right)=\dot{\boldsymbol{J}}_{e1g}^*\cdot\dot{\boldsymbol{E}}_{2g}+\dot{\boldsymbol{J}}_{e2}\cdot\dot{\boldsymbol{E}}_1^* \tag{4.5.5}$$

$$\nabla\cdot\left(\dot{\boldsymbol{B}}_{2g}\dot{\boldsymbol{H}}_{1g}^*+\dot{\boldsymbol{H}}_{1g}^*\dot{\boldsymbol{B}}_{2g}+\dot{\boldsymbol{D}}_{2g}\dot{\boldsymbol{E}}_{1g}^*+\dot{\boldsymbol{E}}_{1g}^*\dot{\boldsymbol{D}}_{2g}-\dot{\boldsymbol{B}}_{2g}\cdot\dot{\boldsymbol{H}}_{1g}^*\bar{\bar{G}}_S-\dot{\boldsymbol{D}}_{2g}\cdot\dot{\boldsymbol{E}}_{1g}^*\bar{\bar{G}}_S\right)$$
$$=\dot{\boldsymbol{J}}_{e1g}^*\times\dot{\boldsymbol{B}}_{2g}+\dot{\boldsymbol{J}}_{e2g}\times\dot{\boldsymbol{B}}_{1g}^*+\dot{\rho}_{e1}^*\dot{\boldsymbol{E}}_{2g}+\dot{\rho}_{e2}\dot{\boldsymbol{E}}_{1g}^* \tag{4.5.6}$$

从式（4.5.5）可看出，对应的式（4.5.3）即为微分形式的互能定理，从式（4.5.6）可看出，对应的式（4.5.4）即为微分形式的互动量定理。

4.6 频域微分形式电磁场能-动量互易方程

若考虑两组滞后波的相互作用，只需通过共轭变换就可以实现。对下角标为“1”的物理量取共轭变换，用“*′”表示。

记$\dot{\boldsymbol{\Phi}}^{*}$，$\dot{\boldsymbol{\Psi}}^{*}$和$\dot{\gamma}_{e}^{*}$的共轭变换为

$$\dot{\boldsymbol{\Phi}}^{*'} = -\dot{\boldsymbol{B}} + \dot{\boldsymbol{E}} \wedge \varepsilon_4 \tag{4.6.1a}$$

$$\dot{\boldsymbol{\Psi}}^{*'} = \dot{\boldsymbol{D}} + \dot{\boldsymbol{H}} \wedge \varepsilon_4 \tag{4.6.1b}$$

$$\dot{\boldsymbol{\gamma}}_{e}^{*'} = \dot{\boldsymbol{\rho}}_{e} + \dot{\boldsymbol{J}}_{e} \wedge \varepsilon_4 \tag{4.6.1c}$$

对式（4.5.1）和式（4.5.2）中角标为“1”的场量取共轭变换，用“$1^{*'}$”表示。于是，频域微分形式电磁场的能-动量互易方程为

$$d_S \wedge \left(\dot{\overline{\overline{T}}}_{1^{*'}2} + \dot{\overline{\overline{T}}}_{21^{*'}} \right) = \dot{\overline{\overline{F}}}_{1^{*'}2} + \dot{\overline{\overline{F}}}_{21^{*'}} \tag{4.6.2a}$$

$$d_S \wedge \left(\dot{\overline{\overline{S}}}_{1^{*'}2} + \dot{\overline{\overline{S}}}_{21^{*'}} \right) = \dot{\overline{\overline{f}}}_{1^{*'}2} + \dot{\overline{\overline{f}}}_{21^{*'}} \tag{4.6.2b}$$

$$d_S \wedge \left(\dot{\boldsymbol{S}}_{1^{*'}2}\varepsilon_4 + \dot{\boldsymbol{S}}_{21^{*'}}\varepsilon_4 + \dot{\overline{\overline{T}}}_{E1^{*'}2} + \dot{\overline{\overline{T}}}_{E21^{*'}} \right)$$
$$= \dot{\overline{\overline{F}}}_{e1^{*'}2} + \dot{\overline{\overline{F}}}_{m1^{*'}2} + \dot{\overline{\overline{F}}}_{e1^{*'}2} + \dot{\overline{\overline{F}}}_{m21^{*'}} - \dot{\boldsymbol{P}}_{e1^{*'}2}\varepsilon_4 - \dot{\boldsymbol{P}}_{e21^{*'}}\varepsilon_4 \tag{4.6.2c}$$

以及

$$d_S \wedge \left(\frac{1}{2}\dot{\boldsymbol{\Psi}}_1^{*'} \wedge \overline{\overline{I}}^T \rfloor \dot{\boldsymbol{\Phi}}_2 - \frac{1}{2}\dot{\boldsymbol{\Phi}}_2 \wedge \left(\overline{\overline{I}}^T \rfloor \dot{\boldsymbol{\Psi}}_1^{*'} \right) + \frac{1}{2}\dot{\boldsymbol{\Psi}}_2 \wedge \overline{\overline{I}}^T \rfloor \dot{\boldsymbol{\Phi}}_1^{*'} \right.$$
$$\left. - \frac{1}{2}\dot{\boldsymbol{\Phi}}_1^{*'} \wedge \left(\overline{\overline{I}}^T \rfloor \dot{\boldsymbol{\Psi}}_2 \right) \right)$$
$$= \frac{1}{2}\dot{\gamma}_{e1}^{*'} \wedge \overline{\overline{I}}^T \rfloor \dot{\boldsymbol{\Phi}}_2 + \frac{1}{2}\dot{\gamma}_{e2} \wedge \overline{\overline{I}}^T \rfloor \dot{\boldsymbol{\Phi}}_1^{*'} \tag{4.6.3a}$$

$$d_S\wedge\left(-\dot{\boldsymbol{E}}_2\wedge\dot{\boldsymbol{H}}_1\varepsilon_4+\frac{1}{2}\left(-\dot{\boldsymbol{H}}_1\wedge\bar{\bar{I}}^T\rfloor\dot{\boldsymbol{B}}_2+\dot{\boldsymbol{E}}_2\wedge\bar{\bar{I}}^T\rfloor\dot{\boldsymbol{D}}_1+\dot{\boldsymbol{D}}_1\dot{\boldsymbol{E}}_2-\dot{\boldsymbol{B}}_2\dot{\boldsymbol{H}}_1\right)\right.$$
$$\left.+\dot{\boldsymbol{E}}_1\wedge\dot{\boldsymbol{H}}_2\varepsilon_4+\frac{1}{2}\left(-\dot{\boldsymbol{H}}_2\wedge\bar{\bar{I}}^T\rfloor\dot{\boldsymbol{B}}_1+\dot{\boldsymbol{E}}_1\wedge\bar{\bar{I}}^T\rfloor\dot{\boldsymbol{D}}_2+\dot{\boldsymbol{D}}_2\dot{\boldsymbol{E}}_1-\dot{\boldsymbol{B}}_1\dot{\boldsymbol{H}}_2\right)\right)$$
$$=\dot{\boldsymbol{\rho}}_{e1}\dot{\boldsymbol{E}}_2-\dot{\boldsymbol{J}}_{e1}\wedge\bar{\bar{I}}^T\rfloor\dot{\boldsymbol{B}}_2+\left(\dot{\boldsymbol{J}}_{e1}\wedge\dot{\boldsymbol{E}}_2\right)\varepsilon_4+\dot{\boldsymbol{\rho}}_{e2}\dot{\boldsymbol{E}}_1-\dot{\boldsymbol{J}}_{e2}\wedge\bar{\bar{I}}^T\rfloor\dot{\boldsymbol{B}}_1-\left(\dot{\boldsymbol{J}}_{e2}\wedge\dot{\boldsymbol{E}}_1\right)\varepsilon_4 \tag{4.6.3b}$$

将式（4.6.3b）分为时间项和空间项，有

$$d_S\wedge\left(-\dot{\boldsymbol{E}}_2\wedge\dot{\boldsymbol{H}}_1+\dot{\boldsymbol{E}}_1\wedge\dot{\boldsymbol{H}}_2\right)=\dot{\boldsymbol{J}}_{e1}\wedge\dot{\boldsymbol{E}}_2-\dot{\boldsymbol{J}}_{e2}\wedge\dot{\boldsymbol{E}}_1 \tag{4.6.4}$$

$$d_S\wedge\left(\frac{1}{2}\left(-\dot{\boldsymbol{H}}_1\wedge\bar{\bar{I}}^T\rfloor\dot{\boldsymbol{B}}_2+\dot{\boldsymbol{E}}_2\wedge\bar{\bar{I}}^T\rfloor\dot{\boldsymbol{D}}_1+\dot{\boldsymbol{D}}_1\dot{\boldsymbol{E}}_2-\dot{\boldsymbol{B}}_2\dot{\boldsymbol{H}}_1\right)\right.$$
$$\left.+\frac{1}{2}\left(-\dot{\boldsymbol{H}}_2\wedge\bar{\bar{I}}^T\rfloor\dot{\boldsymbol{B}}_1+\dot{\boldsymbol{E}}_1\wedge\bar{\bar{I}}^T\rfloor\dot{\boldsymbol{D}}_2+\dot{\boldsymbol{D}}_2\dot{\boldsymbol{E}}_1-\dot{\boldsymbol{B}}_1\dot{\boldsymbol{H}}_2\right)\right)$$
$$=\left(\dot{\boldsymbol{\rho}}_{e1}\dot{\boldsymbol{E}}_2-\dot{\boldsymbol{J}}_{e1}\wedge\bar{\bar{I}}^T\rfloor\dot{\boldsymbol{B}}_2+\dot{\boldsymbol{\rho}}_{e2}\dot{\boldsymbol{E}}_1-\dot{\boldsymbol{J}}_{e2}\wedge\bar{\bar{I}}^T\rfloor\dot{\boldsymbol{B}}_1\right) \tag{4.6.5}$$

以上两个方程对应的吉布斯矢量方程为

$$\nabla\cdot\left(-\dot{\boldsymbol{E}}_{2g}\times\dot{\boldsymbol{H}}_{1g}+\dot{\boldsymbol{E}}_{1g}\times\dot{\boldsymbol{H}}_{2g}\right)=\dot{\boldsymbol{J}}_{e1}\cdot\dot{\boldsymbol{E}}_2-\dot{\boldsymbol{J}}_{e2}\cdot\dot{\boldsymbol{E}}_1 \tag{4.6.6}$$

$$\nabla\cdot\left(-\dot{\boldsymbol{B}}_{2g}\dot{\boldsymbol{H}}_{1g}-\dot{\boldsymbol{H}}_{1g}\dot{\boldsymbol{B}}_{2g}+\dot{\boldsymbol{D}}_{2g}\dot{\boldsymbol{E}}_{1g}+\dot{\boldsymbol{E}}_{1g}\dot{\boldsymbol{D}}_{2g}+\dot{\boldsymbol{B}}_{2g}\cdot\dot{\boldsymbol{H}}_{1g}\bar{\bar{G}}_S-\dot{\boldsymbol{D}}_{2g}\cdot\dot{\boldsymbol{E}}_{1g}\bar{\bar{G}}_S\right)$$
$$=-\dot{\boldsymbol{J}}_{e1g}\times\dot{\boldsymbol{B}}_{2g}-\dot{\boldsymbol{J}}_{e2g}\times\dot{\boldsymbol{B}}_{1g}+\dot{\rho}_{e1}\dot{\boldsymbol{E}}_{2g}+\dot{\rho}_{e2}\dot{\boldsymbol{E}}_{1g} \tag{4.6.7}$$

式（4.6.7）进一步整理为

$$\nabla\cdot\left(-\dot{\boldsymbol{B}}_{2g}\cdot\dot{\boldsymbol{H}}_{1g}\bar{\bar{G}}_S+\dot{\boldsymbol{B}}_{2g}\dot{\boldsymbol{H}}_{1g}+\dot{\boldsymbol{H}}_{1g}\dot{\boldsymbol{B}}_{2g}+\dot{\boldsymbol{D}}_{2g}\cdot\dot{\boldsymbol{E}}_{1g}\bar{\bar{G}}_S-\dot{\boldsymbol{D}}_{2g}\dot{\boldsymbol{E}}_{1g}-\dot{\boldsymbol{E}}_{1g}\dot{\boldsymbol{D}}_{2g}\right)$$
$$=\dot{\boldsymbol{J}}_{e1g}\times\dot{\boldsymbol{B}}_{2g}+\dot{\boldsymbol{J}}_{e2g}\times\dot{\boldsymbol{B}}_{1g}-\dot{\rho}_{e1}\dot{\boldsymbol{E}}_{2g}-\dot{\rho}_{e2}\dot{\boldsymbol{E}}_{1g} \tag{4.6.8}$$

从式（4.6.6）和式（4.6.8）可看出，式（4.6.4）和式（4.6.5）分别是微分形式的洛伦兹互易定理和动量互易定理。

4.7　微分形式反应概念的推广

本节均假定只考虑电性源。

4.7.1　Lindell 广义反应

1954 年，Rumsey 提出“反应”的概念。假定 a，b 两个电磁场处于同一有限体积 V 之内或之外，Rumsey 反应为

$$\langle a,b\rangle = \int_V \dot{R}^{ab}\mathrm{d}V \tag{4.7.1}$$

式中，R^{ab} 称为 Rumsey 反应密度，即标量反应

$$\dot{R}^{ab} = \dot{\boldsymbol{J}}^a_{\mathrm{eg}} \cdot \dot{\boldsymbol{E}}^b_g \tag{4.7.2}$$

满足

$$\langle a,b\rangle = \langle b,a\rangle \tag{4.7.3}$$

同年，Rumsey 也定义了矢量反应

$$\langle a,b\rangle = \int_V \dot{\rho}^a_{\mathrm{e}}\dot{\boldsymbol{E}}^b_g\mathrm{d}V \tag{4.7.4}$$

式中，$\dot{\rho}_{\mathrm{e}}$ 为电荷源。该矢量反应表示电场 b 作用在电荷 a 上的电场力（Rumsey，1954）。在 Rumsey 论文中，作者并未对矢量反应作深入探讨。

2020 年，Lindell 等从 Rumsey 的反应概念出发，利用微分形式对 Rumsey 反应作了扩展（Lindell et al.，2020）。

对于时谐电磁场，假定介质为各向同性。Rumsey 反应密度为

$$\begin{aligned}\dot{R} &= \dot{\boldsymbol{J}}_{\mathrm{eg}} \cdot \dot{\boldsymbol{E}}_g = \dot{\boldsymbol{J}}_{\mathrm{eg}}\big|\dot{\boldsymbol{E}} = (\boldsymbol{e}_{123}\lfloor\dot{\boldsymbol{J}}_{\mathrm{e}})\big|\dot{\boldsymbol{E}} \\ &= \boldsymbol{e}_{123}\big|\left(\dot{\boldsymbol{J}}_{\mathrm{e}}\wedge\dot{\boldsymbol{E}}\right) = \boldsymbol{e}_N\big|\left(\dot{\boldsymbol{J}}_{\mathrm{e}}\wedge\dot{\boldsymbol{E}}\wedge\varepsilon_4\right)\end{aligned} \tag{4.7.5}$$

由于 $\dot{\boldsymbol{J}}_{\mathrm{e}}\wedge\boldsymbol{B}$ 为零，则式（4.7.5）化为

$$\dot{R} = \boldsymbol{e}_N\big|\left(\dot{\boldsymbol{J}}_{\mathrm{e}}\wedge\left(\dot{\boldsymbol{B}}+\dot{\boldsymbol{E}}\wedge\varepsilon_4\right)\right) = \boldsymbol{e}_N\big|\left(\dot{\boldsymbol{J}}_{\mathrm{e}}\wedge\dot{\boldsymbol{\Phi}}\right)$$

$$=\boldsymbol{e}_N\left|\left(\dot{\boldsymbol{\Phi}}\wedge\dot{\boldsymbol{J}}_{\mathrm{e}}\right)=-\boldsymbol{e}_N\right|\left(\dot{\boldsymbol{\Phi}}\wedge\dot{\gamma}_{\mathrm{e}}\llcorner\boldsymbol{e}_4\right)\tag{4.7.6}$$

将式（4.7.6）并乘ε$_4$，有

$$\dot{R}\varepsilon_4=-\mathbf{e}_N\left|\left(\dot{\boldsymbol{\Phi}}\wedge\left(\dot{\gamma}_{\mathrm{e}}\llcorner\boldsymbol{e}_4\varepsilon_4\right)\right)\right.\tag{4.7.7}$$

用单位并矢 $\bar{\bar{I}}$ 代替 $\boldsymbol{e}_4\varepsilon_4$，由此得到广义反应密度

$$\dot{\boldsymbol{R}}=-\boldsymbol{e}_N\left|\left(\dot{\boldsymbol{\Phi}}\wedge\left(\dot{\gamma}_{\mathrm{e}}\llcorner\bar{\bar{I}}\right)\right)\right.\tag{4.7.8}$$

广义反应密度的空间项为

$$\dot{\boldsymbol{R}}_S=-\boldsymbol{e}_N\left|\left(\dot{\boldsymbol{\Phi}}\wedge\left(\dot{\gamma}_{\mathrm{e}}\llcorner\bar{\bar{I}}_S\right)\right)\right.\tag{4.7.9}$$

将式（4.2.4）和式（4.2.6）代入式（4.7.9），有

$$\dot{\boldsymbol{R}}_S=-\boldsymbol{e}_N\left|\left(\left(\dot{\boldsymbol{B}}+\dot{\boldsymbol{E}}\wedge\varepsilon_4\right)\wedge\left(\dot{\rho}_{\mathrm{e}}\varepsilon_{123}\llcorner\bar{\bar{I}}_S-\left(\dot{\boldsymbol{J}}_{\mathrm{e}}\wedge\varepsilon_4\right)\llcorner\bar{\bar{I}}_S\right)\right)\right.\tag{4.7.10}$$

由于 $\dot{\boldsymbol{B}}\wedge\dot{\rho}_{\mathrm{e}}\varepsilon_{123}\llcorner\bar{\bar{I}}_S$ 和 $\dot{\boldsymbol{E}}\wedge\varepsilon_4\wedge\left(\dot{\boldsymbol{J}}_{\mathrm{e}}\wedge\varepsilon_4\right)\llcorner\bar{\bar{I}}_S$ 为零，则

$$\begin{aligned}\dot{\boldsymbol{R}}_S&=-\boldsymbol{e}_N\left|\left(-\dot{\boldsymbol{B}}\wedge\left(\dot{\boldsymbol{J}}_{\mathrm{e}}\wedge\varepsilon_4\llcorner\bar{\bar{I}}_S\right)+\left(\dot{\boldsymbol{E}}\wedge\varepsilon_4\right)\wedge\left(\dot{\rho}_{\mathrm{e}}\varepsilon_{123}\llcorner\bar{\bar{I}}_S\right)\right)\right.\\&=-\boldsymbol{e}_N\left|(-\varepsilon_4\wedge\dot{\boldsymbol{B}}\wedge\left(\dot{\boldsymbol{J}}_{\mathrm{e}}\llcorner\bar{\bar{I}}_S\right)-\varepsilon_4\wedge\dot{\rho}_{\mathrm{e}}\dot{\boldsymbol{E}}\wedge\left(\varepsilon_{123}\llcorner\bar{\bar{I}}_S\right)\right.\\&=-\boldsymbol{e}_N\left|(\varepsilon_4\wedge\varepsilon_{123}\left(\dot{\boldsymbol{J}}_{\mathrm{eg}}\times\dot{\boldsymbol{B}}_g-\dot{\rho}_{\mathrm{e}}\dot{\boldsymbol{E}}_g\right)\right|\bar{\bar{\Gamma}}_S\\&=\left(\dot{\boldsymbol{J}}_{\mathrm{eg}}\times\dot{\boldsymbol{B}}_g-\dot{\rho}_{\mathrm{e}}\dot{\boldsymbol{E}}_g\right)\Big|\bar{\bar{\Gamma}}_S\end{aligned}\tag{4.7.11}$$

将广义反应密度空间项和时间项合并，得到广义反应密度

$$\begin{aligned}\dot{\boldsymbol{R}}=\dot{\boldsymbol{R}}_S+\dot{R}\varepsilon_4&=\left(\dot{\boldsymbol{J}}_{\mathrm{eg}}\times\dot{\boldsymbol{B}}_g-\dot{\rho}_{\mathrm{e}}\dot{\boldsymbol{E}}_g\right)\Big|\bar{\bar{\Gamma}}_S+\boldsymbol{e}_N\Big|\left(\dot{\boldsymbol{J}}_{\mathrm{e}}\wedge\dot{\boldsymbol{E}}\wedge\varepsilon_4\varepsilon_4\right)\\&=\left(\dot{\boldsymbol{J}}_{\mathrm{eg}}\times\dot{\boldsymbol{B}}_g-\dot{\rho}_{\mathrm{e}}\dot{\boldsymbol{E}}_g\right)\Big|\bar{\bar{\Gamma}}_S+\left(\dot{\boldsymbol{J}}_{\mathrm{eg}}\cdot\dot{\boldsymbol{E}}_g\right)\varepsilon_4\end{aligned}\tag{4.7.12}$$

$\dot{\boldsymbol{R}}_S$ 对应的吉布斯矢量为

$$\dot{\boldsymbol{R}}_{Sg}=\dot{\boldsymbol{R}}_S\Big|\overline{\overline{G}}_S=\dot{\boldsymbol{J}}_{\mathrm{eg}}\times\dot{\boldsymbol{B}}_g-\dot{\rho}_{\mathrm{e}}\dot{\boldsymbol{E}}_g \tag{4.7.13}$$

$\dot{\boldsymbol{R}}$ 对应的四维吉布斯矢量为

$$\dot{\boldsymbol{R}}_g=\dot{\boldsymbol{J}}_{\mathrm{eg}}\times\dot{\boldsymbol{B}}_g-\dot{\rho}_{\mathrm{e}}\dot{\boldsymbol{E}}_g+\left(\dot{\boldsymbol{J}}_{\mathrm{eg}}\cdot\dot{\boldsymbol{E}}_g\right)\boldsymbol{e}_4 \tag{4.7.14}$$

考虑a和b两个电磁场，将式（4.7.14）标上角标，则广义反应密度对应的四维吉布斯矢量为

$$\begin{cases}\dot{\boldsymbol{R}}_g^{ba}=\dot{\boldsymbol{J}}_{\mathrm{eg}}^{b}\times\dot{\boldsymbol{B}}_g^{a}-\dot{\rho}_{\mathrm{e}}^{b}\dot{\boldsymbol{E}}_g^{a}+\left(\dot{\boldsymbol{J}}_{\mathrm{eg}}^{b}\cdot\dot{\boldsymbol{E}}_g^{a}\right)\boldsymbol{e}_4\\ \dot{\boldsymbol{R}}_g^{ab}=\dot{\boldsymbol{J}}_{\mathrm{eg}}^{a}\times\dot{\boldsymbol{B}}_g^{b}-\dot{\rho}_{\mathrm{e}}^{a}\dot{\boldsymbol{E}}_g^{b}+\left(\dot{\boldsymbol{J}}_{\mathrm{eg}}^{a}\cdot\dot{\boldsymbol{E}}_g^{b}\right)\boldsymbol{e}_4\end{cases} \tag{4.7.15}$$

于是，经典的 Rumsey 反应概念从一个标量被扩展为 1-形式量，对应四维吉布斯矢量，此即“Lindell 广义反应密度”，简称为“Lindell 反应密度”或“Lindell 反应”，

对式（4.7.15）作体积分，有

$$\begin{cases}\left\langle a,b\right\rangle=\int_V\dot{\boldsymbol{R}}_g^{ba}\mathrm{d}V=\int_V\left[\dot{\boldsymbol{J}}_{\mathrm{eg}}^{b}\times\dot{\boldsymbol{B}}_g^{a}-\dot{\rho}_{\mathrm{e}}^{b}\dot{\boldsymbol{E}}_g^{a}+\left(\dot{\boldsymbol{J}}_{\mathrm{eg}}^{b}\cdot\dot{\boldsymbol{E}}_g^{a}\right)\boldsymbol{e}_4\right]\mathrm{d}V\\ \left\langle b,a\right\rangle=\int_V\dot{\boldsymbol{R}}_g^{ab}\mathrm{d}V=\int_V\left[\dot{\boldsymbol{J}}_{\mathrm{eg}}^{a}\times\dot{\boldsymbol{B}}_g^{b}-\dot{\rho}_{\mathrm{e}}^{a}\dot{\boldsymbol{E}}_g^{b}+\left(\dot{\boldsymbol{J}}_{\mathrm{eg}}^{a}\cdot\dot{\boldsymbol{E}}_g^{b}\right)\boldsymbol{e}_4\right]\mathrm{d}V\end{cases} \tag{4.7.16}$$

Lindell 等直接处理了 Rumsey 反应项，导出了广义反应，然而他们并未实际推导式（4.7.16）对应的互易方程。为此，本书作者从微分形式的电磁场方程出发，按照 Lindell 反应，对它对应的互易方程作了推导。

对于均匀线性各向同性介质，考虑两个时谐场$\dot{\boldsymbol{\Phi}}_1$，$\dot{\boldsymbol{\Psi}}_1$，$\dot{\gamma}_{\mathrm{e}1}$，$\dot{\gamma}_{\mathrm{m}1}$以及$\dot{\boldsymbol{\Phi}}_2$，$\dot{\boldsymbol{\Psi}}_2$，$\dot{\gamma}_{\mathrm{e}2}$，$\dot{\gamma}_{\mathrm{m}2}$。对场方程取$\lfloor\overline{\overline{I}}$运算，并与场量取楔积运算，有

$$\begin{cases}\dot{\boldsymbol{\Phi}}_2\wedge\left(d\wedge\dot{\boldsymbol{\Psi}}_1\right)\lfloor\overline{\overline{I}}=\dot{\boldsymbol{\Phi}}_2\wedge\left(\dot{\gamma}_{\mathrm{e}1}\lfloor\overline{\overline{I}}\right)\\ \dot{\boldsymbol{\Psi}}_2\wedge\left(d\wedge\dot{\boldsymbol{\Phi}}_1\right)\lfloor\overline{\overline{I}}=\dot{\boldsymbol{\Psi}}_2\wedge\left(\dot{\gamma}_{\mathrm{m}1}\lfloor\overline{\overline{I}}\right)\end{cases} \tag{4.7.17}$$

$$\begin{cases} \dot{\boldsymbol{\Phi}}_1 \wedge \left(d \wedge \dot{\boldsymbol{\Psi}}_2\right) \llcorner \overline{\overline{I}} = \dot{\boldsymbol{\Phi}}_1 \wedge \left(\dot{\gamma}_{\mathrm{e}2} \llcorner \overline{\overline{I}}\right) \\ \dot{\boldsymbol{\Psi}}_1 \wedge \left(d \wedge \dot{\boldsymbol{\Phi}}_2\right) \llcorner \overline{\overline{I}} = \dot{\boldsymbol{\Psi}}_1 \wedge \left(\dot{\gamma}_{\mathrm{m}2} \llcorner \overline{\overline{I}}\right) \end{cases} \tag{4.7.18}$$

式（4.7.17）中，两式相加，有

$$\begin{aligned} &\dot{\boldsymbol{\Phi}}_2 \wedge \left(d \wedge \dot{\boldsymbol{\Psi}}_1\right) \llcorner \overline{\overline{I}} + \dot{\boldsymbol{\Psi}}_2 \wedge \left(d \wedge \dot{\boldsymbol{\Phi}}_1\right) \llcorner \overline{\overline{I}} \\ &= \dot{\boldsymbol{\Phi}}_2 \wedge \left(\dot{\gamma}_{\mathrm{e}1} \llcorner \overline{\overline{I}}\right) + \dot{\boldsymbol{\Psi}}_2 \wedge \left(\dot{\gamma}_{\mathrm{m}1} \llcorner \overline{\overline{I}}\right) \end{aligned} \tag{4.7.19a}$$

式（4.7.18）中，两式相加，有

$$\begin{aligned} &\dot{\boldsymbol{\Phi}}_1 \wedge \left(d \wedge \dot{\boldsymbol{\Psi}}_2\right) \llcorner \overline{\overline{I}} + \dot{\boldsymbol{\Psi}}_1 \wedge \left(d \wedge \dot{\boldsymbol{\Phi}}_2\right) \llcorner \overline{\overline{I}} \\ &= \dot{\boldsymbol{\Phi}}_1 \wedge \left(\dot{\gamma}_{\mathrm{e}2} \llcorner \overline{\overline{I}}\right) + \dot{\boldsymbol{\Psi}}_1 \wedge \left(\dot{\gamma}_{\mathrm{m}2} \llcorner \overline{\overline{I}}\right) \end{aligned} \tag{4.7.19b}$$

定义如下形式

$$\begin{aligned} \boldsymbol{F}\left(\dot{\boldsymbol{P}}, \dot{\boldsymbol{Q}}\right) &= \dot{\boldsymbol{P}} \wedge \left(d \wedge \dot{\boldsymbol{Q}}\right) \llcorner \overline{\overline{I}} \\ &= \dot{\boldsymbol{P}} \wedge \left(d \wedge \dot{\boldsymbol{Q}}\right) \llcorner \boldsymbol{e}_4 \varepsilon_4 + \dot{\boldsymbol{P}} \wedge \left(d \wedge \dot{\boldsymbol{Q}}\right) \llcorner \overline{\overline{I}}_S \end{aligned} \tag{4.7.20}$$

$$\boldsymbol{S}\left(\dot{\boldsymbol{P}}, \dot{\gamma}\right) = \dot{\boldsymbol{P}} \wedge \left(\dot{\gamma} \llcorner \overline{\overline{I}}\right) = \dot{\boldsymbol{P}} \wedge \left(\dot{\gamma} \llcorner \boldsymbol{e}_4 \varepsilon_4\right) + \dot{\boldsymbol{P}} \wedge \left(\dot{\gamma} \llcorner \overline{\overline{I}}_S\right) \tag{4.7.21}$$

式（4.7.19）改写为

$$\boldsymbol{F}\left(\dot{\boldsymbol{\Phi}}_2, \dot{\boldsymbol{\Psi}}_1\right) + \boldsymbol{F}\left(\dot{\boldsymbol{\Psi}}_2, \dot{\boldsymbol{\Phi}}_1\right) = \boldsymbol{S}\left(\dot{\boldsymbol{\Phi}}_2, \dot{\gamma}_{\mathrm{e}1}\right) + \boldsymbol{S}\left(\dot{\boldsymbol{\Psi}}_2, \dot{\gamma}_{\mathrm{m}1}\right) \tag{4.7.22a}$$

$$\boldsymbol{F}\left(\dot{\boldsymbol{\Phi}}_1, \dot{\boldsymbol{\Psi}}_2\right) + \boldsymbol{F}\left(\dot{\boldsymbol{\Psi}}_1, \dot{\boldsymbol{\Phi}}_2\right) = \boldsymbol{S}\left(\dot{\boldsymbol{\Phi}}_1, \dot{\gamma}_{\mathrm{e}2}\right) + \boldsymbol{S}\left(\dot{\boldsymbol{\Psi}}_1, \dot{\gamma}_{\mathrm{m}2}\right) \tag{4.7.22b}$$

若只考虑电性源，则有

$$\boldsymbol{F}\left(\dot{\boldsymbol{\Phi}}_2, \dot{\boldsymbol{\Psi}}_1\right) + \boldsymbol{F}\left(\dot{\boldsymbol{\Psi}}_2, \dot{\boldsymbol{\Phi}}_1\right) = \boldsymbol{S}\left(\dot{\boldsymbol{\Phi}}_2, \dot{\gamma}_{\mathrm{e}1}\right) \tag{4.7.23a}$$

$$\boldsymbol{F}\left(\dot{\boldsymbol{\Phi}}_1, \dot{\boldsymbol{\Psi}}_2\right) + \boldsymbol{F}\left(\dot{\boldsymbol{\Psi}}_1, \dot{\boldsymbol{\Phi}}_2\right) = \boldsymbol{S}\left(\dot{\boldsymbol{\Phi}}_1, \dot{\gamma}_{\mathrm{e}2}\right) \tag{4.7.23b}$$

需要注意，$\boldsymbol{S}\left(\dot{\boldsymbol{\Phi}}, \dot{\gamma}_{\mathrm{e}}\right)$与广义反应密度满足如下关系

$$\boldsymbol{R} = -\boldsymbol{e}_N \rfloor \boldsymbol{S}\left(\dot{\boldsymbol{\Phi}}, \dot{\gamma}_{\mathrm{e}}\right) \tag{4.7.24}$$

联合式（4.7.24）和式（4.7.12），有

$$-\boldsymbol{e}_N\left|\boldsymbol{S}\left(\dot{\boldsymbol{\Phi}},\dot{\boldsymbol{\gamma}}_{\mathrm{e}}\right)=\left(\dot{\boldsymbol{J}}_{\mathrm{eg}}\times\dot{\boldsymbol{B}}_g-\dot{\rho}_{\mathrm{e}}\dot{\boldsymbol{E}}_g\right)\right|\bar{\bar{\Gamma}}_S+\left(\dot{\boldsymbol{J}}_{\mathrm{eg}}\cdot\dot{\boldsymbol{E}}_g\right)\varepsilon_4$$

于是有

$$\boldsymbol{S}\left(\dot{\boldsymbol{\Phi}},\dot{\boldsymbol{\gamma}}_{\mathrm{e}}\right)=-\varepsilon_N\left(\left(\dot{\boldsymbol{J}}_{\mathrm{eg}}\times\dot{\boldsymbol{B}}_g-\dot{\rho}_{\mathrm{e}}\dot{\boldsymbol{E}}_g\right)\Big|\bar{\bar{\Gamma}}_S+\left(\dot{\boldsymbol{J}}_{\mathrm{eg}}\cdot\dot{\boldsymbol{E}}_g\right)\varepsilon_4\right) \quad (4.7.25)$$

时谐场方程为

$$d\wedge\dot{\boldsymbol{\Psi}}=d\wedge\left(\dot{\boldsymbol{D}}-\dot{\boldsymbol{H}}\wedge\varepsilon_4\right)=\left(d_S+\mathrm{j}k\varepsilon_4\right)\wedge\left(\dot{\boldsymbol{D}}-\dot{\boldsymbol{H}}\wedge\varepsilon_4\right)$$

$$=d_S\wedge\dot{\boldsymbol{D}}-d_S\wedge\dot{\boldsymbol{H}}\wedge\varepsilon_4+\mathrm{j}k\varepsilon_4\wedge\dot{\boldsymbol{D}}=\dot{\boldsymbol{\gamma}}_{\mathrm{e}} \quad (4.7.26\mathrm{a})$$

$$d\wedge\dot{\boldsymbol{\Phi}}=d\wedge\left(\dot{\boldsymbol{B}}+\dot{\boldsymbol{E}}\wedge\varepsilon_4\right)=\left(d_S+\mathrm{j}k\varepsilon_4\right)\wedge\left(\dot{\boldsymbol{B}}+\dot{\boldsymbol{E}}\wedge\varepsilon_4\right)$$

$$=d_S\wedge\dot{\boldsymbol{B}}+d_S\wedge\dot{\boldsymbol{E}}\wedge\varepsilon_4+\mathrm{j}k\varepsilon_4\wedge\dot{\boldsymbol{B}}=0 \quad (4.7.26\mathrm{b})$$

于是，有

$$\boldsymbol{F}\left(\dot{\boldsymbol{\Phi}},\dot{\boldsymbol{\Psi}}\right)=\dot{\boldsymbol{\Phi}}\wedge\left(d\wedge\dot{\boldsymbol{\Psi}}\right)\llcorner\boldsymbol{e}_4\varepsilon_4+\dot{\boldsymbol{\Phi}}\wedge\left(d\wedge\dot{\boldsymbol{\Psi}}\right)\llcorner\bar{\bar{I}}_S \quad (4.7.27)$$

式中

$$\dot{\boldsymbol{\Phi}}\wedge\left(d\wedge\dot{\boldsymbol{\Psi}}\right)\llcorner\boldsymbol{e}_4\varepsilon_4$$

$$=\left(\dot{\boldsymbol{B}}+\dot{\boldsymbol{E}}\wedge\varepsilon_4\right)\wedge\left(\left(d_S\wedge\dot{\boldsymbol{D}}\right)\llcorner\boldsymbol{e}_4\varepsilon_4-\left(d_S\wedge\dot{\boldsymbol{H}}\wedge\varepsilon_4\right)\llcorner\boldsymbol{e}_4\varepsilon_4+\left(\mathrm{j}k\varepsilon_4\wedge\dot{\boldsymbol{D}}\right)\llcorner\boldsymbol{e}_4\varepsilon_4\right)$$

$$=-\dot{\boldsymbol{B}}\wedge\left(\left(d_S\wedge\dot{\boldsymbol{H}}\wedge\varepsilon_4\right)\llcorner\boldsymbol{e}_4\varepsilon_4\right)+\dot{\boldsymbol{B}}\wedge\left(\left(\mathrm{j}k\varepsilon_4\wedge\dot{\boldsymbol{D}}\right)\llcorner\boldsymbol{e}_4\varepsilon_4\right)$$

$$-\dot{\boldsymbol{E}}\wedge\varepsilon_4\wedge\left(\left(d_S\wedge\dot{\boldsymbol{H}}\wedge\varepsilon_4\right)\llcorner\boldsymbol{e}_4\varepsilon_4\right)+\dot{\boldsymbol{E}}\wedge\varepsilon_4\wedge\left(\mathrm{j}k\varepsilon_4\wedge\dot{\boldsymbol{D}}\right)\llcorner\boldsymbol{e}_4\varepsilon_4 \quad (4.7.28\mathrm{a})$$

$$\dot{\boldsymbol{\Phi}}\wedge\left(d\wedge\dot{\boldsymbol{\Psi}}\right)\llcorner\bar{\bar{I}}_S$$

$$=\left(\dot{\boldsymbol{B}}+\dot{\boldsymbol{E}}\wedge\varepsilon_4\right)\wedge\left(\left(d_S\wedge\dot{\boldsymbol{D}}\right)\llcorner\bar{\bar{I}}_S-\left(d_S\wedge\dot{\boldsymbol{H}}\wedge\varepsilon_4\right)\llcorner\bar{\bar{I}}_S+\left(\mathrm{j}k\varepsilon_4\wedge\dot{\boldsymbol{D}}\right)\llcorner\bar{\bar{I}}_S\right)$$

$$=\dot{\boldsymbol{B}}\wedge\left(\left(d_S\wedge\dot{\boldsymbol{D}}\right)\llcorner\bar{\bar{I}}_S\right)-\dot{\boldsymbol{B}}\wedge\left(\left(d_S\wedge\dot{\boldsymbol{H}}\wedge\varepsilon_4\right)\llcorner\bar{\bar{I}}_S\right)$$

$$+\dot{\boldsymbol{B}}\wedge\left(\mathrm{j}k\varepsilon_4\wedge\dot{\boldsymbol{D}}\right)\llcorner\bar{\bar{I}}_S+\dot{\boldsymbol{E}}\wedge\varepsilon_4\wedge\left(\left(d_S\wedge\dot{\boldsymbol{D}}\right)\llcorner\bar{\bar{I}}_S\right)$$

$$-\dot{\boldsymbol{E}}\wedge\varepsilon_4\wedge\left(\left(d_S\wedge\dot{\boldsymbol{H}}\wedge\varepsilon_4\right)\llcorner\bar{\bar{I}}_S\right)+\dot{\boldsymbol{E}}\wedge\varepsilon_4\wedge\left(\mathrm{j}k\varepsilon_4\wedge\dot{\boldsymbol{D}}\right)\llcorner\bar{\bar{I}}_S \quad (4.7.28\mathrm{b})$$

注意，式中，$\left(d_S \wedge \dot{\boldsymbol{D}}\right) \llcorner \boldsymbol{e}_4 \varepsilon_4$ 为零。

式（4.7.28）的右端各项分别为

$$-\dot{\boldsymbol{B}} \wedge \left(\left(d_S \wedge \dot{\boldsymbol{H}} \wedge \varepsilon_4\right) \llcorner \boldsymbol{e}_4 \varepsilon_4\right) = -\dot{\boldsymbol{B}} \wedge \left(d_S \wedge \dot{\boldsymbol{H}} \varepsilon_4\right) = 0$$

$$\dot{\boldsymbol{B}} \wedge \left(\left(\mathrm{j}k\varepsilon_4 \wedge \dot{\boldsymbol{D}}\right) \llcorner \boldsymbol{e}_4 \varepsilon_4\right) = 0$$

$$\begin{aligned}-\dot{\boldsymbol{E}} \wedge \varepsilon_4 \wedge \left(\left(d_S \wedge \dot{\boldsymbol{H}} \wedge \varepsilon_4\right) \llcorner \boldsymbol{e}_4 \varepsilon_4\right) &= \varepsilon_4 \wedge \dot{\boldsymbol{E}} \wedge \left(d_S \wedge \dot{\boldsymbol{H}}\right) \varepsilon_4 \\ &= -\varepsilon_N \dot{\boldsymbol{E}}_g \cdot \left(\nabla \times \dot{\boldsymbol{H}}_g\right) \varepsilon_4\end{aligned}$$

$$\dot{\boldsymbol{E}} \wedge \varepsilon_4 \wedge \left(\mathrm{j}k\varepsilon_4 \wedge \dot{\boldsymbol{D}}\right) \llcorner \boldsymbol{e}_4 \varepsilon_4 = -\mathrm{j}k\varepsilon_4 \wedge \dot{\boldsymbol{D}} \wedge \dot{\boldsymbol{E}} \varepsilon_4 = \mathrm{j}k\varepsilon_N \left(\dot{\boldsymbol{D}}_g \cdot \dot{\boldsymbol{E}}_g\right) \varepsilon_4$$

$$\dot{\boldsymbol{B}} \wedge \left(\left(d_S \wedge \dot{\boldsymbol{D}}\right) \llcorner \bar{\bar{I}}_S\right) = 0$$

$$\begin{aligned}-\dot{\boldsymbol{B}} \wedge \left(\left(d_S \wedge \dot{\boldsymbol{H}} \wedge \varepsilon_4\right) \llcorner \bar{\bar{I}}_S\right) &= -\varepsilon_4 \wedge \dot{\boldsymbol{B}} \wedge \left(\left(d_S \wedge \dot{\boldsymbol{H}}\right) \llcorner \bar{\bar{I}}_S\right) \\ &= \varepsilon_N \left(\dot{\boldsymbol{B}}_g \times \left(\nabla \times \dot{\boldsymbol{H}}_g\right)\right) \Big| \bar{\bar{\Gamma}}_S\end{aligned}$$

$$\dot{\boldsymbol{B}} \wedge \left(\mathrm{j}k\varepsilon_4 \wedge \dot{\boldsymbol{D}}\right) \llcorner \bar{\bar{I}}_S = \mathrm{j}k\varepsilon_4 \wedge \dot{\boldsymbol{B}} \wedge \left(\dot{\boldsymbol{D}} \llcorner \bar{\bar{I}}_S\right) = -\mathrm{j}k\varepsilon_N \left(\dot{\boldsymbol{B}}_g \times \dot{\boldsymbol{D}}_g\right) \Big| \bar{\bar{\Gamma}}_S$$

$$\dot{\boldsymbol{E}} \wedge \varepsilon_4 \wedge \left(\left(d_S \wedge \dot{\boldsymbol{D}}\right) \llcorner \bar{\bar{I}}_S\right) = -\varepsilon_4 \wedge \dot{\boldsymbol{E}} \wedge \left(\left(d_S \wedge \dot{\boldsymbol{D}}\right) \llcorner \bar{\bar{I}}_S\right) = \varepsilon_N \left(\nabla \cdot \dot{\boldsymbol{D}}_g\right) \dot{\boldsymbol{E}}_g \Big| \bar{\bar{\Gamma}}_S$$

$$-\dot{\boldsymbol{E}} \wedge \varepsilon_4 \wedge \left(\left(d_S \wedge \dot{\boldsymbol{H}} \wedge \varepsilon_4\right) \llcorner \bar{\bar{I}}_S\right) = 0$$

$$\dot{\boldsymbol{E}} \wedge \varepsilon_4 \wedge \left(\mathrm{j}k\varepsilon_4 \wedge \dot{\boldsymbol{D}}\right) \llcorner \bar{\bar{I}}_S = 0$$

将上面各项合并，有

$$\begin{aligned}\boldsymbol{F}\left(\dot{\boldsymbol{\Phi}}, \dot{\boldsymbol{\Psi}}\right) = -\varepsilon_N \Big(& \dot{\boldsymbol{E}}_g \cdot \left(\nabla \times \dot{\boldsymbol{H}}_g\right) \varepsilon_4 - \mathrm{j}k \left(\dot{\boldsymbol{D}}_g \cdot \dot{\boldsymbol{E}}_g\right) \varepsilon_4 \\ & - \left(\dot{\boldsymbol{B}}_g \times \left(\nabla \times \dot{\boldsymbol{H}}_g\right)\right) \Big| \bar{\bar{\Gamma}}_S + \mathrm{j}k \left(\dot{\boldsymbol{B}}_g \times \dot{\boldsymbol{D}}_g\right) \Big| \bar{\bar{\Gamma}}_S - \left(\nabla \cdot \dot{\boldsymbol{D}}_g\right) \dot{\boldsymbol{E}}_g \Big| \bar{\bar{\Gamma}}_S \Big)\end{aligned} \tag{4.7.29}$$

类似地，处理 $\boldsymbol{F}\left(\dot{\boldsymbol{\Psi}}, \dot{\boldsymbol{\Phi}}\right)$，只需将式（4.7.29）中的 $\dot{\boldsymbol{B}}$ 和 $\dot{\boldsymbol{D}}$，$\dot{\boldsymbol{E}}$ 和

$-\dot{\boldsymbol{H}}$ 互换即可。有

$$\boldsymbol{F}\left(\dot{\boldsymbol{\Psi}},\dot{\boldsymbol{\Phi}}\right)=-\varepsilon_N\left(\dot{\boldsymbol{H}}_g\cdot\left(\nabla\times\dot{\boldsymbol{E}}_g\right)\varepsilon_4+\mathrm{j}k\left(\dot{\boldsymbol{B}}_g\cdot\dot{\boldsymbol{H}}_g\right)\varepsilon_4\right.$$
$$\left.+\left(\dot{\boldsymbol{D}}_g\times\left(\nabla\times\dot{\boldsymbol{E}}_g\right)\right)\Big|\bar{\bar{\Gamma}}_S+\mathrm{j}k\left(\dot{\boldsymbol{D}}_g\times\dot{\boldsymbol{B}}_g\right)\Big|\bar{\bar{\Gamma}}_S+\left(\nabla\cdot\dot{\boldsymbol{B}}_g\right)\dot{\boldsymbol{H}}_g\Big|\bar{\bar{\Gamma}}_S\right) \tag{4.7.30}$$

根据式（4.7.25）、式（4.7.29）和式（4.7.30），式（4.7.23a）化为

$$\begin{aligned}
&\dot{\boldsymbol{E}}_{2g}\cdot\left(\nabla\times\dot{\boldsymbol{H}}_{1g}\right)\varepsilon_4+\dot{\boldsymbol{H}}_{2g}\cdot\left(\nabla\times\dot{\boldsymbol{E}}_{1g}\right)\varepsilon_4\\
&-\mathrm{j}k\left(\dot{\boldsymbol{D}}_{1g}\cdot\dot{\boldsymbol{E}}_{2g}\right)\varepsilon_4+\mathrm{j}k\left(\dot{\boldsymbol{B}}_{1g}\cdot\dot{\boldsymbol{H}}_{2g}\right)\varepsilon_4\\
&-\left(\dot{\boldsymbol{B}}_{2g}\times\left(\nabla\times\dot{\boldsymbol{H}}_{1g}\right)\right)\Big|\bar{\bar{\Gamma}}_S+\left(\dot{\boldsymbol{D}}_{2g}\times\left(\nabla\times\dot{\boldsymbol{E}}_{1g}\right)\right)\Big|\bar{\bar{\Gamma}}_S\\
&+\mathrm{j}k\left(\dot{\boldsymbol{B}}_{2g}\times\dot{\boldsymbol{D}}_{1g}\right)\Big|\bar{\bar{\Gamma}}_S+\mathrm{j}k\left(\dot{\boldsymbol{D}}_{2g}\times\dot{\boldsymbol{B}}_{1g}\right)\Big|\bar{\bar{\Gamma}}_S\\
&-\left(\nabla\cdot\dot{\boldsymbol{D}}_{1g}\right)\dot{\boldsymbol{E}}_{2g}\Big|\bar{\bar{\Gamma}}_S+\left(\nabla\cdot\dot{\boldsymbol{B}}_{1g}\right)\dot{\boldsymbol{H}}_{2g}\Big|\bar{\bar{\Gamma}}_S\\
=&\left(\dot{\boldsymbol{J}}_{\mathrm{e}1g}\times\dot{\boldsymbol{B}}_{2g}-\dot{\rho}_{\mathrm{e}1}\dot{\boldsymbol{E}}_{2g}\right)\Big|\bar{\bar{\Gamma}}_S+\left(\dot{\boldsymbol{J}}_{\mathrm{e}1g}\cdot\dot{\boldsymbol{E}}_{2g}\right)\varepsilon_4
\end{aligned} \tag{4.7.31}$$

需要注意，式（4.7.31）是式（4.7.23a）取了 $-\boldsymbol{e}_N\big|$ 运算后的结果。

同样的方法处理式（4.7.23b），只需将式（4.7.31）的 1 和 2 互换即可，有

$$\begin{aligned}
&\dot{\boldsymbol{E}}_{1g}\cdot\left(\nabla\times\dot{\boldsymbol{H}}_{2g}\right)\varepsilon_4+\dot{\boldsymbol{H}}_{1g}\cdot\left(\nabla\times\dot{\boldsymbol{E}}_{2g}\right)\varepsilon_4\\
&-\mathrm{j}k\left(\dot{\boldsymbol{D}}_{2g}\cdot\dot{\boldsymbol{E}}_{1g}\right)\varepsilon_4+\mathrm{j}k\left(\dot{\boldsymbol{B}}_{2g}\cdot\dot{\boldsymbol{H}}_{1g}\right)\varepsilon_4\\
&-\left(\dot{\boldsymbol{B}}_{1g}\times\left(\nabla\times\dot{\boldsymbol{H}}_{2g}\right)\right)\Big|\bar{\bar{\Gamma}}_S+\left(\dot{\boldsymbol{D}}_{1g}\times\left(\nabla\times\dot{\boldsymbol{E}}_{2g}\right)\right)\Big|\bar{\bar{\Gamma}}_S\\
&+\mathrm{j}k\left(\dot{\boldsymbol{B}}_{1g}\times\dot{\boldsymbol{D}}_{2g}\right)\Big|\bar{\bar{\Gamma}}_S+\mathrm{j}k\left(\dot{\boldsymbol{D}}_{1g}\times\dot{\boldsymbol{B}}_{2g}\right)\Big|\bar{\bar{\Gamma}}_S\\
&-\left(\nabla\cdot\dot{\boldsymbol{D}}_{2g}\right)\dot{\boldsymbol{E}}_{1g}\Big|\bar{\bar{\Gamma}}_S+\left(\nabla\cdot\dot{\boldsymbol{B}}_{2g}\right)\dot{\boldsymbol{H}}_{1g}\Big|\bar{\bar{\Gamma}}_S\\
=&\left(\dot{\boldsymbol{J}}_{\mathrm{e}2g}\times\dot{\boldsymbol{B}}_{1g}-\dot{\rho}_{\mathrm{e}2}\dot{\boldsymbol{E}}_{1g}\right)\Big|\bar{\bar{\Gamma}}_S+\left(\dot{\boldsymbol{J}}_{\mathrm{e}2g}\cdot\dot{\boldsymbol{E}}_{1g}\right)\varepsilon_4
\end{aligned} \tag{4.7.32}$$

若将式（4.7.31）和式（4.7.32）相减后作体积分，并利用恒等式（A6），有

$$\int_V \nabla\cdot\left(\dot{\boldsymbol{E}}_{1g}\times\dot{\boldsymbol{H}}_{2g}-\dot{\boldsymbol{E}}_{2g}\times\dot{\boldsymbol{H}}_{1g}\right)\varepsilon_4 \mathrm{d}V$$

$$+\int_V\left(-\dot{\boldsymbol{B}}_{2g}\times\left(\nabla\times\dot{\boldsymbol{H}}_{1g}\right)+\dot{\boldsymbol{B}}_{1g}\times\left(\nabla\times\dot{\boldsymbol{H}}_{2g}\right)-\left(\nabla\cdot\dot{\boldsymbol{B}}_{2g}\right)\dot{\boldsymbol{H}}_{1g}+\left(\nabla\cdot\dot{\boldsymbol{B}}_{1g}\right)\dot{\boldsymbol{H}}_{2g}\right.$$

$$-\dot{\boldsymbol{D}}_{2g}\times\left(\nabla\times\dot{\boldsymbol{E}}_{1g}\right)+\dot{\boldsymbol{D}}_{1g}\times\left(\nabla\times\dot{\boldsymbol{E}}_{2g}\right)-\left(\nabla\cdot\dot{\boldsymbol{D}}_{1g}\right)\dot{\boldsymbol{E}}_{2g}+\left(\nabla\cdot\dot{\boldsymbol{D}}_{2g}\right)\dot{\boldsymbol{E}}_{1g}$$

$$\left.+2\mathrm{j}k\left(\dot{\boldsymbol{B}}_{2g}\times\dot{\boldsymbol{D}}_{1g}\right)-2\mathrm{j}k\left(\dot{\boldsymbol{B}}_{1g}\times\dot{\boldsymbol{D}}_{2g}\right)\right)\Big|\bar{\bar{\Gamma}}_S\,\mathrm{d}V$$

$$=\int_V\left(\dot{\boldsymbol{J}}_{e1g}\cdot\dot{\boldsymbol{E}}_{2g}-\dot{\boldsymbol{J}}_{e2g}\cdot\dot{\boldsymbol{E}}_{1g}\right)\varepsilon_4\mathrm{d}V$$

$$+\int_V\left(\dot{\boldsymbol{J}}_{e1g}\times\dot{\boldsymbol{B}}_{2g}-\dot{\rho}_{e1}\dot{\boldsymbol{E}}_{2g}-\dot{\boldsymbol{J}}_{e2g}\times\dot{\boldsymbol{B}}_{1g}+\dot{\rho}_{e2}\dot{\boldsymbol{E}}_{1g}\right)\Big|\bar{\bar{\Gamma}}_S\,\mathrm{d}V \tag{4.7.33a}$$

若将式（4.7.31）和式（4.7.32）相加作体积分，利用恒等式（A2），有

$$\int_V\left(\dot{\boldsymbol{E}}_{2g}\cdot\left(\nabla\times\dot{\boldsymbol{H}}_{1g}\right)+\dot{\boldsymbol{H}}_{2g}\cdot\left(\nabla\times\dot{\boldsymbol{E}}_{1g}\right)+\dot{\boldsymbol{E}}_{1g}\cdot\left(\nabla\times\dot{\boldsymbol{H}}_{2g}\right)\right.$$

$$\left.+\dot{\boldsymbol{H}}_{1g}\cdot\left(\nabla\times\dot{\boldsymbol{E}}_{2g}\right)-2\mathrm{j}k\varepsilon\left(\dot{\boldsymbol{E}}_{1g}\cdot\dot{\boldsymbol{E}}_{2g}\right)+2\mathrm{j}k\mu\left(\dot{\boldsymbol{H}}_{1g}\cdot\dot{\boldsymbol{H}}_{2g}\right)\right)\varepsilon_4\mathrm{d}V$$

$$-\int_V\nabla\cdot\left(\dot{\boldsymbol{H}}_{1g}\cdot\dot{\boldsymbol{B}}_{2g}\bar{\bar{I}}-\dot{\boldsymbol{H}}_{1g}\dot{\boldsymbol{B}}_{2g}-\dot{\boldsymbol{B}}_{2g}\dot{\boldsymbol{H}}_{1g}\right.$$

$$\left.-\dot{\boldsymbol{D}}_{2g}\cdot\dot{\boldsymbol{E}}_{1g}\bar{\bar{I}}+\dot{\boldsymbol{D}}_{1g}\dot{\boldsymbol{E}}_{2g}+\dot{\boldsymbol{E}}_{2g}\dot{\boldsymbol{D}}_{1g}\,\bar{\bar{\Gamma}}_S\,\mathrm{d}V\right)\Big|$$

$$=\int_V\left(\dot{\boldsymbol{J}}_{e1g}\cdot\dot{\boldsymbol{E}}_{2g}+\dot{\boldsymbol{J}}_{e2g}\cdot\dot{\boldsymbol{E}}_{1g}\right)\varepsilon_4\mathrm{d}V$$

$$+\int_V\left(\dot{\boldsymbol{J}}_{e1g}\times\dot{\boldsymbol{B}}_{2g}+\dot{\boldsymbol{J}}_{e2g}\times\dot{\boldsymbol{B}}_{1g}-\dot{\rho}_{e1}\dot{\boldsymbol{E}}_{2g}-\dot{\rho}_{e2}\dot{\boldsymbol{E}}_{1g}\right)\Big|\bar{\bar{\Gamma}}_S\,\mathrm{d}V \tag{4.7.33b}$$

可以看到，式（4.7.33）的左端无法整体化成散度积分项，即便两组源同在一个有限体积之内或之外，该项也无法消去。因此，式(4.7.33）的右端项不可能为零，其对应的吉布斯矢量式亦不可能为零，即

$$\int_V\left[\dot{\boldsymbol{J}}_{e1g}\times\dot{\boldsymbol{B}}_{2g}-\dot{\rho}_{e1}\dot{\boldsymbol{E}}_{2g}+\left(\dot{\boldsymbol{J}}_{e1g}\cdot\dot{\boldsymbol{E}}_{2g}\right)\boldsymbol{e}_4\right]\mathrm{d}V$$

$$\neq\pm\int_V\left[\dot{\boldsymbol{J}}_{e2g}\times\dot{\boldsymbol{B}}_{1g}-\dot{\rho}_{e2}\dot{\boldsymbol{E}}_{1g}+\left(\dot{\boldsymbol{J}}_{e2g}\cdot\dot{\boldsymbol{E}}_{1g}\right)\boldsymbol{e}_4\right]\mathrm{d}V \tag{4.7.34}$$

亦即

$$\langle a,b\rangle \neq \pm\langle b,a\rangle \tag{4.7.35}$$

式(4.7.33)虽可看成 Lindell 反应对应的时空统一形式互易方程，但该互易方程的特殊形式$\langle a,b\rangle = \pm\langle b,a\rangle$却并不存在。

接下来，我们再对式（4.7.33）对应的时空分量分别分析。

从式（4.7.33a）中取出时间分量和空间分量，有

$$\begin{aligned}&\int_V \nabla\cdot\left(\dot{\boldsymbol{E}}_{1g}\times\dot{\boldsymbol{H}}_{2g}-\dot{\boldsymbol{E}}_{2g}\times\dot{\boldsymbol{H}}_{1g}\right)\mathrm{d}V\\&=\int_V\left(\dot{\boldsymbol{J}}_{e1g}\cdot\dot{\boldsymbol{E}}_{2g}-\dot{\boldsymbol{J}}_{e2g}\cdot\dot{\boldsymbol{E}}_{1g}\right)\mathrm{d}V\end{aligned} \tag{4.7.36a}$$

$$\begin{aligned}&\int_V\Big[-\dot{\boldsymbol{B}}_{2g}\times\left(\nabla\times\dot{\boldsymbol{H}}_{1g}\right)+\dot{\boldsymbol{B}}_{1g}\times\left(\nabla\times\dot{\boldsymbol{H}}_{2g}\right)+\left(\nabla\cdot\dot{\boldsymbol{B}}_{1g}\right)\dot{\boldsymbol{H}}_{2g}-\left(\nabla\cdot\dot{\boldsymbol{B}}_{2g}\right)\dot{\boldsymbol{H}}_{1g}\\&-\dot{\boldsymbol{D}}_{2g}\times\left(\nabla\times\dot{\boldsymbol{E}}_{1g}\right)+\dot{\boldsymbol{D}}_{1g}\times\left(\nabla\times\dot{\boldsymbol{E}}_{2g}\right)-\left(\nabla\cdot\dot{\boldsymbol{D}}_{1g}\right)\dot{\boldsymbol{E}}_{2g}+\left(\nabla\cdot\dot{\boldsymbol{D}}_{2g}\right)\dot{\boldsymbol{E}}_{1g}\\&+2\mathrm{j}k\left(\dot{\boldsymbol{B}}_{2g}\times\dot{\boldsymbol{D}}_{1g}\right)-2\mathrm{j}k\left(\dot{\boldsymbol{B}}_{1g}\times\dot{\boldsymbol{D}}_{2g}\right)\Big]\mathrm{d}V\\&=\int_V\left(\dot{\boldsymbol{J}}_{e1g}\times\dot{\boldsymbol{B}}_{2g}-\dot{\rho}_{e1}\dot{\boldsymbol{E}}_{2g}-\dot{\boldsymbol{J}}_{e2g}\times\dot{\boldsymbol{B}}_{1g}+\dot{\rho}_{e2}\dot{\boldsymbol{E}}_{1g}\right)\mathrm{d}V\end{aligned} \tag{4.7.36b}$$

从式（4.7.33b）中取出时间分量和空间分量，有

$$\begin{aligned}&\int_V\Big[\Big(\dot{\boldsymbol{E}}_{2g}\cdot\left(\nabla\times\dot{\boldsymbol{H}}_{1g}\right)+\dot{\boldsymbol{H}}_{2g}\cdot\left(\nabla\times\dot{\boldsymbol{E}}_{1g}\right)+\dot{\boldsymbol{E}}_{1g}\cdot\left(\nabla\times\dot{\boldsymbol{H}}_{2g}\right)\\&+\dot{\boldsymbol{H}}_{1g}\cdot\left(\nabla\times\dot{\boldsymbol{E}}_{2g}\right)-2\mathrm{j}k\varepsilon\left(\dot{\boldsymbol{E}}_{1g}\cdot\dot{\boldsymbol{E}}_{2g}\right)+2\mathrm{j}k\mu\left(\dot{\boldsymbol{H}}_{1g}\cdot\dot{\boldsymbol{H}}_{2g}\right)\Big)\Big]\mathrm{d}V\\&=\int_V\left(\dot{\boldsymbol{J}}_{e1g}\cdot\dot{\boldsymbol{E}}_{2g}+\dot{\boldsymbol{J}}_{e2g}\cdot\dot{\boldsymbol{E}}_{1g}\right)\mathrm{d}V\end{aligned} \tag{4.7.36c}$$

$$\begin{aligned}&-\int_V\nabla\cdot\left(\dot{\boldsymbol{H}}_{1g}\cdot\dot{\boldsymbol{B}}_{2g}\,\bar{\bar{I}}-\dot{\boldsymbol{H}}_{1g}\dot{\boldsymbol{B}}_{2g}-\dot{\boldsymbol{B}}_{2g}\dot{\boldsymbol{H}}_{1g}-\dot{\boldsymbol{D}}_{2g}\cdot\dot{\boldsymbol{E}}_{1g}\,\bar{\bar{I}}+\dot{\boldsymbol{D}}_{1g}\dot{\boldsymbol{E}}_{2g}+\dot{\boldsymbol{E}}_{2g}\dot{\boldsymbol{D}}_{1g}\right)\mathrm{d}V\\&=\int_V\left(\dot{\boldsymbol{J}}_{e1g}\times\dot{\boldsymbol{B}}_{2g}+\dot{\boldsymbol{J}}_{e2g}\times\dot{\boldsymbol{B}}_{1g}-\dot{\rho}_{e1}\dot{\boldsymbol{E}}_{2g}-\dot{\rho}_{e2}\dot{\boldsymbol{E}}_{1g}\right)\mathrm{d}V\end{aligned} \tag{4.7.36d}$$

可以看到，式（4.7.36a）正是洛伦兹互易定理，式（4.7.36d）正是我们在 2020 年用矢量形式的麦克斯韦方程组导出的动量互易定理（刘国强等，2020；Liu et al.，2020）。当两组源同在一个有限体积之内或之外，两式的左端散度积分项可化为零，由此得到洛伦兹互易定理和动量互易定理的特殊形式

$$\int_V \dot{\boldsymbol{J}}_{\mathrm{e}1g} \cdot \dot{\boldsymbol{E}}_{2g} \mathrm{d}V = \int_V \dot{\boldsymbol{J}}_{\mathrm{e}2g} \cdot \dot{\boldsymbol{E}}_{1g} \mathrm{d}V \tag{4.7.37a}$$

$$\begin{aligned}&\int_V \left(\dot{\boldsymbol{J}}_{\mathrm{e}1g} \times \dot{\boldsymbol{B}}_{2g} - \dot{\rho}_{\mathrm{e}1} \dot{\boldsymbol{E}}_{2g}\right) \mathrm{d}V \\ &= -\int_V \left(\dot{\boldsymbol{J}}_{\mathrm{e}2g} \times \dot{\boldsymbol{B}}_{1g} - \dot{\rho}_{\mathrm{e}2} \dot{\boldsymbol{E}}_{1g}\right) \mathrm{d}V\end{aligned} \tag{4.7.37b}$$

而式（4.7.36b）和式（4.7.36c）的左端无法化成散度积分项，即便两组源同在一个有限体积之内或之外，该项也无法消去，它们的右端项不可能为零，式（4.7.36b）和式（4.7.36c）右端为零的特殊形式也是不成立的。

综上，若对式（4.7.31）和式（4.7.32）直接作加法运算或减法运算，无法得到时空统一形式互易方程的特殊形式。若先作时空分离，再作加法运算或减法运算，就只能得到洛伦兹互易定理和动量互易定理中的一个，余下的另一个公式将“不知所云”，这正是以上推导方式的一个明显弊端，无法对时空项统一处理，换句话说，时空项无法统一在一个方程中。

4.7.2　另一种广义反应

实际上，我们在 4.6 节已经导出了时空统一形式的能-动量互易方程，就是式（4.6.3），写成对应的四维吉布斯矢量式，有

$$\begin{aligned}&\nabla \cdot \Big[\Big(-\dot{\boldsymbol{B}}_{2g} \cdot \dot{\boldsymbol{H}}_{1g} \overset{=}{G}_S + \dot{\boldsymbol{B}}_{2g} \dot{\boldsymbol{H}}_{1g} + \dot{\boldsymbol{H}}_{1g} \dot{\boldsymbol{B}}_{2g} + \dot{\boldsymbol{D}}_{2g} \cdot \dot{\boldsymbol{E}}_{1g} \overset{=}{G}_S - \dot{\boldsymbol{D}}_{2g} \dot{\boldsymbol{E}}_{1g} - \dot{\boldsymbol{E}}_{1g} \dot{\boldsymbol{D}}_{2g}\Big) \\ &+ \left(\dot{\boldsymbol{E}}_{2g} \times \dot{\boldsymbol{H}}_{1g} - \dot{\boldsymbol{E}}_{1g} \times \dot{\boldsymbol{H}}_{2g}\right) \boldsymbol{e}_4\Big] \\ &= \dot{\boldsymbol{J}}_{\mathrm{e}1g} \times \dot{\boldsymbol{B}}_{2g} + \dot{\boldsymbol{J}}_{\mathrm{e}2g} \times \dot{\boldsymbol{B}}_{1g} - \dot{\rho}_{\mathrm{e}1} \dot{\boldsymbol{E}}_{2g} - \dot{\rho}_{\mathrm{e}2} \dot{\boldsymbol{E}}_{1g} + \left(\dot{\boldsymbol{J}}_{\mathrm{e}2g} \cdot \dot{\boldsymbol{E}}_{1g} - \dot{\boldsymbol{J}}_{\mathrm{e}1g} \cdot \dot{\boldsymbol{E}}_{2g}\right) \boldsymbol{e}_4\end{aligned} \tag{4.7.38}$$

对式（4.7.38）作体积分，有

$$\int_V \nabla \cdot \Big[\Big(-\dot{\boldsymbol{B}}_{2g} \cdot \dot{\boldsymbol{H}}_{1g} \overset{=}{G}_S + \dot{\boldsymbol{B}}_{2g} \dot{\boldsymbol{H}}_{1g} + \dot{\boldsymbol{H}}_{1g} \dot{\boldsymbol{B}}_{2g} + \dot{\boldsymbol{D}}_{2g} \cdot \dot{\boldsymbol{E}}_{1g} \overset{=}{G}_S - \dot{\boldsymbol{D}}_{2g} \dot{\boldsymbol{E}}_{1g} - \dot{\boldsymbol{E}}_{1g} \dot{\boldsymbol{D}}_{2g}\Big)$$

$$+\left(\dot{\boldsymbol{E}}_{2g}\times\dot{\boldsymbol{H}}_{1g}-\dot{\boldsymbol{E}}_{1g}\times\dot{\boldsymbol{H}}_{2g}\right)\boldsymbol{e}_4\Big]\mathrm{d}V$$

$$=\int_V\Big[\dot{\boldsymbol{J}}_{\mathrm{e}1g}\times\dot{\boldsymbol{B}}_{2g}+\dot{\boldsymbol{J}}_{\mathrm{e}2g}\times\dot{\boldsymbol{B}}_{1g}-\dot{\rho}_{\mathrm{e}1}\dot{\boldsymbol{E}}_{2g}-\dot{\rho}_{\mathrm{e}2}\dot{\boldsymbol{E}}_{1g}$$
$$+\left(\dot{\boldsymbol{J}}_{\mathrm{e}2g}\cdot\dot{\boldsymbol{E}}_{1g}-\dot{\boldsymbol{J}}_{\mathrm{e}1g}\cdot\dot{\boldsymbol{E}}_{2g}\right)\boldsymbol{e}_4\mathrm{d}V\Big] \tag{4.7.39}$$

利用高斯定理，式（4.7.39）左端项可化为面积分项，当两组源处于同一有限体积之内或之外，该项可以消去，于是可以得到时空统一形式的能-动量互易方程的特殊形式

$$\int_V\Big[\dot{\boldsymbol{J}}_{\mathrm{e}1g}\times\dot{\boldsymbol{B}}_{2g}+\dot{\boldsymbol{J}}_{\mathrm{e}2g}\times\dot{\boldsymbol{B}}_{1g}-\dot{\rho}_{\mathrm{e}1}\dot{\boldsymbol{E}}_{2g}-\dot{\rho}_{\mathrm{e}2}\dot{\boldsymbol{E}}_{1g}$$
$$-\left(\dot{\boldsymbol{J}}_{\mathrm{e}1g}\cdot\dot{\boldsymbol{E}}_{2g}\right)\boldsymbol{e}_4+\left(\dot{\boldsymbol{J}}_{\mathrm{e}2g}\cdot\dot{\boldsymbol{E}}_{1g}\right)\boldsymbol{e}_4\Big]\mathrm{d}V=0 \tag{4.7.40}$$

为便于与 Lindell 反应比较，将式（4.7.40）中的下角标 1 和 2 换为上角标 a 和 b，于是有

$$\int_V\Big[\dot{\boldsymbol{J}}_{\mathrm{e}g}^a\times\dot{\boldsymbol{B}}_g^b+\dot{\boldsymbol{J}}_{\mathrm{e}g}^b\times\dot{\boldsymbol{B}}_g^a-\dot{\rho}_{\mathrm{e}}^a\dot{\boldsymbol{E}}_g^b-\dot{\rho}_{\mathrm{e}}^b\dot{\boldsymbol{E}}_g^a$$
$$-\left(\dot{\boldsymbol{J}}_{\mathrm{e}g}^a\cdot\dot{\boldsymbol{E}}_g^b\right)\boldsymbol{e}_4+\left(\dot{\boldsymbol{J}}_{\mathrm{e}g}^b\cdot\dot{\boldsymbol{E}}_g^a\right)\boldsymbol{e}_4\Big]\mathrm{d}V=0 \tag{4.7.41}$$

我们按如下方式定义广义反应密度，即

$$\begin{cases}\dot{\boldsymbol{R}}_{\dot{\boldsymbol{J}}_{\mathrm{e}}\dot{\boldsymbol{B}}}^{\dot{\rho}_{\mathrm{e}}\dot{\boldsymbol{E}}}=\left(\dot{\boldsymbol{J}}_{\mathrm{e}g}^b\times\dot{\boldsymbol{B}}_g^a-\dot{\rho}_{\mathrm{e}}^b\dot{\boldsymbol{E}}_g^a\right)\Big|\bar{\bar{\Gamma}}_S+\left(\dot{\boldsymbol{J}}_{\mathrm{e}g}^b\cdot\dot{\boldsymbol{E}}_g^a\right)\varepsilon_4\\ \dot{\boldsymbol{R}}_{\dot{\boldsymbol{B}}\dot{\boldsymbol{J}}_{\mathrm{e}}}^{-\dot{\boldsymbol{E}}\dot{\rho}_{\mathrm{e}}}=\left(\dot{\boldsymbol{B}}_g^b\times\dot{\boldsymbol{J}}_{\mathrm{e}g}^a+\dot{\boldsymbol{E}}_g^b\dot{\rho}_{\mathrm{e}}^a\right)\Big|\bar{\bar{\Gamma}}_S+\left(\dot{\boldsymbol{E}}_g^b\cdot\dot{\boldsymbol{J}}_{\mathrm{e}g}^a\right)\varepsilon_4\end{cases} \tag{4.7.42}$$

对应的四维吉布斯矢量为

$$\begin{cases}\dot{\boldsymbol{R}}_{g\dot{\boldsymbol{J}}_{\mathrm{e}}\dot{\boldsymbol{B}}}^{\ \dot{\rho}_{\mathrm{e}}\dot{\boldsymbol{E}}}=\dot{\boldsymbol{J}}_{\mathrm{e}g}^b\times\dot{\boldsymbol{B}}_g^a-\dot{\rho}_{\mathrm{e}}^b\dot{\boldsymbol{E}}_g^a+\left(\dot{\boldsymbol{J}}_{\mathrm{e}g}^b\cdot\dot{\boldsymbol{E}}_g^a\right)\boldsymbol{e}_4\\ \dot{\boldsymbol{R}}_{g\dot{\boldsymbol{B}}\dot{\boldsymbol{J}}_{\mathrm{e}}}^{\ -\dot{\boldsymbol{E}}\dot{\rho}_{\mathrm{e}}}=\dot{\boldsymbol{B}}_g^b\times\dot{\boldsymbol{J}}_{\mathrm{e}g}^a+\dot{\boldsymbol{E}}_g^b\dot{\rho}_{\mathrm{e}}^a+\left(\dot{\boldsymbol{E}}_g^b\cdot\dot{\boldsymbol{J}}_{\mathrm{e}g}^a\right)\boldsymbol{e}_4\end{cases}$$

亦即

$$\begin{cases}\dot{\boldsymbol{R}}_{g\dot{\boldsymbol{J}}_{\mathrm{e}}\dot{\boldsymbol{B}}}^{\ \dot{\rho}_{\mathrm{e}}\dot{\boldsymbol{E}}}=\dot{\boldsymbol{J}}_{\mathrm{e}g}^b\times\dot{\boldsymbol{B}}_g^a-\dot{\rho}_{\mathrm{e}}^b\dot{\boldsymbol{E}}_g^a+\left(\dot{\boldsymbol{J}}_{\mathrm{e}g}^b\cdot\dot{\boldsymbol{E}}_g^a\right)\boldsymbol{e}_4\\ \dot{\boldsymbol{R}}_{g\dot{\boldsymbol{B}}\dot{\boldsymbol{J}}_{\mathrm{e}}}^{\ -\dot{\boldsymbol{E}}\dot{\rho}_{\mathrm{e}}}=-\dot{\boldsymbol{J}}_{\mathrm{e}g}^a\times\dot{\boldsymbol{B}}_g^b+\dot{\rho}_{\mathrm{e}}^a\dot{\boldsymbol{E}}_g^b+\left(\dot{\boldsymbol{J}}_{\mathrm{e}g}^a\cdot\dot{\boldsymbol{E}}_g^b\right)\boldsymbol{e}_4\end{cases} \tag{4.7.43}$$

两个反应相互变换的原则是：负矢量场源互换。即所有矢量先加

上负号，然后再作场源互换。具体地，将 ρ_{e} 与 $-\boldsymbol{E}$ 互换，$\boldsymbol{J}_{\mathrm{e}}$ 和 $\boldsymbol{B}$ 互换，$\boldsymbol{J}_{\mathrm{e}}$ 与 $\boldsymbol{E}$ 互换，就可以由 $\dot{\boldsymbol{R}}_{g\dot{\boldsymbol{J}}_{\mathrm{e}}\dot{\boldsymbol{B}}}^{\dot{\rho}_{\mathrm{e}}\dot{\boldsymbol{E}}}$ 得到 $\dot{\boldsymbol{R}}_{g\dot{\boldsymbol{B}}\dot{\boldsymbol{J}}_{\mathrm{e}}}^{-\dot{\boldsymbol{E}}\dot{\rho}_{\mathrm{e}}}$。这个结论并非显而易见，待读者读过第 5 章，了解了四元数电磁反应后，即可明晓为何如此。

式（4.7.43）作体积分有

$$\begin{cases}\int_V \dot{\boldsymbol{R}}_{g\dot{\boldsymbol{J}}_{\mathrm{e}}\dot{\boldsymbol{B}}}^{\dot{\rho}_{\mathrm{e}}\dot{\boldsymbol{E}}}\mathrm{d}V=\int_V\left[\dot{\boldsymbol{J}}_{\mathrm{eg}}^{b}\times\dot{\boldsymbol{B}}_{g}^{a}-\dot{\rho}_{\mathrm{e}}^{b}\dot{\boldsymbol{E}}_{g}^{a}+\left(\dot{\boldsymbol{J}}_{\mathrm{eg}}^{b}\cdot\dot{\boldsymbol{E}}_{g}^{a}\right)\boldsymbol{e}_4\right]\mathrm{d}V\\ \int_V \dot{\boldsymbol{R}}_{g\dot{\boldsymbol{B}}\dot{\boldsymbol{J}}_{\mathrm{e}}}^{-\dot{\boldsymbol{E}}\dot{\rho}_{\mathrm{e}}}\mathrm{d}V=\int_V\left[-\dot{\boldsymbol{J}}_{\mathrm{eg}}^{a}\times\dot{\boldsymbol{B}}_{g}^{b}+\dot{\rho}_{\mathrm{e}}^{a}\dot{\boldsymbol{E}}_{g}^{b}+\left(\dot{\boldsymbol{J}}_{\mathrm{eg}}^{a}\cdot\dot{\boldsymbol{E}}_{g}^{b}\right)\boldsymbol{e}_4\right]\mathrm{d}V\end{cases}\tag{4.7.44}$$

于是有

$$\int_V \dot{\boldsymbol{R}}_{g\dot{\boldsymbol{J}}_{\mathrm{e}}\dot{\boldsymbol{B}}}^{\dot{\rho}_{\mathrm{e}}\dot{\boldsymbol{E}}}\mathrm{d}V=\int_V \dot{\boldsymbol{R}}_{g\dot{\boldsymbol{B}}\dot{\boldsymbol{J}}_{\mathrm{e}}}^{-\dot{\boldsymbol{E}}\dot{\rho}_{\mathrm{e}}}\mathrm{d}V$$

$$\begin{aligned}&\int_V\left[\dot{\boldsymbol{J}}_{\mathrm{eg}}^{b}\times\dot{\boldsymbol{B}}_{g}^{a}-\dot{\rho}_{\mathrm{e}}^{b}\dot{\boldsymbol{E}}_{g}^{a}+\left(\dot{\boldsymbol{J}}_{\mathrm{eg}}^{b}\cdot\dot{\boldsymbol{E}}_{g}^{a}\right)\boldsymbol{e}_4\right]\mathrm{d}V\\ &=\int_V\left[-\dot{\boldsymbol{J}}_{\mathrm{eg}}^{a}\times\dot{\boldsymbol{B}}_{g}^{b}+\dot{\rho}_{\mathrm{e}}^{a}\dot{\boldsymbol{E}}_{g}^{b}+\left(\dot{\boldsymbol{J}}_{\mathrm{eg}}^{a}\cdot\dot{\boldsymbol{E}}_{g}^{b}\right)\boldsymbol{e}_4\right]\mathrm{d}V\end{aligned}\tag{4.7.45}$$

从式（4.7.43）～式（4.7.45）可看到，我们定义的广义反应不同于 Lindell 反应，新的广义反应对应的能-动量互易方程存在特殊形式。

取出式（4.7.45）的时间分量和空间分量，有

$$\int_V \dot{\boldsymbol{J}}_{\mathrm{eg}}^{b}\cdot\dot{\boldsymbol{E}}_{g}^{a}\mathrm{d}V=\int_V \dot{\boldsymbol{J}}_{\mathrm{eg}}^{a}\cdot\dot{\boldsymbol{E}}_{g}^{b}\mathrm{d}V\tag{4.7.46a}$$

$$\begin{aligned}&\int_V\left(\dot{\boldsymbol{J}}_{\mathrm{eg}}^{b}\times\dot{\boldsymbol{B}}_{g}^{a}-\dot{\rho}_{\mathrm{e}}^{b}\dot{\boldsymbol{E}}_{g}^{a}\right)\mathrm{d}V\\ &=-\int_V\left(\dot{\boldsymbol{J}}_{\mathrm{eg}}^{a}\times\dot{\boldsymbol{B}}_{g}^{b}+\dot{\rho}_{\mathrm{e}}^{a}\dot{\boldsymbol{E}}_{g}^{b}\right)\mathrm{d}V\end{aligned}\tag{4.7.46b}$$

式（4.7.46a）为洛伦兹互易定理的特殊形式，式（4.7.46b）正是本书作者在 2020 年导出的动量互易方程的特殊形式。

分析形如 $\langle a,b\rangle=\langle b,a\rangle$ 的洛伦兹互易定理可知，由一个经典的 Rumsey 反应项 $\int_V \boldsymbol{J}_{\mathrm{eg}}^{a}\cdot\boldsymbol{E}_{g}^{b}\mathrm{d}V$ 变换为另外一个 Rumsey 反应项 $\int_V \boldsymbol{J}_{\mathrm{eg}}^{b}\cdot\boldsymbol{E}_{g}^{a}\mathrm{d}V$，既可以将其中的 a 和 b 互换，即 $\boldsymbol{J}_{\mathrm{eg}}^{a}$ 和 $\boldsymbol{E}_{g}^{b}$ 变换成 $\boldsymbol{J}_{\mathrm{eg}}^{b}$ 和 $\boldsymbol{E}_{g}^{a}$，也可以将 $\boldsymbol{J}_{\mathrm{eg}}$ 和 $\boldsymbol{E}_{g}$ 互换，即 $\boldsymbol{J}_{\mathrm{eg}}^{a}$ 和 $\boldsymbol{E}_{g}^{b}$ 变换成 $\boldsymbol{E}_{g}^{a}$ 和 $\boldsymbol{J}_{\mathrm{eg}}^{b}$。前者称为场场互

换和源源互换，后者称为场源互换。由于洛伦兹互易定理的运算式是矢量点乘，满足交换律，因此对洛伦兹互易定理方程，这两种符号变换没有本质的差别。

我们也可以分别讨论洛伦兹互易定理和动量互易定理，它们分别对应标量反应和矢量反应

$$\begin{cases} \dot{R}_g^{ba} = \dot{\boldsymbol{J}}_{\text{eg}}^b \cdot \dot{\boldsymbol{E}}_g^a \\ \dot{R}_g^{ab} = \dot{\boldsymbol{J}}_{\text{eg}}^a \cdot \dot{\boldsymbol{E}}_g^b \end{cases} \tag{4.7.47}$$

$$\begin{cases} \dot{\boldsymbol{R}}_{sg}^{ba} = \dot{\boldsymbol{J}}_{\text{eg}}^b \times \dot{\boldsymbol{B}}_g^a - \dot{\rho}_{\text{e}}^b \dot{\boldsymbol{E}}_g^a \\ \dot{\boldsymbol{R}}_{sg}^{ab} = \dot{\boldsymbol{J}}_{\text{eg}}^a \times \dot{\boldsymbol{B}}_g^b - \dot{\rho}_{\text{e}}^a \dot{\boldsymbol{E}}_g^b \end{cases} \tag{4.7.48}$$

洛伦兹互易方程为

$$\langle a,b \rangle = \langle b,a \rangle$$

$$\int_V \dot{R}_g^{ba} \mathrm{d}V = \int_V \dot{R}_g^{ab} \mathrm{d}V \tag{4.7.49a}$$

$$\int_V \dot{\boldsymbol{J}}_{\text{eg}}^b \cdot \dot{\boldsymbol{E}}_g^a \mathrm{d}V = \int_V \dot{\boldsymbol{J}}_{\text{eg}}^a \cdot \dot{\boldsymbol{E}}_g^b \mathrm{d}V \tag{4.7.49b}$$

动量互易方程为

$$\langle a,b \rangle = -\langle b,a \rangle$$

$$\int_V \dot{\boldsymbol{R}}_{Sg}^{ba} \mathrm{d}V = -\int_V \dot{\boldsymbol{R}}_{Sg}^{ab} \mathrm{d}V \tag{4.7.50a}$$

$$\int_V \left(\dot{\boldsymbol{J}}_{\text{eg}}^a \times \dot{\boldsymbol{B}}_g^b - \dot{\rho}_{\text{e}}^a \dot{\boldsymbol{E}}_g^b \right) \mathrm{d}V = -\int_V \left(\dot{\boldsymbol{J}}_{\text{eg}}^b \times \dot{\boldsymbol{B}}_g^a - \dot{\rho}_{\text{e}}^b \dot{\boldsymbol{E}}_g^a \right) \mathrm{d}V \tag{4.7.50b}$$

标量反应的物理意义早已由 Rumsey 讨论过。我们重点讨论矢量反应，将它分为电场力和磁场力两部分，即一个电场作用在另一个电荷源上的电场力，以及一个磁场作用在另一个电流源的磁场力。式（4.7.50b）表示电场 b 作用在电荷 a 上的电场力与电场 a 作用在电荷 b 上的电场力大小相等，方向相反，磁场 b 作用在电流 a 上的磁场力与磁场 a 作用在电流 b 上的磁场力大小相等，方向相反。

回顾一下洛伦兹互易定理和我们导出的动量互易定理方程，不难看到，互易积分方程中的体积分项通常被写成两部分，一部分表示场源的“反应”关系，另一部分是某种“流密度”物理量（如能流密度、

动量流密度等）的散度形式。运用高斯散度定理，散度的体积分项可化成面积分项。当两种源处于同一有限体积之内或之外，这个面积分项就可以消去，使得公式非常简洁，便于应用。这个简洁易用原则应该作为互易方程的前提，它也是所定义反应项的前提。

需要说明的是，本章采用了与 Lindell 等同样的 2-形式场与 3-形式源表达式（4.2.4）～式（4.2.7）（Lindell et al.，2020），以便于比较广义反应密度。参考第 3 章和第 5 章可知，为保证物理量的量纲一致性，此四式中 $\boldsymbol{E}$、$\boldsymbol{D}$、$\boldsymbol{\rho}_\mathrm{e}$ 和 $\boldsymbol{J}_\mathrm{m}$ 应写为 $\dfrac{\boldsymbol{E}}{c}$、$c\boldsymbol{D}$、$c\boldsymbol{\rho}_\mathrm{e}$ 和 $\dfrac{\boldsymbol{J}_\mathrm{m}}{c}$，其中 c 为真空中的光速。按此定义，式（4.2.15）中 ∂_τ 将化为 ∂_t，即得到我们所熟悉的麦克斯韦方程组式（4.2.2）。进一步，能-动量密度并矢 $\bar{\bar{T}}$、应力密度-能流密度并矢 $\bar{\bar{S}}$、动量密度-能量密度 1-形式、能量-能流密度 3-形式、力-能并矢 $\bar{\bar{f}}$ 及广义密度反应等时空量中的 S、$\bar{\bar{g}}_f$、g_f、$\boldsymbol{P}_\mathrm{e}$ 和 $\dot{\boldsymbol{J}}_{\mathrm{eg}}\cdot\dot{\boldsymbol{E}}_g$ 替换为 $\dfrac{S}{c}$、$c\bar{\bar{g}}_f$、cg_f、$\dfrac{\boldsymbol{P}_\mathrm{e}}{c}$ 和 $\dfrac{1}{c}\dot{\boldsymbol{J}}_{\mathrm{eg}}\cdot\dot{\boldsymbol{E}}_g$，即可得到量纲一致的时空量。

习　题

4.1　试利用微分形式的电磁场方程，直接导出微分形式电磁场能-动量互易方程。

4.2　试利用微分形式的电磁场方程，导出 Feld-Tai 互易方程和另一个动量互易方程式（1.1.5）。

4.3　试利用微分形式的电磁场能-动量互易方程，导出惠更斯原理。

第 5 章　四元数形式电磁场互易定理

本章首先介绍四元数的基础知识和四元数电磁场方程，这部分内容重点参考了许方官的著作（许方官，2012）。本章推导了时域和频域四电磁场能-动量守恒方程，以频率能-动量守恒方程为基础推导了一组滞后波和一组超前波的四电磁场相互作用方程，利用共轭变换，推导了两组滞后波的相互作用方程。这两组频域方程分别命名为互能-动量方程和能-动量互易方程，即电磁场互易定理的一般形式。从两个方程中取出实标部、虚标部、实矢部和虚矢部各分量，分别对应了 Feld-Tai 互易定理及互能定理、洛伦兹互易定理及互能定理、两个动量互易定理及互动量定理。同时，本章还探讨了 Rumsey 反应及其扩展，给出了四元数电磁反应，即电磁反应的一般形式。

5.1　四元数预备知识

可能熟悉四元数的学者不多，本节先介绍四元数的预备知识。

哈密顿于 1843 年发现并创造了四元数，于 1866 年出版了《四元数概论》。

四元数定义 A 和 B 分别为

$$A = a + \boldsymbol{a} = a + a_1\mathrm{i} + a_2\mathrm{j} + a_3\mathrm{k}$$

$$B = b + \boldsymbol{b} = b + b_1\mathrm{i} + b_2\mathrm{j} + b_3\mathrm{k}$$

式中，a 和 $\boldsymbol{a}$ 分别称为四元数 A 的标部和矢部，b 和 $\boldsymbol{b}$ 分别称为四元数 B 的标部和矢部，i，j，k 为虚数单位。

两个四元数 A 和 B 相乘定义为

$$
\begin{aligned}
AB &= (a+\boldsymbol{a})(b+\boldsymbol{b}) \\
&= (a+a_1\mathrm{i}+a_2\mathrm{j}+a_3\mathrm{k})(b+b_1\mathrm{i}+b_2\mathrm{j}+b_3\mathrm{k}) \\
&= ab-\boldsymbol{a}\cdot\boldsymbol{b}+a\boldsymbol{b}+b\boldsymbol{a}+\boldsymbol{a}\times\boldsymbol{b} \\
BA &= (b+\boldsymbol{b})(a+\boldsymbol{a}) \\
&= (b+b_1\mathrm{i}+b_2\mathrm{j}+b_3\mathrm{k})(a+a_1\mathrm{i}+a_2\mathrm{j}+a_3\mathrm{k}) \\
&= ab-\boldsymbol{a}\cdot\boldsymbol{b}+a\boldsymbol{b}+b\boldsymbol{a}+\boldsymbol{b}\times\boldsymbol{a}
\end{aligned}
$$

式中，任意两个虚数单位相乘，满足

$$\mathrm{ii}=\mathrm{jj}=\mathrm{kk}=-1$$

$$\mathrm{ij}=-\mathrm{ji}=\mathrm{k},\quad \mathrm{jk}=-\mathrm{kj}=\mathrm{i},\quad \mathrm{ki}=-\mathrm{ik}=\mathrm{j}$$

若 b 为零，则 AB 和 BA 简化为

$$AB=(a+\boldsymbol{a})\boldsymbol{b}=-\boldsymbol{a}\cdot\boldsymbol{b}+a\boldsymbol{b}+\boldsymbol{a}\times\boldsymbol{b}$$

$$BA=\boldsymbol{b}(a+\boldsymbol{a})=-\boldsymbol{a}\cdot\boldsymbol{b}+a\boldsymbol{b}+\boldsymbol{b}\times\boldsymbol{a}$$

四元数 A 的四元共轭、反共轭和厄米共轭分别为

$$\tilde{A}=a-\boldsymbol{a}$$

$$A^c=a^*+\boldsymbol{a}^*$$

$$A^+=a^*-\boldsymbol{a}^*$$

可见四元数运算并不难，两个四元数相乘涉及标量相乘、标量与矢量相乘、矢量点积和矢量叉积。

5.2 四元数电磁场

四电磁源的体密度 J 为

$$J=J_S+\boldsymbol{J} \tag{5.2.1}$$

它的标部和矢部分别为

$$J_S=\mathrm{i}c\rho=\mathrm{i}c\left(\rho_\mathrm{e}+\frac{\mathrm{i}}{c\mu_0}\rho_\mathrm{m}\right)=\mathrm{i}c\rho_\mathrm{e}-\frac{\rho_\mathrm{m}}{\mu_0} \tag{5.2.2}$$

$$\boldsymbol{J} = \boldsymbol{J}_{\mathrm{e}} + \frac{\mathrm{i}}{c\mu_0}\boldsymbol{J}_{\mathrm{m}} \tag{5.2.3}$$

式中，ρ_{e}、ρ_{m}、$\boldsymbol{J}_{\mathrm{e}}$和$\boldsymbol{J}_{\mathrm{m}}$分别是三维矢量语言中的电荷密度、磁荷密度、电流密度和磁流密度，ρ和$\boldsymbol{J}$分别称为电磁荷和电磁流。

真空中四电磁场为

$$G = b + \boldsymbol{b} \tag{5.2.4}$$

$$b = h - \frac{\mathrm{i}}{c\mu_0}e \tag{5.2.5}$$

$$\boldsymbol{b} = \boldsymbol{H} - \frac{\mathrm{i}}{c\mu_0}\boldsymbol{E} \tag{5.2.6}$$

式中，$c = \dfrac{1}{\sqrt{\mu_0\varepsilon_0}}$为真空中的光速，$\mu_0$和$\varepsilon_0$分别为真空中的磁导率和介电常量。

理论上，由于电磁场方程应具有普遍性，允许四电磁场包含标部。但考虑到现有的电磁场理论，取标部b为零，则G简化为只有矢部，即

$$G = \boldsymbol{b} = \boldsymbol{H} - \frac{\mathrm{i}}{c\mu_0}\boldsymbol{E} = \boldsymbol{H} - \mathrm{i}c\varepsilon_0\boldsymbol{E} = \boldsymbol{H} - \mathrm{i}c\boldsymbol{D} \tag{5.2.7a}$$

定义另一四电磁场

$$F = \mu_0\boldsymbol{H} - \frac{\mathrm{i}}{c}\boldsymbol{E} = \boldsymbol{B} - \frac{\mathrm{i}}{c}\boldsymbol{E} = \mu_0 G \tag{5.2.7b}$$

四梯度算子为

$$\partial = d_t + \nabla \tag{5.2.8}$$

对于时变电磁场和时谐电磁场，分别有

$$d_t = -\frac{\mathrm{i}}{c}\frac{\partial}{\partial t} = -\frac{\mathrm{i}}{c}\partial_t$$

$$d_t = -\frac{\mathrm{i}}{c}\mathrm{j}\omega = -\mathrm{i}\mathrm{j}k$$

注意，这里j也是虚数单位，即有$\dfrac{\partial}{\partial t} = \mathrm{j}\omega$，波数$k = \dfrac{\omega}{c}$，这里虚数单

位 i 和 j 并在一起，并非乘积运算。

时域电磁场方程为

$$\partial G = J \tag{5.2.9}$$

将式（5.2.1）和式（5.2.7）代入式（5.2.9），于是

$$\left(-\frac{\mathrm{i}}{c}\partial_t \boldsymbol{H} - \varepsilon_0 \partial_t \boldsymbol{E} - \nabla\cdot\boldsymbol{H} + \frac{\mathrm{i}}{c\mu_0}\nabla\cdot\boldsymbol{E} + \nabla\times\boldsymbol{H} - \frac{\mathrm{i}}{c\mu_0}\nabla\times\boldsymbol{E}\right)$$
$$= \mathrm{i}c\rho_\mathrm{e} - \frac{\rho_\mathrm{m}}{\mu_0} + \boldsymbol{J}_\mathrm{e} + \frac{\mathrm{i}}{c\mu_0}\boldsymbol{J}_\mathrm{m} \tag{5.2.10}$$

取出式（5.2.10）中的实标部、虚标部、实矢部、虚矢部，即可得到真空中麦克斯韦方程组

$$\nabla\cdot\boldsymbol{H} = \frac{\rho_\mathrm{m}}{\mu_0}$$
$$\nabla\cdot\boldsymbol{E} = \frac{\rho_\mathrm{e}}{\varepsilon_0}$$
$$-\varepsilon_0\partial_t\boldsymbol{E} + \nabla\times\boldsymbol{H} = \boldsymbol{J}_\mathrm{e}$$
$$-\mu_0\partial_t\boldsymbol{H} - \nabla\times\boldsymbol{E} = \boldsymbol{J}_\mathrm{m}$$

此即意味着，式（5.2.9）一个公式可以概括麦克斯韦方程组的四个公式，换句话说，麦克斯韦方程被压缩为一个超级简洁的公式。

式（5.2.9）对应的时谐电磁场方程为

$$\partial \dot{G} = \dot{J} \tag{5.2.11}$$

式中，$\dot{G}$ 和 $\dot{J}$ 为四电磁相量。

将式（5.2.11）展开，有

$$\left(-\frac{\mathrm{i}}{c}\mathrm{j}\omega\dot{\boldsymbol{H}} - \mathrm{j}\omega\varepsilon_0\dot{\boldsymbol{E}} - \nabla\cdot\dot{\boldsymbol{H}} + \frac{\mathrm{i}}{c\mu_0}\nabla\cdot\dot{\boldsymbol{E}} + \nabla\times\dot{\boldsymbol{H}} - \frac{\mathrm{i}}{c\mu_0}\nabla\times\dot{\boldsymbol{E}}\right)$$
$$= \mathrm{i}c\dot{\rho}_\mathrm{e} - \frac{\dot{\rho}_\mathrm{m}}{\mu_0} + \dot{\boldsymbol{J}}_\mathrm{e} + \frac{\mathrm{i}}{c\mu_0}\dot{\boldsymbol{J}}_\mathrm{m} \tag{5.2.12}$$

取出式（5.2.12）中的实标部、虚标部、实矢部、虚矢部，即可得到真空中时谐场麦克斯韦方程组

$$\nabla\cdot\dot{\boldsymbol{H}}=\frac{\dot{\rho}_{\mathrm{m}}}{\mu_0}$$

$$\nabla\cdot\dot{\boldsymbol{E}}=\frac{\dot{\rho}_{\mathrm{e}}}{\varepsilon_0}$$

$$-\mathrm{j}\omega\varepsilon_0\dot{\boldsymbol{E}}+\nabla\times\dot{\boldsymbol{H}}=\dot{\boldsymbol{J}}_{\mathrm{e}}$$

$$-\mathrm{j}\omega\mu_0\dot{\boldsymbol{H}}-\nabla\times\dot{\boldsymbol{E}}=\dot{\boldsymbol{J}}_{\mathrm{m}}$$

时域电磁场方程的共轭方程为

$$\partial G^c=J^c \tag{5.2.13}$$

式中，G^c 和 J^c 分别表示四元数 G 和 J 的反共轭，分别为

$$G^c=\boldsymbol{H}+\frac{\mathrm{i}}{c\mu_0}\boldsymbol{E}$$

$$J^c=-\mathrm{i}c\rho_{\mathrm{e}}-\frac{\rho_{\mathrm{m}}}{\mu_0}+\boldsymbol{J}_{\mathrm{e}}-\frac{\mathrm{i}}{c\mu_0}\boldsymbol{J}_{\mathrm{m}}$$

将它们代入式（5.2.13），于是

$$\begin{aligned}&\left(-\frac{\mathrm{i}}{c}\partial_t\boldsymbol{H}+\varepsilon_0\partial_t\boldsymbol{E}-\nabla\cdot\boldsymbol{H}-\frac{\mathrm{i}}{c\mu_0}\nabla\cdot\boldsymbol{E}+\nabla\times\boldsymbol{H}+\frac{\mathrm{i}}{c\mu_0}\nabla\times\boldsymbol{E}\right)\\&=-\mathrm{i}c\rho_{\mathrm{e}}-\frac{\rho_{\mathrm{m}}}{\mu_0}+\boldsymbol{J}_{\mathrm{e}}-\frac{\mathrm{i}}{c\mu_0}\boldsymbol{J}_{\mathrm{m}}\end{aligned} \tag{5.2.14}$$

取出式（5.2.14）中的实标部、虚标部、实矢部、虚矢部，即可得到真空中麦克斯韦方程组的共轭方程，即超前波满足的麦克斯韦方程组为

$$\nabla\cdot(-\boldsymbol{H})=\frac{1}{\mu_0}(-\rho_{\mathrm{m}})$$

$$\nabla\cdot\boldsymbol{E}=\frac{\rho_{\mathrm{e}}}{\varepsilon_0}$$

$$-\varepsilon_0\partial_t\boldsymbol{E}+\nabla\times(-\boldsymbol{H})=(-\boldsymbol{J}_{\mathrm{e}})$$

$$-\mu_0\partial_t(-\boldsymbol{H})-\nabla\times\boldsymbol{E}=\boldsymbol{J}_{\mathrm{m}}$$

时域四元电磁场方程的共轭方程，用三维矢量语言说，就是超前波满足的时域麦克斯韦方程组，相当于对各电磁量作了时间反转变换。

时谐电磁场方程的共轭方程为

$$\partial \dot{G}^c = \dot{J}^c \tag{5.2.15}$$

式中，$\dot{G}^c$ 和 $\dot{J}^c$ 分别表示四元数 $\dot{G}$ 和 $\dot{J}$ 的反共轭，分别为

$$\dot{G}^c = \dot{\boldsymbol{H}}^* + \frac{\mathrm{i}}{c\mu_0}\dot{\boldsymbol{E}}^*$$

$$\dot{J}^c = -\mathrm{i}c\dot{\rho}_\mathrm{e}^* - \frac{\dot{\rho}_\mathrm{m}^*}{\mu_0} + \dot{\boldsymbol{J}}_\mathrm{e}^* - \frac{\mathrm{i}}{c\mu_0}\dot{\boldsymbol{J}}_\mathrm{m}^*$$

将它们代入式（5.2.15），于是

$$\left(-\frac{\mathrm{i}}{c}\mathrm{j}\omega\dot{\boldsymbol{H}}^* + \mathrm{j}\omega\varepsilon_0\dot{\boldsymbol{E}}^* - \nabla\cdot\dot{\boldsymbol{H}}^* - \frac{\mathrm{i}}{c\mu_0}\nabla\cdot\dot{\boldsymbol{E}}^* + \nabla\times\dot{\boldsymbol{H}}^* + \frac{\mathrm{i}}{c\mu_0}\nabla\times\dot{\boldsymbol{E}}^*\right)$$

$$= -\mathrm{i}c\dot{\rho}_\mathrm{e}^* - \frac{\dot{\rho}_\mathrm{m}^*}{\mu_0} + \dot{\boldsymbol{J}}_\mathrm{e}^* - \frac{\mathrm{i}}{c\mu_0}\dot{\boldsymbol{J}}_\mathrm{m}^* \tag{5.2.16}$$

取出式（5.2.16）中的实标部、虚标部、实矢部、虚矢部，即可得到真空中时谐场麦克斯韦方程组的共轭方程为

$$\nabla\cdot\dot{\boldsymbol{H}}^* = \frac{\dot{\rho}_\mathrm{m}^*}{\mu_0}$$

$$\nabla\cdot\dot{\boldsymbol{E}}^* = \frac{\dot{\rho}_\mathrm{e}^*}{\varepsilon_0}$$

$$\mathrm{j}\omega\varepsilon_0\dot{\boldsymbol{E}}^* + \nabla\times\dot{\boldsymbol{H}}^* = \dot{\boldsymbol{J}}_\mathrm{e}^*$$

$$-\mathrm{j}\omega\mu_0\dot{\boldsymbol{H}}^* + \nabla\times\dot{\boldsymbol{E}}^* = -\dot{\boldsymbol{J}}_\mathrm{m}^*$$

频域四元电磁场方程的共轭方程，用三维矢量语言说，就是超前波满足的频域麦克斯韦方程组，相当于对各电磁相量作了频域共轭变换。

本节讨论的共轭方程涉及了时间反转变换和频域共轭变换，可参考 2.4 节和 2.5 节。

5.3　时域四电磁场能-动量守恒方程

在研究两组电磁场相互作用关系之前，有必要先讨论电磁系统满

足的物理规律。为此，先导出四电磁场能-动量守恒方程。

式（5.2.9）两边取厄米共轭，有

$$\left(\partial G\right)^{+}=J^{+} \tag{5.3.1}$$

式（5.2.9）和式（5.3.1）分别左乘F^{+}和右乘F，有

$$F^{+}\left(\partial G\right)=F^{+}J \tag{5.3.2a}$$

$$\left(\partial G\right)^{+}F=J^{+}F \tag{5.3.2b}$$

两式相减，并乘$\frac{1}{2}$，有

$$\frac{1}{2}\left[F^{+}\left(\partial G\right)-\left(\partial G\right)^{+}F\right]=\frac{1}{2}\left(F^{+}J-J^{+}F\right) \tag{5.3.3a}$$

利用式（5.2.7b），式（5.3.3a）也可写成

$$\frac{1}{2}\mu_0\left[G^{+}\left(\partial G\right)-\left(\partial G\right)^{+}G\right]=\frac{1}{2}\mu_0\left(G^{+}J-J^{+}G\right) \tag{5.3.3b}$$

记四元电磁力密度（简称四电磁力密度）为

$$f=\frac{1}{2}\left(F^{+}J-J^{+}F\right)=\frac{1}{2}\mu_0\left(G^{+}J-J^{+}G\right) \tag{5.3.4}$$

式（5.3.4）中之所以为两项之和，主要是因为两个四物理量相乘不具有交换性，故让两种次序的乘积各占一半的权重。

式（5.3.3）就是时域四电磁场能-动量守恒方程。为了看出该式的真面目，需将它展开。

先分析式（5.3.3）左边项。

四梯度算子作用在四电磁场上，再取厄米共轭，有

$$\left(\partial G\right)^{+}=\left(-\nabla\cdot\boldsymbol{b}+d_t\boldsymbol{b}+\nabla\times\boldsymbol{b}\right)^{+}=-\nabla\cdot\boldsymbol{b}^{*}-d_t^{*}\boldsymbol{b}^{*}-\nabla\times\boldsymbol{b}^{*}$$

于是

$$\begin{aligned}G^{+}\partial G=&\boldsymbol{b}^{*}\cdot d_t\boldsymbol{b}+\boldsymbol{b}^{*}\cdot\nabla\times\boldsymbol{b}+\boldsymbol{b}^{*}\left(\nabla\cdot\boldsymbol{b}\right)\\&-\boldsymbol{b}^{*}\times d_t\boldsymbol{b}-\boldsymbol{b}^{*}\times\left(\nabla\times\boldsymbol{b}\right)\end{aligned} \tag{5.3.5a}$$

$$\begin{aligned}\left(\partial G\right)^{+}G=&d_t^{*}\boldsymbol{b}^{*}\cdot\boldsymbol{b}+\left(\nabla\times\boldsymbol{b}^{*}\right)\cdot\boldsymbol{b}-\left(\nabla\cdot\boldsymbol{b}^{*}\right)\boldsymbol{b}\\&-d_t^{*}\boldsymbol{b}^{*}\times\boldsymbol{b}-\left(\nabla\times\boldsymbol{b}^{*}\right)\times\boldsymbol{b}\end{aligned} \tag{5.3.5b}$$

上两式相减，有

$$G^{+}\left(\partial G\right)-\left(\partial G\right)^{+}G=\left(\boldsymbol{b}^{*}\cdot d_{t}\boldsymbol{b}-d_{t}^{*}\boldsymbol{b}^{*}\cdot\boldsymbol{b}-\boldsymbol{b}^{*}\times d_{t}\boldsymbol{b}+d_{t}^{*}\boldsymbol{b}^{*}\times\boldsymbol{b}\right)$$
$$+\left[\boldsymbol{b}^{*}\cdot\nabla\times\boldsymbol{b}-\left(\nabla\times\boldsymbol{b}^{*}\right)\cdot\boldsymbol{b}\right]$$
$$+\left[\boldsymbol{b}^{*}\left(\nabla\cdot\boldsymbol{b}\right)+\left(\nabla\cdot\boldsymbol{b}^{*}\right)\boldsymbol{b}-\boldsymbol{b}^{*}\times\nabla\times\boldsymbol{b}-\boldsymbol{b}\times\left(\nabla\times\boldsymbol{b}^{*}\right)\right]\quad(5.3.6)$$

利用恒等式（A1）以及

$$\nabla\cdot\left(\boldsymbol{b}_{1}\times\boldsymbol{b}_{2}\right)=\boldsymbol{b}_{2}\cdot\left(\nabla\times\boldsymbol{b}_{1}\right)-\boldsymbol{b}_{1}\cdot\left(\nabla\times\boldsymbol{b}_{2}\right)$$

以及

$$\boldsymbol{b}^{*}\cdot d_{t}\boldsymbol{b}-d_{t}^{*}\boldsymbol{b}^{*}\cdot\boldsymbol{b}=-\frac{\mathrm{i}}{c}\boldsymbol{b}^{*}\cdot\frac{\partial\boldsymbol{b}}{\partial t}-\frac{\mathrm{i}}{c}\frac{\partial\boldsymbol{b}^{*}}{\partial t}\cdot\boldsymbol{b}=d_{t}\left(\boldsymbol{b}^{*}\cdot\boldsymbol{b}\right)$$

$$-\boldsymbol{b}^{*}\times d_{t}\boldsymbol{b}+d_{t}^{*}\left(\boldsymbol{b}^{*}\right)\times\boldsymbol{b}=\frac{\mathrm{i}}{c}\boldsymbol{b}^{*}\times\frac{\partial\boldsymbol{b}}{\partial t}+\frac{\mathrm{i}}{c}\frac{\partial\boldsymbol{b}^{*}}{\partial t}\times\boldsymbol{b}=-d_{t}\left(\boldsymbol{b}^{*}\times\boldsymbol{b}\right)$$

有

$$\frac{1}{2}\left[G^{+}\left(\partial G\right)-\left(\partial G\right)^{+}G\right]$$
$$=\frac{1}{2}\left[d_{t}\left(\boldsymbol{b}^{*}\cdot\boldsymbol{b}-\boldsymbol{b}^{*}\times\boldsymbol{b}\right)-\nabla\cdot\left(\boldsymbol{b}^{*}\times\boldsymbol{b}\right)-\nabla\cdot\left(\boldsymbol{b}^{*}\cdot\boldsymbol{b}\overline{\overline{\boldsymbol{I}}}-\overline{\boldsymbol{b}^{*}\boldsymbol{b}}-\overline{\boldsymbol{b}\boldsymbol{b}^{*}}\right)\right]$$
$$(5.3.7)$$

我们用$\overline{\boldsymbol{b}^{*}\boldsymbol{b}}$表示两个四元数取并运算，用$\boldsymbol{b}^{*}\boldsymbol{b}$表示四元数相乘，以避免将二者混淆；对于其他不至于引起混淆的情况，比如两个矢量并矢，直接并在一起而其上不加横线。

再分析式（5.3.3）右边项。

四电磁场取厄米共轭与四电磁源相乘，四电磁源取厄米共轭与四电磁场相乘，之后两式相减并乘$\frac{1}{2}$，有

$$\frac{1}{2}\left(G^{+}J-J^{+}G\right)$$
$$=\frac{1}{2}\left(\boldsymbol{b}^{*}\cdot\boldsymbol{J}-\boldsymbol{J}^{*}\cdot\boldsymbol{b}-\boldsymbol{b}^{*}J_{S}-J_{S}^{*}\boldsymbol{b}-\boldsymbol{b}^{*}\times\boldsymbol{J}+\boldsymbol{J}^{*}\times\boldsymbol{b}\right)\quad(5.3.8)$$

于是有

$$-\frac{\mathrm{i}}{c}\frac{\partial}{\partial t}\left[\frac{1}{2}\left(\boldsymbol{b}^*\cdot\boldsymbol{b}-\boldsymbol{b}^*\times\boldsymbol{b}\right)\right]-\nabla\cdot\frac{1}{2}\left(\boldsymbol{b}^*\times\boldsymbol{b}\right)-\nabla\cdot\frac{1}{2}\left(\boldsymbol{b}^*\cdot\boldsymbol{b}\overline{\overline{\boldsymbol{I}}}-\overline{\boldsymbol{b}^*\boldsymbol{b}}-\overline{\boldsymbol{b}\boldsymbol{b}^*}\right)$$
$$=\frac{1}{2}\left(\boldsymbol{b}^*\cdot\boldsymbol{J}-\boldsymbol{J}^*\cdot\boldsymbol{b}-\boldsymbol{b}^*J_S-J_S^*\boldsymbol{b}-\boldsymbol{b}^*\times\boldsymbol{J}+\boldsymbol{J}^*\times\boldsymbol{b}\right) \tag{5.3.9}$$

四电磁力密度化为

$$f=\frac{1}{2}\left(F^+J-J^+F\right)=\frac{1}{2}\mu_0\left(G^+J-J^+G\right)$$
$$=\frac{1}{2}\mu_0\left(\boldsymbol{b}^*\cdot\boldsymbol{J}-\boldsymbol{J}^*\cdot\boldsymbol{b}-J_S\boldsymbol{b}^*-J_S^*\boldsymbol{b}-\boldsymbol{b}^*\times\boldsymbol{J}+\boldsymbol{J}^*\times\boldsymbol{b}\right) \tag{5.3.10a}$$

定义四元能流密度（简称四能流密度）为

$$S=\frac{\mathrm{i}c\mu_0}{2}\left(\boldsymbol{b}^*\cdot\boldsymbol{b}-\boldsymbol{b}^*\times\boldsymbol{b}\right) \tag{5.3.10b}$$

记动量流密度-能流密度伪四元数Φ为

$$\Phi=-T=\frac{1}{2}\mu_0\left(\boldsymbol{b}^*\times\boldsymbol{b}+\boldsymbol{b}^*\cdot\boldsymbol{b}\overline{\overline{\boldsymbol{I}}}-\overline{\boldsymbol{b}^*\boldsymbol{b}}-\overline{\boldsymbol{b}\boldsymbol{b}^*}\right) \tag{5.3.10c}$$

式中，Φ和T可看成电磁动量流密度和应力密度的“伪四元”扩展，这里之所以称为伪四元数，是因为它们并非四元数，它们求散度得到的$\nabla\cdot\Phi$和$\nabla\cdot T$才是四元数。

式（5.3.9）可化为

$$-\frac{1}{c^2}\partial_t S-\nabla\cdot\Phi=f \tag{5.3.11a}$$

$$-\frac{1}{c^2}\partial_t S+\nabla\cdot T=f \tag{5.3.11b}$$

将$\boldsymbol{b}^*$和$\boldsymbol{b}$分别作叉乘运算、点乘运算，以及点乘后再乘单位并矢运算、左右并矢运算，所有并矢求和，有

$$\boldsymbol{b}^*\times\boldsymbol{b}=\left(\boldsymbol{H}-\frac{\mathrm{i}}{\mu_0c}\boldsymbol{E}\right)^*\times\left(\boldsymbol{H}-\frac{\mathrm{i}}{\mu_0c}\boldsymbol{E}\right)=\left(\boldsymbol{H}+\frac{\mathrm{i}}{\mu_0c}\boldsymbol{E}\right)\times\left(\boldsymbol{H}-\frac{\mathrm{i}}{\mu_0c}\boldsymbol{E}\right)$$
$$=\left(\frac{\mathrm{i}}{c\mu_0}\boldsymbol{E}\times\boldsymbol{H}-\frac{\mathrm{i}}{c\mu_0}\boldsymbol{H}\times\boldsymbol{E}\right)=2\frac{\mathrm{i}}{c\mu_0}\boldsymbol{E}\times\boldsymbol{H} \tag{5.3.12a}$$

$$\boldsymbol{b}^{*}\cdot\boldsymbol{b}=\boldsymbol{H}\cdot\boldsymbol{H}+\frac{1}{c^{2}\mu_{0}^{2}}\boldsymbol{E}\cdot\boldsymbol{E} \tag{5.3.12b}$$

$$\begin{aligned}&\boldsymbol{b}^{*}\cdot\boldsymbol{b}\,\overline{\overline{\boldsymbol{I}}}-\overline{\boldsymbol{b}^{*}\boldsymbol{b}}-\overline{\boldsymbol{b}\boldsymbol{b}^{*}}\\&=\boldsymbol{H}\cdot\boldsymbol{H}\,\overline{\overline{\boldsymbol{I}}}+\frac{1}{c^{2}\mu_{0}^{2}}\boldsymbol{E}\cdot\boldsymbol{E}\,\overline{\overline{\boldsymbol{I}}}-2\boldsymbol{H}\boldsymbol{H}-2\frac{1}{c^{2}\mu_{0}^{2}}\boldsymbol{E}\boldsymbol{E}\end{aligned} \tag{5.3.12c}$$

需要注意，电荷密度、磁荷密度、电场强度、电流密度、磁流密度等瞬时物理量的共轭为其本身，即有 $\rho_{\mathrm{e}}^{*}=\rho_{\mathrm{e}}$，$\rho_{\mathrm{m}}^{*}=\rho_{\mathrm{m}}$，$\boldsymbol{H}^{*}=\boldsymbol{H}$，$\boldsymbol{E}^{*}=\boldsymbol{E}$，$\boldsymbol{J}_{\mathrm{e}}^{*}=\boldsymbol{J}_{\mathrm{e}}$，$\boldsymbol{J}_{\mathrm{m}}^{*}=\boldsymbol{J}_{\mathrm{m}}$。

继续处理式（5.3.10），有

$$\begin{aligned}f&=\frac{1}{2}\left(F^{+}J-J^{+}F\right)=\boldsymbol{f}+\frac{\mathrm{i}}{c}P_{\mathrm{e}}\\&=\rho_{\mathrm{e}}\boldsymbol{E}+\rho_{\mathrm{m}}\boldsymbol{H}+\mu_{0}\boldsymbol{J}_{\mathrm{e}}\times\boldsymbol{H}-\varepsilon_{0}\boldsymbol{J}_{\mathrm{m}}\times\boldsymbol{E}+\frac{\mathrm{i}}{c}\left(\boldsymbol{J}_{\mathrm{m}}\cdot\boldsymbol{H}+\boldsymbol{J}_{\mathrm{e}}\cdot\boldsymbol{E}\right)\end{aligned} \tag{5.3.13a}$$

$$\begin{aligned}S&=\frac{\mathrm{i}c\mu_{0}}{2}\left(\boldsymbol{b}^{*}\cdot\boldsymbol{b}-\boldsymbol{b}^{*}\times\boldsymbol{b}\right)=\boldsymbol{S}+\mathrm{i}cw\\&=\frac{\mathrm{i}c\mu_{0}}{2}\left(-2\frac{\mathrm{i}}{c\mu_{0}}\boldsymbol{E}\times\boldsymbol{H}+\boldsymbol{H}\cdot\boldsymbol{H}+\frac{1}{c^{2}\mu_{0}^{2}}\boldsymbol{E}\cdot\boldsymbol{E}\right)\\&=\boldsymbol{E}\times\boldsymbol{H}+\mathrm{i}c\left(\frac{1}{2}\mu_{0}\boldsymbol{H}\cdot\boldsymbol{H}+\frac{1}{2}\varepsilon_{0}\boldsymbol{E}\cdot\boldsymbol{E}\right)\end{aligned} \tag{5.3.13b}$$

$$\begin{aligned}\Phi&=\frac{1}{2}\mu_{0}\left(\boldsymbol{b}^{*}\times\boldsymbol{b}+\boldsymbol{b}^{*}\cdot\boldsymbol{b}\,\overline{\overline{\boldsymbol{I}}}-\overline{\boldsymbol{b}^{*}\boldsymbol{b}}-\overline{\boldsymbol{b}\boldsymbol{b}^{*}}\right)=\boldsymbol{\Phi}+\frac{\mathrm{i}}{c}\boldsymbol{S}\\&=\frac{1}{2}\mu_{0}\boldsymbol{H}\cdot\boldsymbol{H}\,\overline{\overline{\boldsymbol{I}}}-\mu_{0}\boldsymbol{H}\boldsymbol{H}+\frac{1}{2}\varepsilon_{0}\boldsymbol{E}\cdot\boldsymbol{E}\,\overline{\overline{\boldsymbol{I}}}-\varepsilon_{0}\boldsymbol{E}\boldsymbol{E}+\frac{\mathrm{i}}{c}\boldsymbol{E}\times\boldsymbol{H}\\&=\frac{1}{2}\mu_{0}\boldsymbol{H}\cdot\boldsymbol{H}\,\overline{\overline{\boldsymbol{I}}}-\mu_{0}\boldsymbol{H}\boldsymbol{H}+\frac{1}{2}\varepsilon_{0}\boldsymbol{E}\cdot\boldsymbol{E}\,\overline{\overline{\boldsymbol{I}}}-\varepsilon_{0}\boldsymbol{E}\boldsymbol{E}+\frac{\mathrm{i}}{c}\boldsymbol{E}\times\boldsymbol{H}\end{aligned} \tag{5.3.13c}$$

式中

$$P_{\mathrm{e}}=\boldsymbol{J}_{\mathrm{m}}\cdot\boldsymbol{H}+\boldsymbol{J}_{\mathrm{e}}\cdot\boldsymbol{E}$$

$$\boldsymbol{\Phi} = \frac{1}{2}\mu_0 \boldsymbol{H}\cdot\boldsymbol{H}\,\bar{\bar{\boldsymbol{I}}} - \mu_0 \boldsymbol{H}\boldsymbol{H} + \frac{1}{2}\varepsilon_0 \boldsymbol{E}\cdot\boldsymbol{E}\,\bar{\bar{\boldsymbol{I}}} - \varepsilon_0 \boldsymbol{E}\boldsymbol{E}$$

$$\boldsymbol{f} = \rho_{\rm e}\boldsymbol{E} + \rho_{\rm m}\boldsymbol{H} + \mu_0 \boldsymbol{J}_{\rm e}\times\boldsymbol{H} - \varepsilon_0 \boldsymbol{J}_{\rm m}\times\boldsymbol{E}$$

$$w = \frac{1}{2}\mu_0 \boldsymbol{H}\cdot\boldsymbol{H} + \frac{1}{2}\varepsilon_0 \boldsymbol{E}\cdot\boldsymbol{E}$$

$$\boldsymbol{S} = \boldsymbol{E}\times\boldsymbol{H}$$

四电磁力密度 f 的标部和矢部分别为 $\frac{\rm i}{c}P_{\rm e}$ 和洛伦兹力 $\boldsymbol{f}$，其中 $P_{\rm e}$ 为功率密度；四能流密度 S 的标部和矢部分别为 ${\rm i}cw$ 和能流密度 $\boldsymbol{S}$，其中 w 为能量密度。若将 $\boldsymbol{\Phi}$ 写成 $-\boldsymbol{T}$，$\boldsymbol{T}$ 为应力张量，伪四元数 $\varPhi$ 与第 4 章中的应力密度-能流密度并矢 $\bar{\bar{S}}$ 是类似的物理量，故将之称为动量流密度-能流密度伪四元数，而四电磁力密度 f 则与第 4 章中的力-能并矢 $\bar{\bar{f}}$ 是类似的物理量。

将式（5.3.13）代入式（5.3.11a），有

$$-\frac{1}{c^2}\partial_t\left(\boldsymbol{S} + {\rm i}cw\right) - \nabla\cdot\left(\boldsymbol{\Phi} + \frac{\rm i}{c}\boldsymbol{S}\right) = \boldsymbol{f} + \frac{\rm i}{c}P_{\rm e} \qquad (5.3.14\text{a})$$

或

$$\begin{aligned}&-\frac{1}{c^2}\partial_t\left[{\rm i}c\left(\frac{1}{2}\mu_0 \boldsymbol{H}\cdot\boldsymbol{H} + \frac{1}{2}\varepsilon_0 \boldsymbol{E}\cdot\boldsymbol{E}\right) + \boldsymbol{E}\times\boldsymbol{H}\right]\\ &-\nabla\cdot\left(\frac{1}{2}\mu_0 \boldsymbol{H}\cdot\boldsymbol{H}\,\bar{\bar{\boldsymbol{I}}} - \mu_0 \boldsymbol{H}\boldsymbol{H} + \frac{1}{2}\varepsilon_0 \boldsymbol{E}\cdot\boldsymbol{E}\,\bar{\bar{\boldsymbol{I}}} - \varepsilon_0 \boldsymbol{E}\boldsymbol{E} + \frac{\rm i}{c}\boldsymbol{E}\times\boldsymbol{H}\right)\\ &= \rho_{\rm e}\boldsymbol{E} + \rho_{\rm m}\boldsymbol{H} + \mu_0 \boldsymbol{J}_{\rm e}\times\boldsymbol{H} - \varepsilon_0 \boldsymbol{J}_{\rm m}\times\boldsymbol{E} + \frac{\rm i}{c}\left(\boldsymbol{J}_{\rm m}\cdot\boldsymbol{H} + \boldsymbol{J}_{\rm e}\cdot\boldsymbol{E}\right)\end{aligned} \qquad (5.3.14\text{b})$$

考虑到张量 $\boldsymbol{\Phi}$ 的散度 $\nabla\cdot\boldsymbol{\Phi}$ 为矢量，矢量 $\boldsymbol{S}$ 的散度 $\nabla\cdot\boldsymbol{S}$ 为标量，取出式（5.3.14）的标部分量（也是虚部分量），有

$$-\partial_t w - \nabla\cdot\boldsymbol{S} = P_{\rm e} \qquad (5.3.15\text{a})$$

$$-\partial_t\left(\frac{1}{2}\mu_0 \boldsymbol{H}\cdot\boldsymbol{H} + \frac{1}{2}\varepsilon_0 \boldsymbol{E}\cdot\boldsymbol{E}\right) - \nabla\cdot\left(\boldsymbol{E}\times\boldsymbol{H}\right) = \boldsymbol{J}_{\rm m}\cdot\boldsymbol{H} + \boldsymbol{J}_{\rm e}\cdot\boldsymbol{E} \qquad (5.3.15\text{b})$$

取出式（5.3.14）的矢部分量（也是实部分量），有

$$-\frac{1}{c^2}\partial_t \boldsymbol{S}-\nabla\cdot\boldsymbol{\Phi}=\boldsymbol{f} \tag{5.3.16a}$$

$$-\frac{1}{c^2}\partial_t\left(\boldsymbol{E}\times\boldsymbol{H}\right)-\nabla\cdot\left(\frac{1}{2}\mu_0\boldsymbol{H}\cdot\boldsymbol{H}\,\bar{\bar{\boldsymbol{I}}}-\mu_0\boldsymbol{H}\boldsymbol{H}+\varepsilon_0\boldsymbol{E}\cdot\boldsymbol{E}\,\bar{\bar{\boldsymbol{I}}}-\varepsilon_0\boldsymbol{E}\boldsymbol{E}\right)$$
$$=\rho_{\mathrm{e}}\boldsymbol{E}+\rho_{\mathrm{m}}\boldsymbol{H}+\mu_0\boldsymbol{J}_{\mathrm{e}}\times\boldsymbol{H}-\varepsilon_0\boldsymbol{J}_{\mathrm{m}}\times\boldsymbol{E} \tag{5.3.16b}$$

式（5.3.15）正是时域电磁场能量守恒方程，式（5.3.16）则是时域电磁场动量守恒方程。

5.4　频域四电磁场能-动量守恒方程

对式（5.3.3）左端项按时间和空间展开

$$\frac{1}{2}\left[F^{+}(\partial G)-(\partial G)^{+}F\right]=\frac{1}{2}\left[F^{+}(d_t G)-(d_t G)^{+}F+F^{+}(\nabla G)-(\nabla G)^{+}F\right]$$
$$=\frac{1}{2}\left(F^{+}J-J^{+}F\right) \tag{5.4.1a}$$

$$\frac{1}{2}\mu_0\left[G^{+}(\partial G)-(\partial G)^{+}G\right]$$
$$=\frac{1}{2}\mu_0\left[G^{+}(d_t G)-(d_t G)^{+}G+G^{+}(\nabla G)-(\nabla G)^{+}G\right]$$
$$=\frac{1}{2}\mu_0\left(G^{+}J-J^{+}G\right) \tag{5.4.1b}$$

若将式（5.3.3）或式（5.4.1）取时间平均，则式中时间偏导数项被消去了，考虑到两正弦瞬时量乘积的时间平均值等于前一个瞬时量对应复振幅与后一个瞬时量对应复振幅共轭乘积的实部的$\frac{1}{2}$，因此对于时域方程式（5.4.1），只需消去包含d_t的相关项，并将四电磁量更换为四电磁相量，再取实部的$\frac{1}{2}$即可得到频域四电磁场能-动量守恒方程，即

$$\frac{1}{2}\mathrm{Re}\left\{\frac{1}{2}\left[\dot{F}^{+}\left(\nabla\dot{G}\right)-\left(\nabla\dot{G}\right)^{+}\dot{F}\right]\right\}$$

$$=\frac{1}{2}\mathrm{Re}\left[\frac{1}{2}\left(\dot{F}^{+}\dot{J}-\dot{J}^{+}\dot{F}\right)\right] \tag{5.4.2a}$$

$$\frac{1}{2}\mathrm{Re}\left\{\frac{1}{2}\mu_0\left[\dot{G}^{+}\left(\nabla\dot{G}\right)-\left(\nabla\dot{G}\right)^{+}\dot{G}\right]\right\}$$

$$=\frac{1}{2}\mathrm{Re}\left[\frac{1}{2}\mu_0\left(\dot{G}^{+}\dot{J}-\dot{J}^{+}\dot{G}\right)\right] \tag{5.4.2b}$$

类似地方法处理式（5.3.11a）、式（5.3.14a）和式（5.3.14b），有

$$-\nabla\cdot\mathrm{Re}\dot{\Phi}=\mathrm{Re}\dot{f} \tag{5.4.3a}$$

$$-\nabla\cdot\mathrm{Re}\left(\dot{\boldsymbol{\Phi}}+\frac{\mathrm{i}}{c}\dot{\boldsymbol{S}}\right)=\mathrm{Re}\left(\dot{\boldsymbol{f}}+\frac{\mathrm{i}}{c}\dot{P}_{\mathrm{e}}\right) \tag{5.4.3b}$$

$$-\nabla\cdot\frac{1}{2}\mathrm{Re}\left(\frac{1}{2}\mu_0\dot{\boldsymbol{H}}\cdot\dot{\boldsymbol{H}}^{*}\bar{\bar{\boldsymbol{I}}}-\mu_0\dot{\boldsymbol{H}}\dot{\boldsymbol{H}}^{*}+\frac{1}{2}\varepsilon_0\dot{\boldsymbol{E}}\cdot\dot{\boldsymbol{E}}^{*}\bar{\bar{\boldsymbol{I}}}-\varepsilon_0\dot{\boldsymbol{E}}\dot{\boldsymbol{E}}^{*}+\frac{\mathrm{i}}{c}\dot{\boldsymbol{E}}\times\dot{\boldsymbol{H}}^{*}\right)$$

$$=\frac{1}{2}\mathrm{Re}\left[\dot{\rho}_{\mathrm{e}}\dot{\boldsymbol{E}}^{*}+\dot{\rho}_{\mathrm{m}}\dot{\boldsymbol{H}}^{*}+\mu_0\dot{\boldsymbol{J}}_{\mathrm{e}}\times\dot{\boldsymbol{H}}^{*}-\varepsilon_0\dot{\boldsymbol{J}}_{\mathrm{m}}\times\dot{\boldsymbol{E}}^{*}\right.$$

$$\left.+\frac{\mathrm{i}}{c}\left(\dot{\boldsymbol{J}}_{\mathrm{m}}\cdot\dot{\boldsymbol{H}}^{*}+\dot{\boldsymbol{J}}_{\mathrm{e}}\cdot\dot{\boldsymbol{E}}^{*}\right)\right] \tag{5.4.3c}$$

式中，复动量流密度-能流密度伪四元数$\dot{\Phi}$和复四电磁力密度$\dot{f}$分别为

$$\dot{\Phi}=\dot{\boldsymbol{\Phi}}+\frac{\mathrm{i}}{c}\dot{\boldsymbol{S}}$$

$$=\frac{1}{2}\left(\frac{1}{2}\mu_0\dot{\boldsymbol{H}}\cdot\dot{\boldsymbol{H}}^{*}\bar{\bar{\boldsymbol{I}}}-\mu_0\dot{\boldsymbol{H}}\dot{\boldsymbol{H}}^{*}+\frac{1}{2}\varepsilon_0\dot{\boldsymbol{E}}\right.$$

$$\left.\cdot\dot{\boldsymbol{E}}^{*}\bar{\bar{\boldsymbol{I}}}-\varepsilon_0\dot{\boldsymbol{E}}\dot{\boldsymbol{E}}^{*}+\frac{\mathrm{i}}{c}\dot{\boldsymbol{E}}\times\dot{\boldsymbol{H}}^{*}\right) \tag{5.4.4a}$$

$$\dot{f}=\dot{\boldsymbol{f}}+\frac{\mathrm{i}}{c}\dot{P}_{\mathrm{e}}$$

$$=\frac{1}{2}\left[\dot{\rho}_{\mathrm{e}}\dot{\boldsymbol{E}}^{*}+\dot{\rho}_{\mathrm{m}}\dot{\boldsymbol{H}}^{*}+\mu_0\dot{\boldsymbol{J}}_{\mathrm{e}}\times\dot{\boldsymbol{H}}^{*}-\varepsilon_0\dot{\boldsymbol{J}}_{\mathrm{m}}\right.$$

$$\left.\times\dot{\boldsymbol{E}}^{*}+\frac{\mathrm{i}}{c}\left(\dot{\boldsymbol{J}}_{\mathrm{m}}\cdot\dot{\boldsymbol{H}}^{*}+\dot{\boldsymbol{J}}_{\mathrm{e}}\cdot\dot{\boldsymbol{E}}^{*}\right)\right] \tag{5.4.4b}$$

式（5.4.4）中，复功率密度、复洛伦兹力密度、复动量流密度和

复能流密度分别为

$$\dot{P}_{\rm e}=\frac{1}{2}\left(\dot{\boldsymbol{J}}_{\rm m}\cdot\dot{\boldsymbol{H}}^{*}+\dot{\boldsymbol{J}}_{\rm e}\cdot\dot{\boldsymbol{E}}^{*}\right)\tag{5.4.5a}$$

$$\dot{\boldsymbol{f}}=\frac{1}{2}\left(\rho_{\rm e}\dot{\boldsymbol{E}}^{*}+\rho_{\rm m}\dot{\boldsymbol{H}}^{*}+\mu_0\dot{\boldsymbol{J}}_{\rm e}\times\dot{\boldsymbol{H}}^{*}-\varepsilon_0\dot{\boldsymbol{J}}_{\rm m}\times\dot{\boldsymbol{E}}^{*}\right)\tag{5.4.5b}$$

$$\dot{\boldsymbol{\Phi}}=\frac{1}{2}\left(\frac{1}{2}\mu_0\dot{\boldsymbol{H}}\cdot\dot{\boldsymbol{H}}^{*}\,\overline{\overline{\boldsymbol{I}}}-\mu_0\dot{\boldsymbol{H}}\dot{\boldsymbol{H}}^{*}+\frac{1}{2}\varepsilon_0\dot{\boldsymbol{E}}\cdot\dot{\boldsymbol{E}}^{*}\,\overline{\overline{\boldsymbol{I}}}-\varepsilon_0\dot{\boldsymbol{E}}\dot{\boldsymbol{E}}^{*}\right)\tag{5.4.5c}$$

$$\dot{\boldsymbol{S}}=\frac{1}{2}\dot{\boldsymbol{E}}\times\dot{\boldsymbol{H}}^{*}\tag{5.4.5d}$$

注意到$\nabla\cdot\dot{\boldsymbol{\Phi}}$为矢量，$\nabla\cdot\dot{\boldsymbol{S}}$为标量，取出式（5.4.3b）和式（5.4.3c）的标部分量（也是虚部分量），有

$$-\nabla\cdot{\rm Re}\dot{\boldsymbol{S}}={\rm Re}\dot{P}_{\rm e}\tag{5.4.6a}$$

$$-\nabla\cdot{\rm Re}\left(\dot{\boldsymbol{E}}\times\dot{\boldsymbol{H}}^{*}\right)={\rm Re}\left(\dot{\boldsymbol{J}}_{\rm m}\cdot\dot{\boldsymbol{H}}^{*}+\dot{\boldsymbol{J}}_{\rm e}\cdot\dot{\boldsymbol{E}}^{*}\right)\tag{5.4.6b}$$

取出式（5.4.3b）和式（5.4.3c）的矢部分量（也是实部分量），有

$$-\nabla\cdot{\rm Re}\dot{\boldsymbol{\Phi}}={\rm Re}\dot{\boldsymbol{f}}\tag{5.4.7a}$$

$$-\nabla\cdot\frac{1}{2}{\rm Re}\left(\frac{1}{2}\mu_0\dot{\boldsymbol{H}}\cdot\dot{\boldsymbol{H}}^{*}\,\overline{\overline{\boldsymbol{I}}}-\mu_0\dot{\boldsymbol{H}}\dot{\boldsymbol{H}}^{*}+\frac{1}{2}\varepsilon_0\dot{\boldsymbol{E}}\cdot\dot{\boldsymbol{E}}^{*}\,\overline{\overline{\boldsymbol{I}}}-\varepsilon_0\dot{\boldsymbol{E}}\dot{\boldsymbol{E}}^{*}\right)$$

$$=\frac{1}{2}{\rm Re}\left(\rho_{\rm e}\dot{\boldsymbol{E}}^{*}+\rho_{\rm m}\dot{\boldsymbol{H}}^{*}+\mu_0\dot{\boldsymbol{J}}_{\rm e}\times\dot{\boldsymbol{H}}^{*}-\varepsilon_0\dot{\boldsymbol{J}}_{\rm m}\times\dot{\boldsymbol{E}}^{*}\right)\tag{5.4.7b}$$

式（5.4.6）和式（5.4.7）正是频域电磁场能量守恒方程和频域电磁场动量守恒方程。

5.5 频域四电磁场互能-动量方程

考虑两组时谐四电磁场，场源记为$\dot{J}_1$，$\dot{G}_1$与$\dot{J}_2$，$\dot{G}_2$。从式（5.4.2）取出两个场相互作用量，则频域四电磁场互能-动量方程为

$$\frac{1}{2}{\rm Re}\left\{\frac{1}{2}\left[\dot{F}_1^{+}\left(\nabla\dot{G}_2\right)-\left(\nabla\dot{G}_1\right)^{+}\dot{F}_2\right]\right\}$$

$$=\frac{1}{2}\mathrm{Re}\left[\frac{1}{2}\left(\dot{F}_1^{+}\dot{J}_2-\dot{J}_1^{+}\dot{F}_2\right)\right] \tag{5.5.1a}$$

$$\frac{1}{2}\mathrm{Re}\left\{\frac{1}{2}\mu_0\left[\dot{G}_1^{+}\left(\nabla\dot{G}_2\right)-\left(\nabla\dot{G}_1\right)^{+}\dot{G}_2\right]\right\}$$

$$=\frac{1}{2}\mathrm{Re}\left[\frac{1}{2}\mu_0\left(\dot{G}_1^{+}\dot{J}_2-\dot{J}_1^{+}\dot{G}_2\right)\right] \tag{5.5.1b}$$

频域四电磁场互能-动量方程反映的是一组超前波和一组滞后波的相互作用。

分别处理式（5.5.1b）的左端项和右端项，有

$$-\frac{1}{2}\mathrm{Re}\left[\frac{1}{2}\mu_0\nabla\cdot\left(\dot{\boldsymbol{b}}_1^{*}\times\dot{\boldsymbol{b}}_2+\dot{\boldsymbol{b}}_1^{*}\cdot\dot{\boldsymbol{b}}_2\,\overset{=}{\boldsymbol{I}}-\overline{\dot{\boldsymbol{b}}_1^{*}\dot{\boldsymbol{b}}_2}-\overline{\dot{\boldsymbol{b}}_2\dot{\boldsymbol{b}}_1^{*}}\right)\right]$$

$$=\frac{1}{2}\mathrm{Re}\left[\frac{1}{2}\mu_0\left(-\dot{\boldsymbol{J}}_1^{*}\cdot\dot{\boldsymbol{b}}_2+\dot{\boldsymbol{J}}_2\cdot\dot{\boldsymbol{b}}_1^{*}-\dot{J}_{S2}\dot{\boldsymbol{b}}_1^{*}-\dot{J}_{S1}\dot{\boldsymbol{b}}_2+\dot{\boldsymbol{J}}_1^{*}\times\dot{\boldsymbol{b}}_2+\dot{\boldsymbol{J}}_2\times\dot{\boldsymbol{b}}_1^{*}\right)\right] \tag{5.5.2}$$

定义复互动量流密度-能流密度伪四元数 $\dot{\Phi}_{1*2}$ 和复互四电磁力密度 $\dot{f}_{1*2}$ 为

$$\dot{\Phi}_{1*2}=\frac{1}{2}\mu_0\left(\dot{\boldsymbol{b}}_1^{*}\times\dot{\boldsymbol{b}}_2+\dot{\boldsymbol{b}}_1^{*}\cdot\dot{\boldsymbol{b}}_2\,\overset{=}{\boldsymbol{I}}-\overline{\dot{\boldsymbol{b}}_1^{*}\dot{\boldsymbol{b}}_2}-\overline{\dot{\boldsymbol{b}}_2\dot{\boldsymbol{b}}_1^{*}}\right) \tag{5.5.3a}$$

$$\dot{f}_{1*2}=\frac{1}{2}\mu_0\left(-\dot{\boldsymbol{J}}_1^{*}\cdot\dot{\boldsymbol{b}}_2+\dot{\boldsymbol{J}}_2\cdot\dot{\boldsymbol{b}}_1^{*}-\dot{J}_{S2}\dot{\boldsymbol{b}}_1^{*}\right.$$

$$\left.-\dot{J}_{S1}^{*}\dot{\boldsymbol{b}}_2+\dot{\boldsymbol{J}}_1^{*}\times\dot{\boldsymbol{b}}_2+\dot{\boldsymbol{J}}_2\times\dot{\boldsymbol{b}}_1^{*}\right) \tag{5.5.3b}$$

式（5.5.2）简记为

$$-\nabla\cdot\frac{1}{2}\mathrm{Re}\,\dot{\Phi}_{1*2}=\frac{1}{2}\mathrm{Re}\,\dot{f}_{1*2} \tag{5.5.4}$$

考虑方程的简洁性，可去掉相关公式中的 $\frac{1}{2}\mathrm{Re}$，因此，频域四电磁场互能-动量方程亦可写为

$$\frac{1}{2}\left[\dot{F}_1^{+}\left(\nabla\dot{G}_2\right)-\left(\nabla\dot{G}_1\right)^{+}\dot{F}_2\right]=\frac{1}{2}\left(\dot{F}_1^{+}\dot{J}_2-\dot{J}_1^{+}\dot{F}_2\right) \tag{5.5.5a}$$

$$\frac{1}{2}\mu_0\left[\dot{G}_1^{+}\left(\nabla\dot{G}_2\right)-\left(\nabla\dot{G}_1\right)^{+}\dot{G}_2\right]=\frac{1}{2}\mu_0\left(\dot{G}_1^{+}\dot{J}_2-\dot{J}_1^{+}\dot{G}_2\right) \tag{5.5.5b}$$

或

$$-\nabla\cdot\dot{\Phi}_{1*2}=\dot{f}_{1*2} \tag{5.5.6}$$

在不致误解的前提下，并不严格区分式（5.5.1）和式（5.5.5），式（5.5.4）和式（5.5.6）。

将式（5.5.4）中各项展开，按实标部、虚标部、实矢部和虚矢部写成分量形式，有

$$\begin{aligned}&-\nabla\cdot\frac{1}{2}\mathrm{Re}\left(\mu_0\dot{\boldsymbol{H}}_1^*\times\dot{\boldsymbol{H}}_2+\varepsilon_0\dot{\boldsymbol{E}}_1^*\times\dot{\boldsymbol{E}}_2\right)\\&=\frac{1}{2}\mathrm{Re}\Big[\mu_0\left(\dot{\boldsymbol{J}}_{\mathrm{e}2}\cdot\dot{\boldsymbol{H}}_1^*-\dot{\boldsymbol{J}}_{\mathrm{e}1}^*\cdot\dot{\boldsymbol{H}}_2\right)\\&\quad-\varepsilon_0\left(\dot{\boldsymbol{J}}_{\mathrm{m}2}\cdot\dot{\boldsymbol{E}}_1^*-\dot{\boldsymbol{J}}_{\mathrm{m}1}^*\cdot\dot{\boldsymbol{E}}_2\right)\Big]\end{aligned} \tag{5.5.7a}$$

$$\begin{aligned}&-\nabla\cdot\frac{1}{2}\mathrm{Re}\left(\dot{\boldsymbol{E}}_1^*\times\dot{\boldsymbol{H}}_2+\dot{\boldsymbol{E}}_2\times\dot{\boldsymbol{H}}_1^*\right)\\&=\frac{1}{2}\mathrm{Re}\left[\left(\dot{\boldsymbol{J}}_{\mathrm{m}1}^*\cdot\dot{\boldsymbol{H}}_2+\dot{\boldsymbol{J}}_{\mathrm{m}2}\cdot\dot{\boldsymbol{H}}_1^*\right)+\left(\dot{\boldsymbol{J}}_{\mathrm{e}1}^*\cdot\dot{\boldsymbol{E}}_2+\dot{\boldsymbol{J}}_{\mathrm{e}2}\cdot\dot{\boldsymbol{E}}_1^*\right)\right]\end{aligned} \tag{5.5.7b}$$

$$\begin{aligned}&-\nabla\cdot\frac{1}{2}\mathrm{Re}\Big[\mu_0\dot{\boldsymbol{H}}_1^*\cdot\dot{\boldsymbol{H}}_2\overline{\overline{\boldsymbol{I}}}+\varepsilon_0\dot{\boldsymbol{E}}_1^*\cdot\dot{\boldsymbol{E}}_2\overline{\overline{\boldsymbol{I}}}\\&\quad-\mu_0\left(\dot{\boldsymbol{H}}_1^*\dot{\boldsymbol{H}}_2+\dot{\boldsymbol{H}}_2\dot{\boldsymbol{H}}_1^*\right)-\varepsilon_0\left(\dot{\boldsymbol{E}}_1^*\dot{\boldsymbol{E}}_2+\dot{\boldsymbol{E}}_2\dot{\boldsymbol{E}}_1^*\right)\Big]\\&=\frac{1}{2}\mathrm{Re}\Big[\left(\dot{\rho}_{\mathrm{e}1}^*\dot{\boldsymbol{E}}_2+\rho_{\mathrm{e}2}\dot{\boldsymbol{E}}_1^*\right)+\left(\dot{\rho}_{\mathrm{m}1}^*\dot{\boldsymbol{H}}_2+\dot{\rho}_{\mathrm{m}2}\dot{\boldsymbol{H}}_1^*\right)\\&\quad+\mu_0\left(\dot{\boldsymbol{J}}_{\mathrm{e}1}^*\times\dot{\boldsymbol{H}}_2+\dot{\boldsymbol{J}}_{\mathrm{e}2}\times\dot{\boldsymbol{H}}_1^*\right)-\varepsilon_0\left(\dot{\boldsymbol{J}}_{\mathrm{m}1}^*\times\dot{\boldsymbol{E}}_2+\dot{\boldsymbol{J}}_{\mathrm{m}2}\times\dot{\boldsymbol{E}}_1^*\right)\Big]\end{aligned} \tag{5.5.7c}$$

$$\begin{aligned}&-\nabla\cdot\frac{1}{2}\mathrm{Re}\left\{\varepsilon_0\left[\left(\dot{\boldsymbol{E}}_1^*\cdot\dot{\boldsymbol{H}}_2-\dot{\boldsymbol{E}}_2\cdot\dot{\boldsymbol{H}}_1^*\right)\overline{\overline{\boldsymbol{I}}}-\left(\dot{\boldsymbol{E}}_1^*\dot{\boldsymbol{H}}_2-\dot{\boldsymbol{E}}_2\dot{\boldsymbol{H}}_1^*\right)-\left(\dot{\boldsymbol{H}}_2\dot{\boldsymbol{E}}_1^*-\dot{\boldsymbol{H}}_1^*\dot{\boldsymbol{E}}_2\right)\right]\right\}\\&=\frac{1}{2}\mathrm{Re}\Big[\left(\dot{\rho}_{\mathrm{e}1}^*\dot{\boldsymbol{H}}_2-\rho_{\mathrm{e}2}\dot{\boldsymbol{H}}_1^*\right)-\frac{1}{c^2\mu_0^2}\left(\dot{\rho}_{\mathrm{m}1}^*\dot{\boldsymbol{E}}_2-\dot{\rho}_{\mathrm{m}2}\dot{\boldsymbol{E}}_1^*\right)\\&\quad-\varepsilon_0\left(\dot{\boldsymbol{J}}_{\mathrm{m}1}^*\times\dot{\boldsymbol{H}}_2-\dot{\boldsymbol{J}}_{\mathrm{m}2}\times\dot{\boldsymbol{H}}_1^*\right)-\varepsilon_0\left(\dot{\boldsymbol{J}}_{\mathrm{e}1}^*\times\dot{\boldsymbol{E}}_2-\dot{\boldsymbol{J}}_{\mathrm{e}2}\times\dot{\boldsymbol{E}}_1^*\right)\Big]\end{aligned} \tag{5.5.7d}$$

式（5.5.7）表示一组滞后波和一组超前波的相互作用。它们为互能量或互动量型，与之对应的是能量反应型或动量反应型。式（5.5.7b）和式（5.5.7c）分别为互能定理和互动量定理，与它们对应的反应型定理分别是洛伦兹互易定理和动量互易定理。式（5.5.7a）和式（5.5.7d）还没有论文报道，与它们对应的反应型定理分别是 Feld-Tai 互易定理和另一个动量互易定理。

对比式（5.4.6b）、式（5.4.7b）和式（5.5.7）可见，式（5.5.7）中圆括弧内包含两项相减的项在守恒方程中并未出现，也就是说在单一电磁系统中没有这一项，它是在两个电磁系统相互作用过程中产生的。另外，$\mathrm{Re}\left(\boldsymbol{H}^{*}\times\dot{\boldsymbol{H}}\right)$ 和 $\mathrm{Re}\left(\boldsymbol{E}^{*}\times\dot{\boldsymbol{E}}\right)$ 在守恒方程中也不出现。这是因为对于同一组场，这些项或其分量均可以写为如下形式

$$\mathrm{Re}\left(\dot{p}^{*}\oplus\dot{q}-\dot{p}\oplus\dot{q}^{*}\right)$$

式中，符号$\oplus$可表示两个标量相乘、两个矢量点乘、两个矢量叉乘或取并矢，由于括弧内为纯虚数，故取实部为零。

因此，若取场源 $\dot{J}_1=\dot{J}_2$，$\dot{G}_1=\dot{G}_2$，则式（5.5.7a）和式（5.5.7d）退化为$0=0$，没有意义，（5.5.7b）和式（5.5.7c）则分别对应电磁场能量守恒方程和动量守恒方程，此时两组场相互作用关系化为频域四电磁场能量动量守恒方程。

5.6　频域四电磁场能-动量互易方程

为导出两组滞后波的相互作用关系，若采用矢量分析方法，可先导出一组超前波和一组滞后波的相互作用关系，然后对它的超前波作共轭变换就可以实现。由于本章中两组滞后波的相互作用关系，即频域四电磁场互能-动量方程，是用四元数语言写的，那么如何通过四元数运算实现这一过程呢？

我们可以对式（5.5.5）下角标为“1”（即超前波）的四电磁场和

四电磁源取反共轭，就可以得到两组滞后波的频域四电磁互易方程

$$\frac{1}{2}\left[\left(\dot{F}_1^c\right)^+\left(\nabla\dot{G}_2\right)-\left(\nabla\dot{G}_1^c\right)^+\dot{F}_2\right]$$

$$=\frac{1}{2}\left[\left(\dot{F}_1^c\right)^+\dot{J}_2-\left(\dot{J}_1^c\right)^+\dot{F}_2\right] \tag{5.6.1a}$$

$$\frac{1}{2}\mu_0\left[\left(\dot{G}_1^c\right)^+\left(\nabla\dot{G}_2\right)-\left(\nabla\dot{G}_1^c\right)^+\dot{G}_2\right]$$

$$=\frac{1}{2}\mu_0\left[\left(\dot{G}_1^c\right)^+\dot{J}_2-\left(\dot{J}_1^c\right)^+\dot{G}_2\right] \tag{5.6.1b}$$

由于四元数的反共轭再取厄米共轭等于其四元共轭，因此有

$$\frac{1}{2}\left[\widetilde{\dot{F}}_1\left(\nabla\dot{G}_2\right)-\left(\widetilde{\nabla\dot{G}_1}\right)\dot{F}_2\right]=\frac{1}{2}\left(\widetilde{\dot{F}}_1\dot{J}_2-\widetilde{\dot{J}}_1\dot{F}_2\right) \tag{5.6.2a}$$

$$\frac{1}{2}\mu_0\left[\widetilde{\dot{G}}_1\left(\nabla\dot{G}_2\right)-\left(\widetilde{\nabla\dot{G}_1}\right)\dot{G}_2\right]=\frac{1}{2}\mu_0\left(\widetilde{\dot{G}}_1\dot{J}_2-\widetilde{\dot{J}}_1\dot{G}_2\right) \tag{5.6.2b}$$

展开式（5.6.2）有

$$-\nabla\cdot\dot{\varPhi}_{1^{*'}2}=\dot{f}_{1^{*'}2} \tag{5.6.3}$$

$$\frac{1}{2\mu_0}\left[-\nabla\cdot\left(\dot{\boldsymbol{b}}_1\times\dot{\boldsymbol{b}}_2+\dot{\boldsymbol{b}}_1\cdot\dot{\boldsymbol{b}}_2\,\overline{\overline{\boldsymbol{I}}}-\overline{\dot{\boldsymbol{b}}_1\dot{\boldsymbol{b}}_2}-\overline{\dot{\boldsymbol{b}}_2\dot{\boldsymbol{b}}_1}\right)\right]$$

$$=\frac{1}{2}\left(-\dot{\boldsymbol{J}}_1\cdot\dot{\boldsymbol{b}}_2+\dot{\boldsymbol{J}}_2\cdot\dot{\boldsymbol{b}}_1-\dot{J}_{S2}\dot{\boldsymbol{b}}_1-\dot{J}_{S1}\dot{\boldsymbol{b}}_2+\dot{\boldsymbol{J}}_1\times\dot{\boldsymbol{b}}_2+\dot{\boldsymbol{J}}_2\times\dot{\boldsymbol{b}}_1\right) \tag{5.6.4}$$

式中

$$\dot{\varPhi}_{1^{*'}2}=\frac{1}{2}\mu_0\left(\dot{\boldsymbol{b}}_1\times\dot{\boldsymbol{b}}_2+\dot{\boldsymbol{b}}_1\cdot\dot{\boldsymbol{b}}_2\,\overline{\overline{\boldsymbol{I}}}-\overline{\dot{\boldsymbol{b}}_1\dot{\boldsymbol{b}}_2}-\overline{\dot{\boldsymbol{b}}_2\dot{\boldsymbol{b}}_1}\right) \tag{5.6.5a}$$

$$\begin{aligned}\dot{f}_{1^{*'}2}&=\frac{1}{2}\left(\widetilde{\dot{F}}_1\dot{J}_2-\widetilde{\dot{J}}_1\dot{F}_2\right)=\frac{1}{2}\mu_0\left(\widetilde{\dot{G}}_1\dot{J}_2-\widetilde{\dot{J}}_1\dot{G}_2\right)\\&=\frac{1}{2}\mu_0\left(-\dot{\boldsymbol{J}}_1\cdot\dot{\boldsymbol{b}}_2+\dot{\boldsymbol{J}}_2\cdot\dot{\boldsymbol{b}}_1-\dot{J}_{S2}\dot{\boldsymbol{b}}_1\right.\\&\quad\left.-\dot{J}_{S1}\dot{\boldsymbol{b}}_2+\dot{\boldsymbol{J}}_1\times\dot{\boldsymbol{b}}_2+\dot{\boldsymbol{J}}_2\times\dot{\boldsymbol{b}}_1\right)\end{aligned} \tag{5.6.5b}$$

将式（5.6.3）进一步展开，写成分量形式，有

$$-\nabla\cdot\left(\mu_0\dot{\boldsymbol{H}}_1\times\dot{\boldsymbol{H}}_2-\varepsilon_0\dot{\boldsymbol{E}}_1\times\dot{\boldsymbol{E}}_2\right)$$
$$=\mu_0\left(\dot{\boldsymbol{J}}_{\mathrm{e}2}\cdot\dot{\boldsymbol{H}}_1-\dot{\boldsymbol{J}}_{\mathrm{e}1}\cdot\dot{\boldsymbol{H}}_2\right)+\varepsilon_0\left(\dot{\boldsymbol{J}}_{\mathrm{m}2}\cdot\dot{\boldsymbol{E}}_1-\dot{\boldsymbol{J}}_{\mathrm{m}1}\cdot\dot{\boldsymbol{E}}_2\right)\quad(5.6.6\mathrm{a})$$

$$\nabla\cdot\left[\left(\dot{\boldsymbol{E}}_1\times\dot{\boldsymbol{H}}_2-\dot{\boldsymbol{E}}_2\times\dot{\boldsymbol{H}}_1\right)\right]$$
$$=\dot{\boldsymbol{J}}_{\mathrm{e}1}\cdot\dot{\boldsymbol{E}}_2-\dot{\boldsymbol{J}}_{\mathrm{e}2}\cdot\dot{\boldsymbol{E}}_1-\dot{\boldsymbol{J}}_{\mathrm{m}1}\cdot\dot{\boldsymbol{H}}_2+\dot{\boldsymbol{J}}_{\mathrm{m}2}\cdot\dot{\boldsymbol{H}}_1\quad(5.6.6\mathrm{b})$$

$$-\nabla\cdot\left(\mu_0\dot{\boldsymbol{H}}_1\cdot\dot{\boldsymbol{H}}_2\overline{\overline{\boldsymbol{I}}}-\varepsilon_0\dot{\boldsymbol{E}}_1\cdot\dot{\boldsymbol{E}}_2\overline{\overline{\boldsymbol{I}}}-\mu_0\dot{\boldsymbol{H}}_1\dot{\boldsymbol{H}}_2+\varepsilon_0\dot{\boldsymbol{E}}_1\dot{\boldsymbol{E}}_2-\mu_0\dot{\boldsymbol{H}}_2\dot{\boldsymbol{H}}_1+\varepsilon_0\dot{\boldsymbol{E}}_2\dot{\boldsymbol{E}}_1\right)$$
$$=\mu_0\left(\dot{\boldsymbol{J}}_{\mathrm{e}1}\times\dot{\boldsymbol{H}}_2+\dot{\boldsymbol{J}}_{\mathrm{e}2}\times\dot{\boldsymbol{H}}_1\right)+\varepsilon_0\left(\dot{\boldsymbol{J}}_{\mathrm{m}1}\times\dot{\boldsymbol{E}}_2+\dot{\boldsymbol{J}}_{\mathrm{m}2}\times\dot{\boldsymbol{E}}_1\right)$$
$$-\left(\dot{\rho}_{\mathrm{e}1}\dot{\boldsymbol{E}}_2+\dot{\rho}_{\mathrm{e}2}\dot{\boldsymbol{E}}_1\right)+\left(\dot{\rho}_{\mathrm{m}1}\dot{\boldsymbol{H}}_2+\dot{\rho}_{\mathrm{m}2}\dot{\boldsymbol{H}}_1\right)\quad(5.6.6\mathrm{c})$$

$$-\nabla\cdot\varepsilon_0\left(\dot{\boldsymbol{E}}_1\cdot\dot{\boldsymbol{H}}_2\overline{\overline{\boldsymbol{I}}}+\dot{\boldsymbol{E}}_2\cdot\dot{\boldsymbol{H}}_1\overline{\overline{\boldsymbol{I}}}-\dot{\boldsymbol{E}}_1\dot{\boldsymbol{H}}_2-\dot{\boldsymbol{E}}_2\dot{\boldsymbol{H}}_1-\dot{\boldsymbol{H}}_2\dot{\boldsymbol{E}}_1-\dot{\boldsymbol{H}}_1\dot{\boldsymbol{E}}_2\right)$$
$$=\left(\dot{\rho}_{\mathrm{e}1}\dot{\boldsymbol{H}}_2+\dot{\rho}_{\mathrm{e}2}\dot{\boldsymbol{H}}_1\right)+\frac{1}{c^2\mu_0^2}\left(\dot{\rho}_{\mathrm{m}1}\dot{\boldsymbol{E}}_2+\dot{\rho}_{\mathrm{m}2}\dot{\boldsymbol{E}}_1\right)$$
$$-\varepsilon_0\left(\dot{\boldsymbol{J}}_{\mathrm{m}1}\times\dot{\boldsymbol{H}}_2+\dot{\boldsymbol{J}}_{\mathrm{m}2}\times\dot{\boldsymbol{H}}_1\right)+\varepsilon_0\left(\dot{\boldsymbol{J}}_{\mathrm{e}1}\times\dot{\boldsymbol{E}}_2+\dot{\boldsymbol{J}}_{\mathrm{e}2}\times\dot{\boldsymbol{E}}_1\right)\quad(5.6.6\mathrm{d})$$

实际上，式(5.6.6)是矢量形式。因此，它也可以通过对式(5.5.7)中的超前波取共轭变换得到。具体处理方法是，去掉式（5.5.7）中的 $\frac{1}{2}\mathrm{Re}$，将式中下角标为“1”的场源取共轭变换，其中磁场强度、磁荷密度、电流密度共轭后再取相反数，电场强度、电荷密度和磁流密度直接取共轭。

式（5.6.6a）～式（5.6.6d）分别对应频域 Feld-Tai 互易定理、洛伦兹互易定理和两个动量互易定理。

上述频域四电磁场能-动量互易方程的导出是建立在四电磁场互能-动量方程的基础上，实际上，它也可以直接从四电磁场方程导出（刘国强等，2022a）。

两组四电磁场方程为

$$\partial\dot{G}_1=\dot{J}_1\quad(5.6.7\mathrm{a})$$
$$\partial\dot{G}_2=\dot{J}_2\quad(5.6.7\mathrm{b})$$

式（5.6.7a）右乘 $\dot{F}_2$，式（5.6.7b）左乘 $\dot{F}_1$，有

$$\left(\partial\dot{G}_1\right)\dot{F}_2=\dot{J}_1\dot{F}_2 \tag{5.6.8a}$$

$$\dot{F}_1\left(\partial\dot{G}_2\right)=\dot{F}_1\dot{J}_2 \tag{5.6.8b}$$

两式相减后乘$\dfrac{1}{2}$，有

$$\frac{1}{2}\left[\left(\partial\dot{G}_1\right)\dot{F}_2-\dot{F}_1\left(\partial\dot{G}_2\right)\right]=\frac{1}{2}\left[\dot{J}_1\dot{F}_2-\dot{F}_1\dot{J}_2\right] \tag{5.6.9a}$$

或写为

$$\frac{1}{2}\mu_0\left[\left(\partial\dot{G}_1\right)\dot{G}_2-\dot{G}_1\left(\partial\dot{G}_2\right)\right]=\frac{1}{2}\mu_0\left[\dot{J}_1\dot{G}_2-\dot{G}_1\dot{J}_2\right] \tag{5.6.9b}$$

将式（5.6.9b）的左端展开，并代入附录 A 恒等式（A1）和（A6），则有

$$\begin{aligned}\left(\partial\dot{G}_1\right)\dot{G}_2-\dot{G}_1\left(\partial\dot{G}_2\right)=&-2\left(\nabla\cdot\dot{\boldsymbol{b}}_1\right)\dot{\boldsymbol{b}}_2-\nabla\cdot\left(\dot{\boldsymbol{b}}_1\times\dot{\boldsymbol{b}}_2\right)\\&-\nabla\cdot\left(\dot{\boldsymbol{b}}_1\cdot\dot{\boldsymbol{b}}_2\overline{\overline{\boldsymbol{I}}}-\overline{\dot{\boldsymbol{b}}_1\dot{\boldsymbol{b}}_2}-\overline{\dot{\boldsymbol{b}}_2\dot{\boldsymbol{b}}_1}\right)\end{aligned} \tag{5.6.10}$$

由于

$$\nabla\cdot\dot{\boldsymbol{b}}_1=\nabla\cdot\left(\dot{\boldsymbol{H}}_1-\frac{\mathrm{i}}{c\mu_0}\dot{\boldsymbol{E}}_1\right)=\frac{\dot{\rho}_{\mathrm{m}1}}{\mu_0}-\mathrm{i}c\dot{\rho}_{\mathrm{e}1}=-\dot{J}_{S1}$$

因此有

$$\begin{aligned}&\left(\partial\dot{G}_1\right)\dot{G}_2-\dot{G}_1\left(\partial\dot{G}_2\right)\\&=2\dot{J}_{S1}\dot{G}_2-\nabla\cdot\left(\dot{\boldsymbol{b}}_1\times\dot{\boldsymbol{b}}_2\right)-\nabla\cdot\left(\dot{\boldsymbol{b}}_1\cdot\dot{\boldsymbol{b}}_2\overline{\overline{\boldsymbol{I}}}-\overline{\dot{\boldsymbol{b}}_1\dot{\boldsymbol{b}}_2}-\overline{\dot{\boldsymbol{b}}_2\dot{\boldsymbol{b}}_1}\right)\end{aligned} \tag{5.6.11}$$

联合式（5.6.9）和式（5.6.11），有

$$\begin{aligned}&-\nabla\cdot\left(\dot{\boldsymbol{b}}_1\times\dot{\boldsymbol{b}}_2\right)-\nabla\cdot\left(\dot{\boldsymbol{b}}_1\cdot\dot{\boldsymbol{b}}_2\overline{\overline{\boldsymbol{I}}}-\overline{\dot{\boldsymbol{b}}_1\dot{\boldsymbol{b}}_2}-\overline{\dot{\boldsymbol{b}}_2\dot{\boldsymbol{b}}_1}\right)\\&=\dot{J}_1\dot{G}_2-\dot{G}_1\dot{J}_2-2\dot{J}_{S1}\dot{G}_2\end{aligned} \tag{5.6.12}$$

将式（5.6.12）的右端项改写为

$$\dot{J}_1\dot{G}_2-\dot{G}_1\dot{J}_2-2\dot{J}_{S1}\dot{G}_2=\widetilde{\dot{G}_1}\dot{J}_2-\widetilde{\dot{J}_1}\dot{G}_2 \tag{5.6.13}$$

利用式（5.6.7），式（5.6.13）改写为

$$\widetilde{\dot{G}}_1\left(\partial\dot{G}_2\right)-\widetilde{\partial\dot{G}_1}\dot{G}_2=\widetilde{\dot{G}}_1\dot{J}_2-\widetilde{\dot{J}}_1\dot{G}_2 \tag{5.6.14}$$

式（5.6.14）同乘$\frac{1}{2}\mu_0$，则有

$$\frac{1}{2}\mu_0\left[\widetilde{\dot{G}}_1\left(\partial\dot{G}_2\right)-\widetilde{\partial\dot{G}_1}\dot{G}_2\right]=\frac{1}{2}\mu_0\left(\widetilde{\dot{G}}_1\dot{J}_2-\widetilde{\dot{J}}_1\dot{G}_2\right) \tag{5.6.15a}$$

式（5.6.15a）亦可以写为

$$\frac{1}{2}\left[\widetilde{\dot{F}}_1\left(\partial\dot{G}_2\right)-\widetilde{\partial\dot{G}_1}\dot{F}_2\right]=\frac{1}{2}\left(\widetilde{\dot{F}}_1\dot{J}_2-\widetilde{\dot{J}}_1\dot{F}_2\right) \tag{5.6.15b}$$

需要注意，式（5.6.10）～式（5.6.15）中的d_t项（即$-\frac{\mathrm{i}}{c}\mathrm{j}\omega$）已经被消去，因此，将这些公式中的$\partial$换成$\nabla$，公式仍然成立，对比可知，替换后的式（5.6.15）正是式（5.6.2）。

对式（5.6.2）积分，并略去$\frac{1}{2}\mu_0$，频域四电磁互易方程的积分形式为

$$\int_V\left[\widetilde{\dot{G}}_1\left(\nabla\dot{G}_2\right)-\left(\widetilde{\nabla\dot{G}_1}\right)\dot{G}_2\right]\mathrm{d}V=\int_V\left(\widetilde{\dot{G}}_1\dot{J}_2-\widetilde{\dot{J}}_1\dot{G}_2\right)\mathrm{d}V \tag{5.6.16a}$$

$$\int_V\left[-\nabla\cdot\left(\dot{\boldsymbol{b}}_1\times\dot{\boldsymbol{b}}_2+\dot{\boldsymbol{b}}_1\cdot\dot{\boldsymbol{b}}_2\overline{\overline{\boldsymbol{I}}}-\overline{\dot{\boldsymbol{b}}_1\dot{\boldsymbol{b}}_2}-\overline{\dot{\boldsymbol{b}}_2\dot{\boldsymbol{b}}_1}\right)\right]\mathrm{d}V$$
$$=\int_V\left(\widetilde{\dot{G}}_1\dot{J}_2-\widetilde{\dot{J}}_1\dot{G}_2\right)\mathrm{d}V \tag{5.6.16b}$$

根据高斯定理，有

$$-\oint_S\left[\boldsymbol{e}_n\cdot\left(\dot{\boldsymbol{b}}_1\times\dot{\boldsymbol{b}}_2\right)+\boldsymbol{e}_n\left(\dot{\boldsymbol{b}}_1\cdot\dot{\boldsymbol{b}}_2\right)-\left(\boldsymbol{e}_n\cdot\dot{\boldsymbol{b}}_1\right)\dot{\boldsymbol{b}}_2-\left(\boldsymbol{e}_n\cdot\dot{\boldsymbol{b}}_2\right)\dot{\boldsymbol{b}}_1\right]\mathrm{d}S$$
$$=\int_V\left(\widetilde{\dot{G}}_1\dot{J}_2-\widetilde{\dot{J}}_1\dot{G}_2\right)\mathrm{d}V \tag{5.6.17}$$

利用恒等式

$$\boldsymbol{a}\times\left(\boldsymbol{b}\times\boldsymbol{c}\right)=\boldsymbol{b}\left(\boldsymbol{a}\cdot\boldsymbol{c}\right)-\boldsymbol{c}\left(\boldsymbol{a}\cdot\boldsymbol{b}\right)$$

有

$$-\boldsymbol{e}_n\left(\dot{\boldsymbol{b}}_1\cdot\dot{\boldsymbol{b}}_2\right)+\left(\boldsymbol{e}_n\cdot\dot{\boldsymbol{b}}_2\right)\dot{\boldsymbol{b}}_1=\left(\boldsymbol{e}_n\times\dot{\boldsymbol{b}}_1\right)\times\dot{\boldsymbol{b}}_2 \tag{5.6.18}$$

将式（5.6.18）代入式（5.6.17），有

$$-\oint_S \left[\left(\boldsymbol{e}_n \times \dot{\boldsymbol{b}}_1 \right) \cdot \dot{\boldsymbol{b}}_2 - \left(\boldsymbol{e}_n \times \dot{\boldsymbol{b}}_1 \right) \times \dot{\boldsymbol{b}}_2 - \left(\boldsymbol{e}_n \cdot \dot{\boldsymbol{b}}_1 \right) \dot{\boldsymbol{b}}_2 \right] \mathrm{d}S$$

$$= \int_V \left(\widetilde{\dot{G}}_1 \dot{J}_2 - \widetilde{\dot{J}}_1 \dot{G}_2 \right) \mathrm{d}V \tag{5.6.19}$$

进一步，频域四电磁互易方程的积分形式为

$$-\oint_S \widetilde{\boldsymbol{e}_n \dot{G}_1} \dot{G}_2 \mathrm{d}S = \int_V \left(\widetilde{\dot{G}}_1 \dot{J}_2 - \widetilde{\dot{J}}_1 \dot{G}_2 \right) \mathrm{d}V \tag{5.6.20}$$

当两组源在同一有限体积内或体积外时，式（5.6.20）左端面积分可以消去，于是有

$$\int_V \widetilde{\dot{J}}_1 \dot{G}_2 \mathrm{d}V = \int_V \widetilde{\dot{G}}_1 \dot{J}_2 \mathrm{d}V \tag{5.6.21}$$

5.7　四元数电磁反应

Rumsey 最早提出“反应”这一概念，并将洛伦兹互易定理总结为两个场源之间的“作用与反作用”（Rumsey，1954）。

Rumsey 反应为

$$\begin{cases} \dot{R}_{21} = \dot{\boldsymbol{J}}_{\mathrm{e}2} \cdot \dot{\boldsymbol{E}}_1 - \dot{\boldsymbol{J}}_{\mathrm{m}2} \cdot \dot{\boldsymbol{H}}_1 \\ \dot{R}_{12} = \dot{\boldsymbol{J}}_{\mathrm{e}1} \cdot \dot{\boldsymbol{E}}_2 - \dot{\boldsymbol{J}}_{\mathrm{m}1} \cdot \dot{\boldsymbol{H}}_2 \end{cases} \tag{5.7.1}$$

Lindell 等用微分形式对“Rumsey”反应作了扩展（Lindell et al.，2020），写成对应的四维吉布斯矢量，为

$$\begin{cases} \dot{\boldsymbol{R}}_{21} = \left(\dot{\boldsymbol{J}}_{\mathrm{e}2} \cdot \dot{\boldsymbol{E}}_1 - \dot{\boldsymbol{J}}_{\mathrm{m}2} \cdot \dot{\boldsymbol{H}}_1 \right) \boldsymbol{e}_4 + \left(\dot{\boldsymbol{J}}_{\mathrm{e}2} \times \dot{\boldsymbol{B}}_1 + \dot{\boldsymbol{J}}_{\mathrm{m}2} \times \dot{\boldsymbol{D}}_1 - \dot{\rho}_{\mathrm{e}2} \dot{\boldsymbol{E}}_1 + \dot{\rho}_{\mathrm{m}2} \dot{\boldsymbol{H}}_1 \right) \\ \dot{\boldsymbol{R}}_{12} = \left(\dot{\boldsymbol{J}}_{\mathrm{e}1} \cdot \dot{\boldsymbol{E}}_2 - \dot{\boldsymbol{J}}_{\mathrm{m}1} \cdot \dot{\boldsymbol{H}}_2 \right) \boldsymbol{e}_4 + \left(\dot{\boldsymbol{J}}_{\mathrm{e}1} \times \dot{\boldsymbol{B}}_2 + \dot{\boldsymbol{J}}_{\mathrm{m}1} \times \dot{\boldsymbol{D}}_2 - \dot{\rho}_{\mathrm{e}1} \dot{\boldsymbol{E}}_2 + \dot{\rho}_{\mathrm{m}1} \dot{\boldsymbol{H}}_2 \right) \end{cases} \tag{5.7.2}$$

式中，$\boldsymbol{e}_4$ 为时间基。

在 4.7.2 节中，我们亦采用微分形式对“Rumsey”反应作了扩展，写成对应的四维吉布斯矢量，即式（4.7.43）。为便于比较，在公式中需补入磁性源，之后将其中的上角标 a 和 b 换为下角标 1 和 2，并去掉下角标中的“g”，有

$$\begin{cases} \dot{\boldsymbol{R}}_{\dot{\boldsymbol{J}}\dot{\boldsymbol{G}}}^{\dot{j}_S\dot{\boldsymbol{G}}} = \left(\dot{\boldsymbol{J}}_{e2}\cdot\dot{\boldsymbol{E}}_1 - \dot{\boldsymbol{J}}_{m2}\cdot\dot{\boldsymbol{H}}_1\right)\boldsymbol{e}_4 + \left(\dot{\boldsymbol{J}}_{e2}\times\dot{\boldsymbol{B}}_1 + \dot{\boldsymbol{J}}_{m2}\times\dot{\boldsymbol{D}}_1 - \dot{\rho}_{e2}\dot{\boldsymbol{E}}_1 + \dot{\rho}_{m2}\dot{\boldsymbol{H}}_1\right) \\ \dot{\boldsymbol{R}}_{\dot{\boldsymbol{G}}\dot{\boldsymbol{J}}}^{-\dot{\boldsymbol{G}}\dot{j}_S} = \left(\dot{\boldsymbol{E}}_2\cdot\dot{\boldsymbol{J}}_{e1} - \dot{\boldsymbol{H}}_2\cdot\dot{\boldsymbol{J}}_{m1}\right)\boldsymbol{e}_4 + \left(\dot{\boldsymbol{B}}_2\times\dot{\boldsymbol{J}}_{e1} + \dot{\boldsymbol{D}}_2\times\dot{\boldsymbol{J}}_{m1} + \dot{\boldsymbol{E}}_2\dot{\rho}_{e1} + \dot{\boldsymbol{H}}_2\dot{\rho}_{m1}\right) \end{cases}$$

亦即

$$\begin{cases} \dot{\boldsymbol{R}}_{\dot{\boldsymbol{J}}\dot{\boldsymbol{G}}}^{\dot{j}_S\dot{\boldsymbol{G}}} = \left(\dot{\boldsymbol{J}}_{e2}\cdot\dot{\boldsymbol{E}}_1 - \dot{\boldsymbol{J}}_{m2}\cdot\dot{\boldsymbol{H}}_1\right)\boldsymbol{e}_4 + \left(\dot{\boldsymbol{J}}_{e2}\times\dot{\boldsymbol{B}}_1 + \dot{\boldsymbol{J}}_{m2}\times\dot{\boldsymbol{D}}_1 - \dot{\rho}_{e2}\dot{\boldsymbol{E}}_1 + \dot{\rho}_{m2}\dot{\boldsymbol{H}}_1\right) \\ \dot{\boldsymbol{R}}_{\dot{\boldsymbol{G}}\dot{\boldsymbol{J}}}^{-\dot{\boldsymbol{G}}\dot{j}_S} = \left(\dot{\boldsymbol{J}}_1\cdot\dot{\boldsymbol{E}}_{e2} - \dot{\boldsymbol{J}}_1\cdot\dot{\boldsymbol{H}}_{m2}\right)\boldsymbol{e}_4 - \left(\dot{\boldsymbol{J}}_{e1}\times\dot{\boldsymbol{B}}_2 + \dot{\boldsymbol{J}}_{m1}\times\dot{\boldsymbol{D}}_2 - \dot{\rho}_{e1}\dot{\boldsymbol{E}}_2 - \dot{\rho}_{m1}\dot{\boldsymbol{H}}_2\right) \end{cases} \tag{5.7.3}$$

式中，$\dot{\boldsymbol{G}}$ 表示矢量场，$\dot{\boldsymbol{J}}$ 和 $\dot{j}_S$ 分别表示与矢量场作运算的矢量源和标量源。

式（5.7.3）中，两个反应相互变换的原则是：所有矢量先加上负号，然后作场源互换，具体地，在相乘运算中，将 ρ_e 与 $-\boldsymbol{E}$ 互换，ρ_m 与 $-\boldsymbol{H}$ 互换；在叉乘运算中，将 $\boldsymbol{J}_e$ 和 $\boldsymbol{B}$ 互换，$\boldsymbol{J}_m$ 和 $\boldsymbol{D}$ 互换；在点乘运算中，$\boldsymbol{J}_e$ 与 $\boldsymbol{E}$ 互换，$\boldsymbol{J}_m$ 与 $\boldsymbol{H}$ 互换，就可以由 $\dot{\boldsymbol{R}}_{\dot{\boldsymbol{J}}\dot{\boldsymbol{G}}}^{\dot{j}_S\dot{\boldsymbol{G}}}$ 得到 $\dot{\boldsymbol{R}}_{\dot{\boldsymbol{G}}\dot{\boldsymbol{J}}}^{-\dot{\boldsymbol{G}}\dot{j}_S}$。

采用四元数理论，对两组四电磁场方程分别左乘 $\dot{G}_1$ 和 $\dot{G}_2$，并相减有

$$\mu_0\left[\dot{G}_1\left(\partial\dot{G}_2\right) - \dot{G}_2\left(\partial\dot{G}_1\right)\right] = \mu_0\left(\dot{G}_1\dot{J}_2 - \dot{G}_2\dot{J}_1\right) \tag{5.7.4a}$$

为了便于对比，将式（5.6.15a）略去了系数 $\frac{1}{2}$，列在这里

$$\mu_0\left[\widetilde{\dot{G}_1}\left(\nabla\dot{G}_2\right) - \left(\widetilde{\nabla\dot{G}_1}\right)\dot{G}_2\right] = \mu_0\left(\widetilde{\dot{G}_1}\dot{J}_2 - \widetilde{\dot{J}_1}\dot{G}_2\right) \tag{5.7.4b}$$

记式（5.7.4）的右端项为

$$\dot{f}_{12} = \mu_0\left(\dot{G}_1\dot{J}_2 - \dot{G}_2\dot{J}_1\right) \tag{5.7.5a}$$

$$\dot{f}_{\dot{G}\dot{J}} = \mu_0\left(\widetilde{\dot{G}_1}\dot{J}_2 - \widetilde{\dot{J}_1}\dot{G}_2\right) \tag{5.7.5b}$$

考虑到两个四元数左右乘的不同，将式（5.7.5）记为

$$\dot{f}_{12} = \dot{R}_{21} - \dot{R}_{12} \tag{5.7.6a}$$

$$\dot{f}_{\dot{G}\dot{J}}=\dot{R}_{\dot{J}\dot{G}}-\dot{R}_{\dot{G}\dot{J}} \tag{5.7.6b}$$

需要注意，勿将式（5.7.3）中的$\dot{\boldsymbol{G}}$和式（5.7.6）中的$\dot{G}$混淆，前者是矢量，后者是四元数。

定义两种四元数电磁反应

$$\begin{cases}\dot{R}_{21}=\mu_0\dot{G}_1\dot{J}_2\\ \dot{R}_{12}=\mu_0\dot{G}_2\dot{J}_1\end{cases} \tag{5.7.7}$$

$$\begin{cases}\dot{R}_{\dot{J}\dot{G}}=\mu_0\widetilde{\dot{G}}_1\dot{J}_2\\ R_{\dot{G}\dot{J}}=\mu_0\widetilde{\dot{J}}_1\dot{G}_2\end{cases} \tag{5.7.8}$$

上面两种反应存在本质的不同。对反应$\dot{R}_{21}$的下角标“1”和“2”互换，可得反应$\dot{R}_{12}$，对反应$\dot{R}_{\dot{J}\dot{G}}$下角标“$\dot{G}$”和“$\dot{J}$”互换，可得反应$\dot{R}_{\dot{G}\dot{J}}$。下角标 1 和 2 互换表示的是四元数语言中的场场互换与源源互换，而下角标$\dot{G}$和$\dot{J}$互换，则表示四元数语言中的场源互换。需要注意，四元数语言中的场源互换并非矢量语言中的场源互换。具体地，将$\widetilde{\dot{G}}_1$换为$\widetilde{\dot{J}}_1$，$\dot{J}_2$换为$\dot{G}_2$，即可实现$\dot{R}_{\dot{J}\dot{G}}$换为$\dot{R}_{\dot{G}\dot{J}}$。这里，$\widetilde{\dot{G}}_1$和$\widetilde{\dot{J}}_1$表示对四元数$\dot{G}_1$和$\dot{J}_1$取四元共轭，其运算法则是标部不变，矢部取相反数。理解了这一点，就理解了式（4.7.43）和式（5.7.3）中两个反应互换的含义，实际上是将矢量源和标量源看作四电磁源的分量，按照四元数运算法则作场源互换。

展开式（5.7.7），有

$$\begin{aligned}\dot{R}_{21}=&\frac{\mathrm{i}}{c}\left(\dot{\boldsymbol{J}}_{\mathrm{e}2}\cdot\dot{\boldsymbol{E}}_1-\dot{\boldsymbol{J}}_{\mathrm{m}2}\cdot\dot{\boldsymbol{H}}_1\right)\\&-\left(\mu_0\dot{\boldsymbol{J}}_{\mathrm{e}2}\times\dot{\boldsymbol{H}}_1+\varepsilon_0\dot{\boldsymbol{J}}_{\mathrm{m}2}\times\dot{\boldsymbol{E}}_1-\rho_{\mathrm{e}2}\dot{\boldsymbol{E}}_1+\rho_{\mathrm{m}2}\dot{\boldsymbol{H}}_1\right)\\&-\left(\mu_0\dot{\boldsymbol{J}}_{\mathrm{e}2}\cdot\dot{\boldsymbol{H}}_1+\varepsilon_0\dot{\boldsymbol{J}}_{\mathrm{m}2}\cdot\dot{\boldsymbol{E}}_1\right)\\&+\frac{\mathrm{i}}{c}\left(\dot{\boldsymbol{J}}_{\mathrm{e}2}\times\dot{\boldsymbol{E}}_1-\dot{\boldsymbol{J}}_{\mathrm{m}2}\times\dot{\boldsymbol{H}}_1+\frac{1}{\varepsilon_0}\rho_{\mathrm{e}2}\dot{\boldsymbol{H}}_1+\frac{1}{\mu_0}\rho_{\mathrm{m}2}\dot{\boldsymbol{E}}_1\right)\end{aligned} \tag{5.7.9a}$$

$$\begin{aligned}\dot{R}_{12}=&\frac{\mathrm{i}}{c}\left(\dot{\boldsymbol{J}}_{\mathrm{e}1}\cdot\dot{\boldsymbol{E}}_{2}-\dot{\boldsymbol{J}}_{\mathrm{m}1}\cdot\dot{\boldsymbol{H}}_{2}\right)\\&-\left(\mu_{0}\dot{\boldsymbol{J}}_{\mathrm{e}1}\times\dot{\boldsymbol{H}}_{2}+\varepsilon_{0}\dot{\boldsymbol{J}}_{\mathrm{m}1}\times\dot{\boldsymbol{E}}_{2}-\rho_{\mathrm{e}1}\dot{\boldsymbol{E}}_{2}+\rho_{\mathrm{m}1}\dot{\boldsymbol{H}}_{2}\right)\\&-\left(\mu_{0}\dot{\boldsymbol{J}}_{\mathrm{e}1}\cdot\dot{\boldsymbol{H}}_{2}+\varepsilon_{0}\dot{\boldsymbol{J}}_{\mathrm{m}1}\cdot\dot{\boldsymbol{E}}_{2}\right)\\&+\left(\frac{\mathrm{i}}{c}\dot{\boldsymbol{J}}_{\mathrm{e}1}\times\dot{\boldsymbol{E}}_{2}-\dot{\boldsymbol{J}}_{\mathrm{m}1}\times\dot{\boldsymbol{H}}_{2}+\frac{1}{\varepsilon_{0}}\rho_{\mathrm{e}1}\dot{\boldsymbol{H}}_{2}+\frac{1}{\mu_{0}}\rho_{\mathrm{m}1}\dot{\boldsymbol{E}}_{2}\right)\end{aligned}\quad(5.7.9\mathrm{b})$$

展开式（5.7.8），有

$$\begin{aligned}\dot{R}_{\dot{J}\dot{G}}=-\dot{R}_{21}=&-\frac{\mathrm{i}}{c}\left(\dot{\boldsymbol{J}}_{\mathrm{e}2}\cdot\dot{\boldsymbol{E}}_{1}-\dot{\boldsymbol{J}}_{\mathrm{m}2}\cdot\dot{\boldsymbol{H}}_{1}\right)\\&+\left(\mu_{0}\dot{\boldsymbol{J}}_{\mathrm{e}2}\times\dot{\boldsymbol{H}}_{1}+\varepsilon_{0}\dot{\boldsymbol{J}}_{\mathrm{m}2}\times\dot{\boldsymbol{E}}_{1}-\rho_{\mathrm{e}2}\dot{\boldsymbol{E}}_{1}+\rho_{\mathrm{m}2}\dot{\boldsymbol{H}}_{1}\right)\\&+\left(\mu_{0}\dot{\boldsymbol{J}}_{\mathrm{e}2}\cdot\dot{\boldsymbol{H}}_{1}+\varepsilon_{0}\dot{\boldsymbol{J}}_{\mathrm{m}2}\cdot\dot{\boldsymbol{E}}_{1}\right)\\&-\frac{\mathrm{i}}{c}\left(\dot{\boldsymbol{J}}_{\mathrm{e}2}\times\dot{\boldsymbol{E}}_{1}-\dot{\boldsymbol{J}}_{\mathrm{m}2}\times\dot{\boldsymbol{H}}_{1}+\frac{1}{\varepsilon_{0}}\rho_{\mathrm{e}2}\dot{\boldsymbol{H}}_{1}+\frac{1}{\mu_{0}}\rho_{\mathrm{m}2}\dot{\boldsymbol{E}}_{1}\right)\end{aligned}\quad(5.7.10\mathrm{a})$$

$$\begin{aligned}R_{\dot{G}\dot{J}}=&-\frac{\mathrm{i}}{c}\left(\dot{\boldsymbol{J}}_{\mathrm{e}1}\cdot\dot{\boldsymbol{E}}_{2}-\dot{\boldsymbol{J}}_{\mathrm{m}1}\cdot\dot{\boldsymbol{H}}_{2}\right)\\&-\left(\mu_{0}\dot{\boldsymbol{J}}_{\mathrm{e}1}\times\dot{\boldsymbol{H}}_{2}+\varepsilon_{0}\dot{\boldsymbol{J}}_{\mathrm{m}1}\times\dot{\boldsymbol{E}}_{2}-\rho_{\mathrm{e}1}\dot{\boldsymbol{E}}_{2}+\rho_{\mathrm{m}1}\dot{\boldsymbol{H}}_{2}\right)\\&+\left(\mu_{0}\dot{\boldsymbol{J}}_{\mathrm{e}1}\cdot\dot{\boldsymbol{H}}_{2}+\varepsilon_{0}\dot{\boldsymbol{J}}_{\mathrm{m}1}\cdot\dot{\boldsymbol{E}}_{2}\right)\\&+\frac{\mathrm{i}}{c}\left(\dot{\boldsymbol{J}}_{\mathrm{e}1}\times\dot{\boldsymbol{E}}_{2}-\dot{\boldsymbol{J}}_{\mathrm{m}1}\times\dot{\boldsymbol{H}}_{2}+\frac{1}{\varepsilon_{0}}\rho_{\mathrm{e}1}\dot{\boldsymbol{H}}_{2}+\frac{1}{\mu_{0}}\rho_{\mathrm{m}1}\dot{\boldsymbol{E}}_{2}\right)\end{aligned}\quad(5.7.10\mathrm{b})$$

取出式（5.7.9）的前两项，记为 $\dot{R}_{21}^{*}$ 和 $\dot{R}_{12}^{*}$，有

$$\begin{cases}\dot{R}_{21}^{*}=\dfrac{\mathrm{i}}{c}\left(\dot{\boldsymbol{J}}_{\mathrm{e}2}\cdot\dot{\boldsymbol{E}}_{1}-\dot{\boldsymbol{J}}_{\mathrm{m}2}\cdot\dot{\boldsymbol{H}}_{1}\right)-\left(\mu_{0}\dot{\boldsymbol{J}}_{\mathrm{e}2}\times\dot{\boldsymbol{H}}_{1}+\varepsilon_{0}\dot{\boldsymbol{J}}_{\mathrm{m}2}\times\dot{\boldsymbol{E}}_{1}-\rho_{\mathrm{e}2}\dot{\boldsymbol{E}}_{1}+\rho_{\mathrm{m}2}\dot{\boldsymbol{H}}_{1}\right)\\\dot{R}_{12}^{*}=\dfrac{\mathrm{i}}{c}\left(\dot{\boldsymbol{J}}_{\mathrm{e}1}\cdot\dot{\boldsymbol{E}}_{2}-\dot{\boldsymbol{J}}_{\mathrm{m}1}\cdot\dot{\boldsymbol{H}}_{2}\right)-\left(\mu_{0}\dot{\boldsymbol{J}}_{\mathrm{e}1}\times\dot{\boldsymbol{H}}_{2}+\varepsilon_{0}\dot{\boldsymbol{J}}_{\mathrm{m}1}\times\dot{\boldsymbol{E}}_{2}-\rho_{\mathrm{e}1}\dot{\boldsymbol{E}}_{2}+\rho_{\mathrm{m}1}\dot{\boldsymbol{H}}_{2}\right)\end{cases}\quad(5.7.11)$$

取出式（5.7.10）的前两项，记为 $\dot{R}_{\dot{J}\dot{G}}^{*}$ 和 $\dot{R}_{\dot{G}\dot{J}}^{*}$，有

$$
\begin{cases}
\dot{R}^*_{\dot{J}\dot{G}} = -\dfrac{\mathrm{i}}{c}\left(\dot{\boldsymbol{J}}_{\mathrm{e}2}\cdot\dot{\boldsymbol{E}}_1 - \dot{\boldsymbol{J}}_{\mathrm{m}2}\cdot\dot{\boldsymbol{H}}_1\right) + \left(\mu_0\dot{\boldsymbol{J}}_{\mathrm{e}2}\times\dot{\boldsymbol{H}}_1 + \varepsilon_0\dot{\boldsymbol{J}}_{\mathrm{m}2}\times\dot{\boldsymbol{E}}_1 - \rho_{\mathrm{e}2}\dot{\boldsymbol{E}}_1 + \rho_{\mathrm{m}2}\dot{\boldsymbol{H}}_1\right) \\
\dot{R}^*_{\dot{G}\dot{J}} = -\dfrac{\mathrm{i}}{c}\left(\dot{\boldsymbol{J}}_{\mathrm{e}1}\cdot\dot{\boldsymbol{E}}_2 - \dot{\boldsymbol{J}}_{\mathrm{m}1}\cdot\dot{\boldsymbol{H}}_2\right) - \left(\mu_0\dot{\boldsymbol{J}}_{\mathrm{e}1}\times\dot{\boldsymbol{H}}_2 + \varepsilon_0\dot{\boldsymbol{J}}_{\mathrm{m}1}\times\dot{\boldsymbol{E}}_2 - \rho_{\mathrm{e}1}\dot{\boldsymbol{E}}_2 + \rho_{\mathrm{m}1}\dot{\boldsymbol{H}}_2\right)
\end{cases}
\tag{5.7.12}
$$

将 Lindell 应用微分形式定义的反应式（5.7.2）、我们应用微分形式定义的反应式（5.7.3）、四元数电磁反应式（5.7.11）和式（5.7.12）作比较，具体地，前两个反应式的时间项和空间项分别与后两个四元数电磁反应的虚标部和实矢部作比较，由于反应项各分量取负号并不影响其物理意义的表达，若略去正负号的差异，则三者的对应项没有区别。

我们将式（5.7.4）的左端项展开，则出现 $\dot{\boldsymbol{b}}_1\times\left(\nabla\times\dot{\boldsymbol{b}}_2\right)-\dot{\boldsymbol{b}}_2\times\left(\nabla\times\dot{\boldsymbol{b}}_1\right)$ 项，无法对其作进一步简化，使得对它作体积分时难以利用高斯散度定理将其化为面积分，导致即便两组源处于同一有限体积之内或之外，也无法将左端积分项化为零。因此，式（5.7.4a）作为电磁场互易定理不具备公式的简洁性和易用性，这说明式（5.7.7）所定义的四元数电磁反应也就失去了意义。因此，我们最终选取式（5.7.8）作为四元数电磁反应的定义式。

Lindell 等给出的广义反应包含两项，其中时间项是传统的 Rumsey 反应项，表示电磁功率反应，空间项是电磁力反应。我们导出的四元数电磁反应，包含四项，其中虚标部和实矢部分别对应 Lindell 等给出的广义反应的时间项和空间项，实标部与 Feld-Tai 互易定理有关，虚矢部与另一个动量互易定理有关（Liu et al.，2022b）。这种四元数电磁反应遵循四元数意义下的场源互换。

习　题

5.1　利用频域四电磁场能-动量互易方程，导出惠更斯原理。

5.2　试说明 Rumsey 反应、Lindell 反应与四元数电磁反应的本质区别。

第 6 章　非均匀介质中的电磁场互易定理

2020 年，我们从麦克斯韦方程组出发，在时域和频域给出了洛伦兹互易定理、Feld-Tai 互易定理的详细推导过程；同时，我们提出并导出了两个动量互易定理（刘国强等，2020）；Feld-Tai 互易定理和两个动量互易定理均假定介质是均匀的。本章我们将导出这三个定理在非均匀介质中的频率域表达式。而洛伦兹互易定理虽完全适用于非均匀介质，但为了保持论述的完整性，本章也列出了它的导出过程。

瞬变电磁场量和电磁场相量并未同时出现于本章中，由于不致引起混淆，也就没有必要对二者做出区分，例如，电场强度相量 $\dot{\boldsymbol{E}}$，仍写成 $\boldsymbol{E}$。本章前四节，均假定只包含电性源，因此，将电流源 $\boldsymbol{J}_{\mathrm{e}}$ 和电荷源 ρ_{e} 简写为 $\boldsymbol{J}$ 和 ρ。

6.1　洛伦兹互易方程

频域互易方程是由洛伦兹（Lorentz，1896）首先提出。假定电磁场（$\boldsymbol{E}_1,\boldsymbol{H}_1$）和电磁场$(\boldsymbol{E}_2,\boldsymbol{H}_2)$分别是由曲面内的电流源 $\boldsymbol{J}_1$ 和 $\boldsymbol{J}_2$ 产生的两个辐射场。洛伦兹互易定理的推导过程如下：

麦克斯韦方程组的两个旋度方程为

$$\nabla\times\boldsymbol{E}_1=-\mathrm{j}\omega\boldsymbol{B}_1 \tag{6.1.1}$$

$$\nabla\times\boldsymbol{H}_2=\boldsymbol{J}_2+\mathrm{j}\omega\boldsymbol{D}_2 \tag{6.1.2}$$

式（6.1.1）点乘 $\boldsymbol{H}_2$，式（6.1.2）点乘 $\boldsymbol{E}_1$，有

$$\boldsymbol{H}_2\cdot\nabla\times\boldsymbol{E}_1=-\mathrm{j}\omega\boldsymbol{B}_1\cdot\boldsymbol{H}_2 \tag{6.1.3}$$

$$\boldsymbol{E}_1\cdot\nabla\times\boldsymbol{H}_2=\boldsymbol{J}_2\cdot\boldsymbol{E}_1+\mathrm{j}\omega\boldsymbol{E}_1\cdot\boldsymbol{D}_2 \tag{6.1.4}$$

式（6.1.3）减式（6.1.4），并利用矢量恒等式（A8），有

$$\begin{aligned}\nabla\cdot\left(\boldsymbol{E}_1\times\boldsymbol{H}_2\right)&=-\boldsymbol{J}_2\cdot\boldsymbol{E}_1-\mathrm{j}\omega\boldsymbol{E}_1\cdot\boldsymbol{D}_2-\mathrm{j}\omega\boldsymbol{B}_1\cdot\boldsymbol{H}_2\\&=-\boldsymbol{J}_2\cdot\boldsymbol{E}_1-\mathrm{j}\omega\varepsilon\boldsymbol{E}_2\cdot\boldsymbol{E}_1-\mathrm{j}\omega\mu\boldsymbol{H}_1\cdot\boldsymbol{H}_2\end{aligned}\tag{6.1.5}$$

同理有

$$\nabla\cdot\left(\boldsymbol{E}_2\times\boldsymbol{H}_1\right)=-\boldsymbol{J}_1\cdot\boldsymbol{E}_2-\mathrm{j}\omega\varepsilon\boldsymbol{E}_1\cdot\boldsymbol{E}_2-\mathrm{j}\omega\mu\boldsymbol{H}_1\cdot\boldsymbol{H}_2\tag{6.1.6}$$

式（6.1.5）减式（6.1.6），有

$$\nabla\cdot\left(\boldsymbol{E}_1\times\boldsymbol{H}_2-\boldsymbol{E}_2\times\boldsymbol{H}_1\right)=\boldsymbol{J}_1\cdot\boldsymbol{E}_2-\boldsymbol{J}_2\cdot\boldsymbol{E}_1\tag{6.1.7}$$

对式（6.1.7）作体积分，并利用高斯定理，有

$$\oint_S\left(\boldsymbol{E}_1\times\boldsymbol{H}_2-\boldsymbol{E}_2\times\boldsymbol{H}_1\right)\cdot\mathrm{d}\boldsymbol{S}=\int_V(\boldsymbol{J}_1\cdot\boldsymbol{E}_2-\boldsymbol{J}_2\cdot\boldsymbol{E}_1)\mathrm{d}V\tag{6.1.8}$$

式（6.1.8）即为频域互易定理方程。其中表达式$\left(\boldsymbol{J}_1\cdot\boldsymbol{E}_2\right)$和$\left(\boldsymbol{J}_2\cdot\boldsymbol{E}_1\right)$分别称为源 1 对场 2 的反应（也称相互作用）和源 2 对场 1 的反应，反应具有功率密度的量纲。从上述推导过程可以看出，电磁特性参数ε和μ均可消去，因此，洛伦兹互易定理完全可以适用于非均匀介质情形。

6.2 Feld-Tai 互易方程

洛伦兹互易定理描述电流源和电场之间的关系，Feld-Tai 互易定理则描述了电流源和磁场的关系。

本节从麦克斯韦方程组出发，给出该推导过程如下：

法拉第电磁感应定律为

$$\nabla\times\boldsymbol{E}_1=-\mathrm{j}\omega\boldsymbol{B}_1\tag{6.2.1}$$

$$\nabla\times\boldsymbol{E}_2=-\mathrm{j}\omega\boldsymbol{B}_2\tag{6.2.2}$$

式（6.2.1）和式（6.2.2）分别点乘$\boldsymbol{D}_2$和$\boldsymbol{D}_1$，有

$$\boldsymbol{D}_2\cdot\left(\nabla\times\boldsymbol{E}_1\right)=-\mathrm{j}\omega\boldsymbol{B}_1\cdot\boldsymbol{D}_2\tag{6.2.3}$$

$$\boldsymbol{D}_1\cdot\left(\nabla\times\boldsymbol{E}_2\right)=-\mathrm{j}\omega\boldsymbol{B}_2\cdot\boldsymbol{D}_1\tag{6.2.4}$$

式（6.2.3）减式（6.2.4），有

$$\boldsymbol{D}_2\cdot\left(\nabla\times\boldsymbol{E}_1\right)-\boldsymbol{D}_1\cdot\left(\nabla\times\boldsymbol{E}_2\right)=-\mathrm{j}\omega(\boldsymbol{B}_1\cdot\boldsymbol{D}_2-\boldsymbol{B}_2\cdot\boldsymbol{D}_1)\tag{6.2.5}$$

用$\boldsymbol{D}$、$\boldsymbol{E}$和ε替代矢量恒等式（A7）中的$\boldsymbol{B}$、$\boldsymbol{A}$和α，有

$$\boldsymbol{D}_2\cdot(\nabla\times\boldsymbol{E}_1)-\boldsymbol{D}_1\cdot(\nabla\times\boldsymbol{E}_2)=\nabla\cdot(\boldsymbol{E}_1\times\boldsymbol{D}_2)-\nabla\varepsilon\cdot(\boldsymbol{E}_1\times\boldsymbol{E}_2)$$

于是，式（6.2.5）可化为

$$\nabla\cdot(\boldsymbol{E}_1\times\boldsymbol{D}_2)-\nabla\varepsilon\cdot(\boldsymbol{E}_1\times\boldsymbol{E}_2)=-\mathrm{j}\omega(\boldsymbol{B}_1\cdot\boldsymbol{D}_2-\boldsymbol{B}_2\cdot\boldsymbol{D}_1) \tag{6.2.6}$$

安培定律为

$$\nabla\times\boldsymbol{H}_1=\boldsymbol{J}_1+\mathrm{j}\omega\boldsymbol{D}_1 \tag{6.2.7}$$

$$\nabla\times\boldsymbol{H}_2=\boldsymbol{J}_2+\mathrm{j}\omega\boldsymbol{D}_2 \tag{6.2.8}$$

式（6.2.7）和式（6.2.8）分别点乘$\boldsymbol{B}_2$和$\boldsymbol{B}_1$，有

$$\boldsymbol{B}_2\cdot(\nabla\times\boldsymbol{H}_1)=\boldsymbol{J}_1\cdot\boldsymbol{B}_2+\mathrm{j}\omega\boldsymbol{B}_2\cdot\boldsymbol{D}_1 \tag{6.2.9}$$

$$\boldsymbol{B}_1\cdot(\nabla\times\boldsymbol{H}_2)=\boldsymbol{J}_2\cdot\boldsymbol{B}_1+\mathrm{j}\omega\boldsymbol{B}_1\cdot\boldsymbol{D}_2 \tag{6.2.10}$$

式（6.2.9）减式（6.2.10），有

$$\begin{aligned}&\boldsymbol{B}_2\cdot(\nabla\times\boldsymbol{H}_1)-\boldsymbol{B}_1\cdot(\nabla\times\boldsymbol{H}_2)\\&=\boldsymbol{J}_1\cdot\boldsymbol{B}_2-\boldsymbol{J}_2\cdot\boldsymbol{B}_1+\mathrm{j}\omega(\boldsymbol{B}_2\cdot\boldsymbol{D}_1-\boldsymbol{B}_1\cdot\boldsymbol{D}_2)\end{aligned} \tag{6.2.11}$$

用$\boldsymbol{B}$、$\boldsymbol{H}$和μ替代矢量恒等式（A7）中的$\boldsymbol{B}$、$\boldsymbol{A}$和α，有

$$\boldsymbol{B}_2\cdot(\nabla\times\boldsymbol{H}_1)-\boldsymbol{B}_1\cdot(\nabla\times\boldsymbol{H}_2)=\nabla\cdot(\boldsymbol{H}_1\times\boldsymbol{B}_2)-\nabla\mu\cdot(\boldsymbol{H}_1\times\boldsymbol{H}_2)$$

于是，式（6.2.11）可化为

$$\begin{aligned}&\nabla\cdot(\boldsymbol{H}_1\times\boldsymbol{B}_2)-\nabla\mu\cdot(\boldsymbol{H}_1\times\boldsymbol{H}_2)\\&=\boldsymbol{J}_1\cdot\boldsymbol{B}_2-\boldsymbol{J}_2\cdot\boldsymbol{B}_1-\mathrm{j}\omega(\boldsymbol{B}_1\cdot\boldsymbol{D}_2-\boldsymbol{B}_2\cdot\boldsymbol{D}_1)\end{aligned} \tag{6.2.12}$$

式（6.2.12）减式（6.2.6），有

$$\begin{aligned}&\nabla\cdot(\boldsymbol{H}_1\times\boldsymbol{B}_2-\boldsymbol{E}_1\times\boldsymbol{D}_2)\\&=\boldsymbol{J}_1\cdot\boldsymbol{B}_2-\boldsymbol{J}_2\cdot\boldsymbol{B}_1+\nabla\mu\cdot(\boldsymbol{H}_1\times\boldsymbol{H}_2)-\nabla\varepsilon\cdot(\boldsymbol{E}_1\times\boldsymbol{E}_2)\end{aligned} \tag{6.2.13}$$

式（6.2.13）为频域非均匀介质中的 Feld-Tai 互易方程的微分形式。对于均匀介质，$\nabla\mu$和$\nabla\varepsilon$均为零，式（6.2.13）中对应这两项被消去。

6.3　动量互易方程

本节推导非均匀介质动量互易方程。动量互易定理反映的是电流

源与磁通密度的叉乘关系以及电荷源与电场强度的相乘关系，即两个电流源$\boldsymbol{J}_1$、$\boldsymbol{J}_2$与两个磁通密度$\boldsymbol{B}_1$、$\boldsymbol{B}_2$叉乘，以及两个电荷源ρ_1、ρ_2与两个电场强度$\boldsymbol{E}_1$、$\boldsymbol{E}_2$的相乘的关系式，具有动量变化率（即力）的量纲。

假定在具有电磁参数ε和μ的线性非均匀无耗媒质中，同时存在两个频率相同彼此独立的时谐源$\boldsymbol{J}_1$和$\boldsymbol{J}_2$，它们分别激发两个电磁场$\boldsymbol{D}_1$、$\boldsymbol{H}_1$和$\boldsymbol{D}_2$、$\boldsymbol{H}_2$，并满足麦克斯韦方程组。

安培定律

$$\nabla\times\boldsymbol{H}_1=\boldsymbol{J}_1+\mathrm{j}\omega\boldsymbol{D}_1 \tag{6.3.1a}$$

法拉第电磁感应定律

$$\nabla\times\boldsymbol{E}_2=-\mathrm{j}\omega\boldsymbol{B}_2 \tag{6.3.1b}$$

式（6.3.1a）叉乘$\boldsymbol{B}_2$，有

$$\left(\nabla\times\boldsymbol{H}_1\right)\times\boldsymbol{B}_2=\boldsymbol{J}_1\times\boldsymbol{B}_2+\mathrm{j}\omega\boldsymbol{D}_1\times\boldsymbol{B}_2 \tag{6.3.2}$$

用$\boldsymbol{D}_1$叉乘式（6.3.1b），有

$$\boldsymbol{D}_1\times\left(\nabla\times\boldsymbol{E}_2\right)=-\mathrm{j}\omega\boldsymbol{D}_1\times\boldsymbol{B}_2 \tag{6.3.3}$$

式（6.3.2）与式（6.3.3）相加，有

$$\left(\nabla\times\boldsymbol{H}_1\right)\times\boldsymbol{B}_2+\boldsymbol{D}_1\times\left(\nabla\times\boldsymbol{E}_2\right)=\boldsymbol{J}_1\times\boldsymbol{B}_2 \tag{6.3.4}$$

同理有

$$\left(\nabla\times\boldsymbol{H}_2\right)\times\boldsymbol{B}_1+\boldsymbol{D}_2\times\left(\nabla\times\boldsymbol{E}_1\right)=\boldsymbol{J}_2\times\boldsymbol{B}_1 \tag{6.3.5}$$

式（6.3.4）与式（6.3.5）相加，有

$$\begin{aligned}&\left(\nabla\times\boldsymbol{H}_1\right)\times\boldsymbol{B}_2+\left(\nabla\times\boldsymbol{H}_2\right)\times\boldsymbol{B}_1+\boldsymbol{D}_1\times\left(\nabla\times\boldsymbol{E}_2\right)+\boldsymbol{D}_2\times\left(\nabla\times\boldsymbol{E}_1\right)\\&=\boldsymbol{J}_1\times\boldsymbol{B}_2+\boldsymbol{J}_2\times\boldsymbol{B}_1\end{aligned} \tag{6.3.6}$$

恒等式（A3）为

$$\begin{aligned}\nabla\cdot\left(-\boldsymbol{B}_1\boldsymbol{A}_2-\boldsymbol{A}_2\boldsymbol{B}_1\right)=&\boldsymbol{B}_1\times\left(\nabla\times\boldsymbol{A}_2\right)+\boldsymbol{B}_2\times\left(\nabla\times\boldsymbol{A}_1\right)\\&-\left(\nabla\cdot\boldsymbol{B}_1\right)\boldsymbol{A}_2-\left(\nabla\cdot\boldsymbol{B}_2\right)\boldsymbol{A}_1-\alpha\nabla\left(\boldsymbol{A}_1\cdot\boldsymbol{A}_2\right)\end{aligned} \tag{6.3.7}$$

分别用 $\boldsymbol{H}$ 、$\boldsymbol{B}$ 和 μ 代替式（6.3.7）中的 $\boldsymbol{A}$ 、$\boldsymbol{B}$ 和 α ，并利用 $\nabla\cdot\boldsymbol{B}_1=0$ ，$\nabla\cdot\boldsymbol{B}_2=0$ ，有

$$\begin{aligned}&(\nabla\times\boldsymbol{H}_2)\times\boldsymbol{B}_1+(\nabla\times\boldsymbol{H}_1)\times\boldsymbol{B}_2\\&=\nabla\cdot(\boldsymbol{H}_1\boldsymbol{B}_2+\boldsymbol{B}_2\boldsymbol{H}_1)-\mu\nabla(\boldsymbol{H}_1\cdot\boldsymbol{H}_2)\end{aligned}\tag{6.3.8}$$

分别用 $\boldsymbol{E}$ 、$\boldsymbol{D}$ 和 ε 代替式（6.3.7）中的 $\boldsymbol{A}$ 、$\boldsymbol{B}$ 和 α ，并利用 $\nabla\cdot\boldsymbol{D}_1=\rho_1$ ，$\nabla\cdot\boldsymbol{D}_2=\rho_2$ ，有

$$\begin{aligned}&\boldsymbol{D}_1\times(\nabla\times\boldsymbol{E}_2)+\boldsymbol{D}_2\times(\nabla\times\boldsymbol{E}_1)\\&=-\nabla\cdot(\boldsymbol{D}_1\boldsymbol{E}_2+\boldsymbol{E}_2\boldsymbol{D}_1)+\rho_1\boldsymbol{E}_2+\rho_2\boldsymbol{E}_1+\varepsilon\nabla(\boldsymbol{E}_1\cdot\boldsymbol{E}_2)\end{aligned}\tag{6.3.9}$$

式（6.3.8）与（6.3.9）相加，有

$$\begin{aligned}&(\nabla\times\boldsymbol{H}_2)\times\boldsymbol{B}_1+(\nabla\times\boldsymbol{H}_1)\times\boldsymbol{B}_2+\boldsymbol{D}_1\times(\nabla\times\boldsymbol{E}_2)+\boldsymbol{D}_2\times(\nabla\times\boldsymbol{E}_1)\\&=\nabla\cdot[(\boldsymbol{H}_1\boldsymbol{B}_2+\boldsymbol{B}_2\boldsymbol{H}_1)-(\boldsymbol{D}_1\boldsymbol{E}_2+\boldsymbol{E}_2\boldsymbol{D}_1)]\\&\quad+(\rho_1\boldsymbol{E}_2+\rho_2\boldsymbol{E}_1)-\mu\nabla(\boldsymbol{H}_1\cdot\boldsymbol{H}_2)+\varepsilon\nabla(\boldsymbol{E}_1\cdot\boldsymbol{E}_2)\end{aligned}\tag{6.3.10}$$

由式（6.3.6）和（6.3.10）有

$$\begin{aligned}&\boldsymbol{J}_1\times\boldsymbol{B}_2+\boldsymbol{J}_2\times\boldsymbol{B}_1-\rho_1\boldsymbol{E}_2-\rho_2\boldsymbol{E}_1+\mu\nabla(\boldsymbol{H}_1\cdot\boldsymbol{H}_2)-\varepsilon\nabla(\boldsymbol{E}_1\cdot\boldsymbol{E}_2)\\&=\nabla\cdot[(\boldsymbol{H}_1\boldsymbol{B}_2+\boldsymbol{B}_2\boldsymbol{H}_1-\boldsymbol{D}_1\boldsymbol{E}_2-\boldsymbol{E}_2\boldsymbol{D}_1)]\end{aligned}\tag{6.3.11}$$

式（6.3.11）为动量互易方程的微分形式，对于均匀介质，方程化为

$$\begin{aligned}&\boldsymbol{J}_1\times\boldsymbol{B}_2+\boldsymbol{J}_2\times\boldsymbol{B}_1-\rho_1\boldsymbol{E}_2-\rho_2\boldsymbol{E}_1\\&=\nabla\cdot[(\boldsymbol{H}_1\boldsymbol{B}_2+\boldsymbol{B}_2\boldsymbol{H}_1-\boldsymbol{D}_1\boldsymbol{E}_2-\boldsymbol{E}_2\boldsymbol{D}_1)]\end{aligned}\tag{6.3.12}$$

6.4　另一个动量互易方程

6.3 节中动量互易公式反映的是电流源与磁通密度的叉乘关系以及电荷源与电场强度的相乘关系，还应有反映电流源与电通密度的叉乘关系以及电荷源与磁场强度的相乘关系的定理，即另一个动量互易定理。均匀介质下公式已经被导出，本节导出非均匀介质中的相关公式。

安培定律满足

$$\nabla\times\boldsymbol{H}_1=\boldsymbol{J}_1+\mathrm{j}\omega\boldsymbol{D}_1 \tag{6.4.1a}$$

法拉第电磁感应定律

$$\nabla\times\boldsymbol{E}_2=-\mathrm{j}\omega\boldsymbol{B}_2 \tag{6.4.1b}$$

式（6.4.1a）叉乘$\boldsymbol{D}_2$，有

$$(\nabla\times\boldsymbol{H}_1)\times\boldsymbol{D}_2=\boldsymbol{J}_1\times\boldsymbol{D}_2+\mathrm{j}\omega\boldsymbol{D}_1\times\boldsymbol{D}_2 \tag{6.4.2}$$

式（6.4.1b）叉乘$\varepsilon\boldsymbol{H}_1$，有

$$\varepsilon(\nabla\times\boldsymbol{E}_2)\times\boldsymbol{H}_1=-\mathrm{j}\omega\varepsilon\boldsymbol{B}_2\times\boldsymbol{H}_1$$

由于

$$\varepsilon(\nabla\times\boldsymbol{E}_2)\times\boldsymbol{H}_1=(\nabla\times\boldsymbol{D}_2)\times\boldsymbol{H}_1-(\nabla\varepsilon\times\boldsymbol{E}_2)\times\boldsymbol{H}_1$$

于是

$$(\nabla\times\boldsymbol{D}_2)\times\boldsymbol{H}_1-(\nabla\varepsilon\times\boldsymbol{E}_2)\times\boldsymbol{H}_1=-\mathrm{j}\omega\varepsilon\boldsymbol{B}_2\times\boldsymbol{H}_1 \tag{6.4.3}$$

式（6.4.2）与式（6.4.3）相加，有

$$\begin{aligned}&(\nabla\times\boldsymbol{H}_1)\times\boldsymbol{D}_2+(\nabla\times\boldsymbol{D}_2)\times\boldsymbol{H}_1-(\nabla\varepsilon\times\boldsymbol{E}_2)\times\boldsymbol{H}_1\\&=\boldsymbol{J}_1\times\boldsymbol{D}_2+\mathrm{j}\omega\boldsymbol{D}_1\times\boldsymbol{D}_2-\mathrm{j}\omega\varepsilon\boldsymbol{B}_2\times\boldsymbol{H}_1\end{aligned} \tag{6.4.4}$$

同理有

$$\begin{aligned}&(\nabla\times\boldsymbol{H}_2)\times\boldsymbol{D}_1+(\nabla\times\boldsymbol{D}_1)\times\boldsymbol{H}_2-(\nabla\varepsilon\times\boldsymbol{E}_1)\times\boldsymbol{H}_2\\&=\boldsymbol{J}_2\times\boldsymbol{D}_1+\mathrm{j}\omega\boldsymbol{D}_2\times\boldsymbol{D}_1-\mathrm{j}\omega\varepsilon\boldsymbol{B}_1\times\boldsymbol{H}_2\end{aligned} \tag{6.4.5}$$

式（6.4.4）与式（6.4.5）相加，有

$$\begin{aligned}&(\nabla\times\boldsymbol{H}_1)\times\boldsymbol{D}_2+(\nabla\times\boldsymbol{D}_2)\times\boldsymbol{H}_1+(\nabla\times\boldsymbol{H}_2)\times\boldsymbol{D}_1+(\nabla\times\boldsymbol{D}_1)\times\boldsymbol{H}_2\\&=\boldsymbol{J}_1\times\boldsymbol{D}_2+\boldsymbol{J}_2\times\boldsymbol{D}_1+(\nabla\varepsilon\times\boldsymbol{E}_2)\times\boldsymbol{H}_1+(\nabla\varepsilon\times\boldsymbol{E}_1)\times\boldsymbol{H}_2\end{aligned} \tag{6.4.6}$$

恒等式（A3）为

$$\begin{aligned}&\nabla\cdot\left(\boldsymbol{A}_2\cdot\boldsymbol{B}_1\overline{\overline{\boldsymbol{I}}}-\boldsymbol{A}_2\boldsymbol{B}_1-\boldsymbol{B}_1\boldsymbol{A}_2\right)\\&=\boldsymbol{A}_2\times(\nabla\times\boldsymbol{B}_1)+\boldsymbol{B}_1\times(\nabla\times\boldsymbol{A}_2)-(\nabla\cdot\boldsymbol{A}_2)\boldsymbol{B}_1-(\nabla\cdot\boldsymbol{B}_1)\boldsymbol{A}_2\end{aligned} \tag{6.4.7}$$

分别用$\boldsymbol{H}_1$和$\boldsymbol{D}_2$代替式（6.4.7）中的$\boldsymbol{A}_2$和$\boldsymbol{B}_1$，并利用$\nabla\cdot\boldsymbol{D}_2=\rho_2$，$\nabla\cdot\boldsymbol{B}_2=0$，有

$$\begin{aligned}&\nabla\cdot\left(\boldsymbol{D}_2\cdot\boldsymbol{H}_1\bar{\bar{\boldsymbol{I}}}-\boldsymbol{D}_2\boldsymbol{H}_1-\boldsymbol{H}_1\boldsymbol{D}_2\right)\\&=\boldsymbol{D}_2\times\left(\nabla\times\boldsymbol{H}_1\right)+\boldsymbol{H}_1\times\left(\nabla\times\boldsymbol{D}_2\right)-\left(\nabla\cdot\boldsymbol{D}_2\right)\boldsymbol{H}_1-\left(\nabla\cdot\boldsymbol{H}_1\right)\boldsymbol{D}_2\\&=\boldsymbol{D}_2\times\left(\nabla\times\boldsymbol{H}_1\right)+\boldsymbol{H}_1\times\left(\nabla\times\boldsymbol{D}_2\right)-\rho_2\boldsymbol{H}_1+\frac{1}{\mu}\left(\nabla\mu\cdot\boldsymbol{H}_1\right)\boldsymbol{D}_2\end{aligned}\tag{6.4.8}$$

同理，有

$$\begin{aligned}&\nabla\cdot\left(\boldsymbol{D}_1\cdot\boldsymbol{H}_2\bar{\bar{\boldsymbol{I}}}-\boldsymbol{D}_1\boldsymbol{H}_2-\boldsymbol{H}_2\boldsymbol{D}_1\right)\\&=\boldsymbol{D}_1\times\left(\nabla\times\boldsymbol{H}_2\right)+\boldsymbol{H}_2\times\left(\nabla\times\boldsymbol{D}_1\right)-\rho_1\boldsymbol{H}_2+\frac{1}{\mu}\left(\nabla\mu\cdot\boldsymbol{H}_2\right)\boldsymbol{D}_1\end{aligned}\tag{6.4.9}$$

式（6.4.8）与式（6.4.9）相加并整理，有

$$\begin{aligned}&\left(\nabla\times\boldsymbol{H}_1\right)\times\boldsymbol{D}_2+\left(\nabla\times\boldsymbol{D}_2\right)\times\boldsymbol{H}_1+\left(\nabla\times\boldsymbol{H}_2\right)\times\boldsymbol{D}_1+\left(\nabla\times\boldsymbol{D}_1\right)\times\boldsymbol{H}_2\\&=-\nabla\cdot\left(\boldsymbol{H}_1\cdot\boldsymbol{D}_2\bar{\bar{\boldsymbol{I}}}+\boldsymbol{H}_2\cdot\boldsymbol{D}_1\bar{\bar{\boldsymbol{I}}}-\boldsymbol{H}_1\boldsymbol{D}_2-\boldsymbol{D}_2\boldsymbol{H}_1-\boldsymbol{H}_2\boldsymbol{D}_1-\boldsymbol{D}_1\boldsymbol{H}_2\right)\\&\quad-\rho_1\boldsymbol{H}_2-\rho_2\boldsymbol{H}_1+\frac{1}{\mu}\left(\nabla\mu\cdot\boldsymbol{H}_1\right)\boldsymbol{D}_2+\frac{1}{\mu}\left(\nabla\mu\cdot\boldsymbol{H}_2\right)\boldsymbol{D}_1\end{aligned}\tag{6.4.10}$$

联合式（6.4.6）和（6.4.10）有

$$\begin{aligned}&\boldsymbol{J}_1\times\boldsymbol{D}_2+\boldsymbol{J}_2\times\boldsymbol{D}_1+\rho_1\boldsymbol{H}_2+\rho_2\boldsymbol{H}_1+\left(\nabla\varepsilon\times\boldsymbol{E}_2\right)\times\boldsymbol{H}_1\\&\quad+\left(\nabla\varepsilon\times\boldsymbol{E}_1\right)\times\boldsymbol{H}_2-\frac{1}{\mu}\left(\nabla\mu\cdot\boldsymbol{H}_1\right)\boldsymbol{D}_2-\frac{1}{\mu}\left(\nabla\mu\cdot\boldsymbol{H}_2\right)\boldsymbol{D}_1\\&=-\nabla\cdot\left(\boldsymbol{H}_1\cdot\boldsymbol{D}_2\bar{\bar{\boldsymbol{I}}}+\boldsymbol{H}_2\cdot\boldsymbol{D}_1\bar{\bar{\boldsymbol{I}}}-\boldsymbol{H}_1\boldsymbol{D}_2-\boldsymbol{D}_2\boldsymbol{H}_1-\boldsymbol{H}_2\boldsymbol{D}_1-\boldsymbol{D}_1\boldsymbol{H}_2\right)\end{aligned}\tag{6.4.11}$$

对于均匀介质，式（6.4.11）化为

$$\begin{aligned}&\boldsymbol{J}_1\times\boldsymbol{D}_2+\boldsymbol{J}_2\times\boldsymbol{D}_1+\rho_1\boldsymbol{H}_2+\rho_2\boldsymbol{H}_1\\&=-\nabla\cdot\left(\boldsymbol{H}_1\cdot\boldsymbol{D}_2\bar{\bar{\boldsymbol{I}}}+\boldsymbol{H}_2\cdot\boldsymbol{D}_1\bar{\bar{\boldsymbol{I}}}-\boldsymbol{H}_1\boldsymbol{D}_2-\boldsymbol{D}_2\boldsymbol{H}_1-\boldsymbol{H}_2\boldsymbol{D}_1-\boldsymbol{D}_1\boldsymbol{H}_2\right)\end{aligned}\tag{6.4.12}$$

6.5　由互易定理导出惠更斯原理

惠更斯原理是一个比较特殊的电磁原理，它深刻揭示了波的形成和波的本质。惠更斯原理是将波前上的每一点作为一个新的波源，根据这些源在波传播方向上所产生场的叠加找出传播规律。惠更斯原理提供了一种电磁场简化分析方法，可以不用考虑实际源分布，只需在闭合面上设置与实际源等效的惠更斯源来简化分析。由洛伦兹互易定理导出惠更斯原理，已经成为在电磁场教科书中的基础知识。实际上，由动量互易定理亦可导出惠更斯原理（刘国强等，2022b），说明了一些经典电磁理论相互之间存在内在联系。为了便于对比，本节也列出了由洛伦兹互易定理导出惠更斯原理的内容。

6.5.1　由洛伦兹互易定理导出惠更斯原理

设实际电流源和磁流源分别为$\boldsymbol{J}_{\mathrm{e}1}$和$\boldsymbol{J}_{\mathrm{m}1}$，作闭合面$S_h$，该闭合面围成的区域为$V_h$。设$P$为$S_h$外一点，在$P$点放入一个单位电偶极子点源，可表示为

$$\boldsymbol{J}_2=\boldsymbol{e}_P\delta\left(\boldsymbol{r}-\boldsymbol{r}_P\right) \tag{6.5.1}$$

作一个包围P点和S_h面的闭合面S，体积为V，如图 6.5.1 所示。

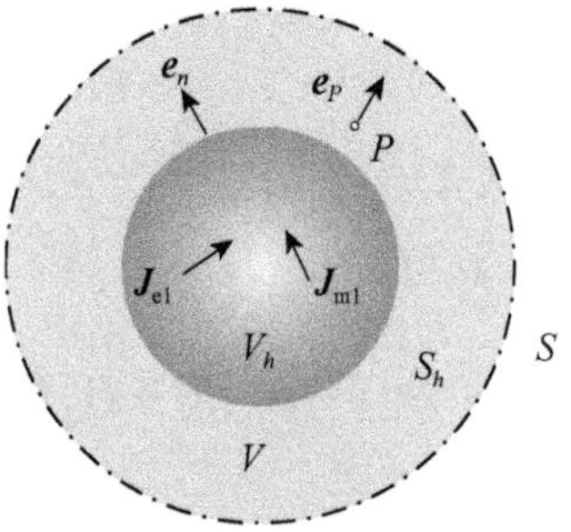

图 6.5.1　实际电流源和磁流源产生的场

在区域V中，应用洛伦兹互易定理，并利用δ函数性质，有

$$\int_V\left(\boldsymbol{J}_{\mathrm{e}1}\cdot\boldsymbol{E}_2-\boldsymbol{J}_{\mathrm{m}1}\cdot\boldsymbol{H}_2\right)\mathrm{d}V=\int_V\boldsymbol{e}_P\delta\left(\boldsymbol{r}-\boldsymbol{r}_P\right)\cdot\boldsymbol{E}_1\mathrm{d}V$$
$$=\boldsymbol{e}_P\cdot\boldsymbol{E}_1\left(\boldsymbol{r}_P\right)\qquad(6.5.2)$$

图中S_h为惠更斯面。下面确定S_h面上惠更斯源密度。

将实际源拿走，在S_h面上放置等效的面电流源$\boldsymbol{J}_{\mathrm{e}s}$和面磁流源$\boldsymbol{J}_{\mathrm{m}s}$，如图 6.5.2 所示。

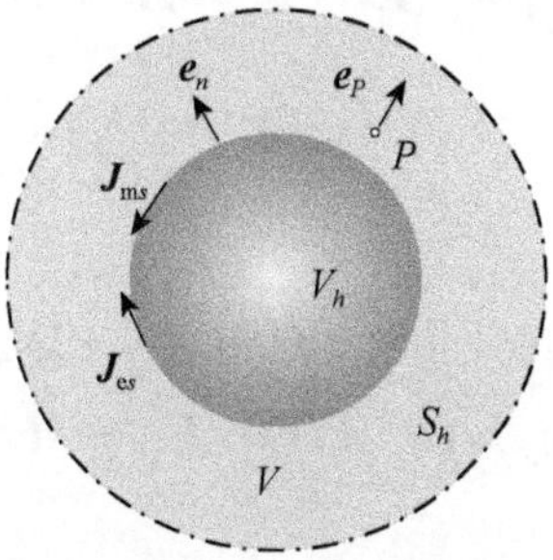

图 6.5.2　惠更斯面电流源和面磁流源产生的场

等效的面流源可看作载流层厚度h趋于零而载流体密度趋于无限时二者乘积的极限值

$$\boldsymbol{J}_{\mathrm{e}s}=\lim_{\substack{h\to0\\ \boldsymbol{J}_{\mathrm{e}1}\to\infty}}\boldsymbol{J}_{\mathrm{e}1}h\qquad(6.5.3\mathrm{a})$$

$$\boldsymbol{J}_{\mathrm{m}s}=\lim_{\substack{h\to0\\ \boldsymbol{J}_{\mathrm{m}1}\to\infty}}\boldsymbol{J}_{\mathrm{m}1}h\qquad(6.5.3\mathrm{b})$$

在区域V中，有

$$\int_V\left(\boldsymbol{J}_{\mathrm{e}1}\cdot\boldsymbol{E}_2-\boldsymbol{J}_{\mathrm{m}1}\cdot\boldsymbol{H}_2\right)\mathrm{d}V=\oint_{S_h}\left(\boldsymbol{J}_{\mathrm{e}s}\cdot\boldsymbol{E}_2-\boldsymbol{J}_{\mathrm{m}s}\cdot\boldsymbol{H}_2\right)\mathrm{d}S\qquad(6.5.4)$$

应用洛伦兹互易定理，有

$$\oint_{S_h}\left(\boldsymbol{J}_{\mathrm{e}s}\cdot\boldsymbol{E}_2-\boldsymbol{J}_{\mathrm{m}s}\cdot\boldsymbol{H}_2\right)\mathrm{d}S=\boldsymbol{e}_P\cdot\boldsymbol{E}_{h1}\left(\boldsymbol{r}_P\right)\qquad(6.5.5)$$

式中，$\boldsymbol{E}_{h1}\left(\boldsymbol{r}_P\right)$是惠更斯面上的等效源产生的电场强度。

由于$\boldsymbol{J}_{\mathrm{e}s}$和$\boldsymbol{J}_{\mathrm{m}s}$是实际源的等效源，由$\boldsymbol{e}_P$的任意性，必有

$$\boldsymbol{E}_1\left(\boldsymbol{r}_P\right)=\boldsymbol{E}_{h1}\left(\boldsymbol{r}_P\right)\qquad(6.5.6)$$

在区域V_h中，应用洛伦兹互易定理，有

$$\int_{V_h}\left(\boldsymbol{J}_{\mathrm{e1}}\cdot\boldsymbol{E}_2-\boldsymbol{J}_{\mathrm{m1}}\cdot\boldsymbol{H}_2\right)\mathrm{d}V$$

$$=\oint_{S_h}\left(\boldsymbol{E}_1\times\boldsymbol{H}_2-\boldsymbol{E}_2\times\boldsymbol{H}_1\right)\cdot\boldsymbol{e}_n\mathrm{d}S \tag{6.5.7}$$

式（6.5.2）和式（6.5.7）的体积分相等，有

$$\oint_{S_h}\left(\boldsymbol{E}_1\times\boldsymbol{H}_2-\boldsymbol{E}_2\times\boldsymbol{H}_1\right)\cdot\boldsymbol{e}_n\mathrm{d}S=\boldsymbol{e}_P\cdot\boldsymbol{E}_1\left(\boldsymbol{r}_P\right) \tag{6.5.8}$$

利用式（6.5.6），可知式（6.5.5）和（6.5.8）的面积分相等，即

$$\oint_{S_h}\left(\boldsymbol{J}_{\mathrm{e}s}\cdot\boldsymbol{E}_2-\boldsymbol{J}_{\mathrm{m}s}\cdot\boldsymbol{H}_2\right)\mathrm{d}S$$

$$=\oint_{S_h}\left(\boldsymbol{E}_1\times\boldsymbol{H}_2-\boldsymbol{E}_2\times\boldsymbol{H}_1\right)\cdot\boldsymbol{e}_n\mathrm{d}S \tag{6.5.9}$$

将矢量恒等式

$$\left(\boldsymbol{E}_1\times\boldsymbol{H}_2\right)\cdot\boldsymbol{e}_n=-\left(\boldsymbol{e}_n\times\boldsymbol{H}_2\right)\cdot\boldsymbol{E}_1=\left(\boldsymbol{e}_n\times\boldsymbol{E}_1\right)\cdot\boldsymbol{H}_2$$

$$-\left(\boldsymbol{E}_2\times\boldsymbol{H}_1\right)\cdot\boldsymbol{e}_n=\left(\boldsymbol{e}_n\times\boldsymbol{H}_1\right)\cdot\boldsymbol{E}_2=-\left(\boldsymbol{e}_n\times\boldsymbol{E}_2\right)\cdot\boldsymbol{H}_1$$

代入式（6.5.9），有

$$\oint_{S_h}\left(\boldsymbol{J}_{\mathrm{e}s}\cdot\boldsymbol{E}_2-\boldsymbol{J}_{\mathrm{m}s}\cdot\boldsymbol{H}_2\right)\mathrm{d}S$$

$$=\oint_{S_h}\left[\left(\boldsymbol{e}_n\times\boldsymbol{H}_1\right)\cdot\boldsymbol{E}_2+\left(\boldsymbol{e}_n\times\boldsymbol{E}_1\right)\cdot\boldsymbol{H}_2\right]\mathrm{d}S \tag{6.5.10}$$

比较式（6.5.10）两端，可确定惠更斯源的密度为

$$\boldsymbol{J}_{\mathrm{e}s}=\boldsymbol{e}_n\times\boldsymbol{H}_1 \tag{6.5.11a}$$

$$\boldsymbol{J}_{\mathrm{m}s}=-\boldsymbol{e}_n\times\boldsymbol{E}_1 \tag{6.5.11b}$$

式（6.5.11）和式（6.5.6）表示，惠更斯面上具有上述的等效面电流和面磁流密度，就可以在惠更斯面外产生相同的电场强度。类似的处理方法，通过在 P 点放入一个单位磁偶极子点源，可证明在式（6.5.10）的条件下，惠更斯面外产生相同的磁场强度。

6.5.2 由动量互易定理导出惠更斯原理

设实际电流源和磁流源分别为 $\boldsymbol{J}_{\mathrm{e1}}$ 和 $\boldsymbol{J}_{\mathrm{m1}}$，电荷源和磁荷源分别为 ρ_{e1} 和 ρ_{m1}。作闭合面 S_h，该闭合面围成的区域为 V_h。

设 P 为 S_h 外一点，在 P 点放入 $I\Delta l$ 的电流元，可看作电流 I 分布

在体积为 ΔV 的小导体圆柱电流段 V_2，$\boldsymbol{e}_P$ 为圆柱上表面 A 的单位法向方向矢量，也是电流密度的方向。当圆柱体积趋于零时，电流段的电流密度为

$$\boldsymbol{J}_2 = \boldsymbol{e}_P I \Delta l \delta\left(\boldsymbol{r} - \boldsymbol{r}_P\right) \tag{6.5.12}$$

电流段等效为圆柱 V_2 的上表面 A 和下表面 B 分布等量异种面电荷的电偶极子。当 $I\Delta l$ 为单位 1 时，该电流段即为单位电偶极子点源，可表示为

$$\boldsymbol{J}_2 = \boldsymbol{e}_P \delta\left(\boldsymbol{r} - \boldsymbol{r}_P\right) \tag{6.5.13}$$

根据电流连续性定理可知，圆柱 V_2 的上下表面满足

$$\boldsymbol{e}_P \cdot \boldsymbol{J}_2 = \mathrm{j}\omega \rho_{sA} \tag{6.5.14a}$$

$$-\boldsymbol{e}_P \cdot \boldsymbol{J}_2 = \mathrm{j}\omega \rho_{sB} \tag{6.5.14b}$$

于是，圆柱 V_2 的上下表面的面电荷为

$$\rho_{sA} = \frac{1}{\mathrm{j}\omega} \boldsymbol{e}_P \cdot \boldsymbol{J}_2 = \frac{1}{\mathrm{j}\omega} \delta\left(\boldsymbol{r} - \boldsymbol{r}_A\right) \tag{6.5.15a}$$

$$\rho_{sB} = -\frac{1}{\mathrm{j}\omega} \boldsymbol{e}_P \cdot \boldsymbol{J}_2 = -\frac{1}{\mathrm{j}\omega} \delta\left(\boldsymbol{r} - \boldsymbol{r}_B\right) \tag{6.5.15b}$$

式中，ω 为角频率，矢径 $\boldsymbol{r}_P$ 在圆柱的上下表面分别化为 $\boldsymbol{r}_A$ 和 $\boldsymbol{r}_B$。

做一个包围 P 点和 S_h 面的闭合面 S，体积为 V，如图 6.5.3 所示。

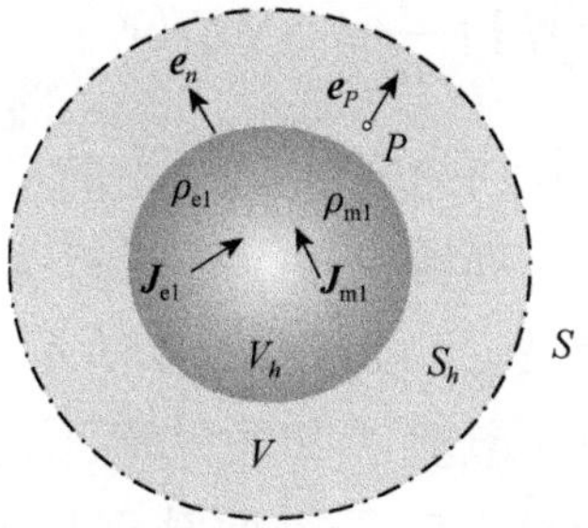

图 6.5.3　实际的电流源、磁流源、电荷源和磁荷源产生的场

由于 ρ_2 只分布在 V_2 范围，故 $\rho_2 \boldsymbol{E}_1$ 在区域 V 中的积分等于它在区域 V_2 中的积分，即

$$\int_{V}\rho_2\boldsymbol{E}_1\mathrm{d}V=\int_{V_2}\rho_2\boldsymbol{E}_1\mathrm{d}V \tag{6.5.16}$$

面电荷可看作载荷层厚度h趋于零而载荷体密度趋于无限时二者乘积的极限值，即有

$$\rho_{sA}=\lim_{\substack{h\to 0\\ \rho_2\to\infty}}\rho_2 h \tag{6.5.17a}$$

$$\rho_{sB}=-\lim_{\substack{h\to 0\\ \rho_2\to\infty}}\rho_2 h \tag{6.5.17b}$$

将式（6.5.15）和式（6.5.17）代入式（6.5.16），有

$$\begin{aligned}\int_{V}\rho_2\boldsymbol{E}_1\mathrm{d}V&=\int_{V_2}\rho_2\boldsymbol{E}_1\mathrm{d}V=\int_{S_A}\rho_{sA}\boldsymbol{E}_1\mathrm{d}S+\int_{S_B}\rho_{sB}\boldsymbol{E}_1\mathrm{d}S\\&=\int_{S_A}\frac{1}{\mathrm{j}\omega}\delta\left(\boldsymbol{r}-\boldsymbol{r}_A\right)\boldsymbol{E}_1\mathrm{d}S-\int_{S_B}\frac{1}{\mathrm{j}\omega}\delta\left(\boldsymbol{r}-\boldsymbol{r}_B\right)\boldsymbol{E}_1\mathrm{d}S\\&=\frac{1}{\mathrm{j}\omega}\left[\boldsymbol{E}_1\left(\boldsymbol{r}_A\right)-\boldsymbol{E}_1\left(\boldsymbol{r}_B\right)\right]=\frac{1}{\mathrm{j}\omega}\boldsymbol{e}_P\cdot\nabla\boldsymbol{E}_1\end{aligned} \tag{6.5.18}$$

在区域V中，应用动量互易定理，并利用δ函数性质，有

$$\begin{aligned}&\int_{V}\left(\boldsymbol{J}_{\mathrm{e}1}\times\boldsymbol{B}_2+\boldsymbol{J}_{\mathrm{m}1}\times\boldsymbol{D}_2-\rho_{\mathrm{e}1}\boldsymbol{E}_2+\rho_{\mathrm{m}1}\boldsymbol{H}_2\right)\mathrm{d}V\\&=-\int_{V_2}\delta\left(\boldsymbol{r}-\boldsymbol{r}_P\right)\boldsymbol{e}_P\times\boldsymbol{B}_1\mathrm{d}V+\int_{V}\rho_2\boldsymbol{E}_1\mathrm{d}V\\&=-\boldsymbol{e}_P\times\boldsymbol{B}_1\left(\boldsymbol{r}_P\right)+\frac{1}{\mathrm{j}\omega}\boldsymbol{e}_P\cdot\nabla\boldsymbol{E}_1\left(\boldsymbol{r}_P\right)\end{aligned} \tag{6.5.19}$$

式中，$\boldsymbol{E}_1\left(\boldsymbol{r}_P\right)$和$\boldsymbol{B}_1\left(\boldsymbol{r}_P\right)$分别为实际源产生的电场强度和磁通密度。

下面确定S_h面上惠更斯源密度。将实际源拿走，在S_h面上放置等效的源$\boldsymbol{J}_{\mathrm{e}s}$，$\boldsymbol{J}_{\mathrm{m}s}$，$\rho_{\mathrm{e}s}$和$\rho_{\mathrm{m}s}$，如图 6.5.4 所示。

如前所述，等效的面电流源和面磁流源仍如式（6.5.3），等效的面荷源可看作载荷层厚度h趋于零而载荷体密度趋于无限时二者乘积的极限值，即有

$$\boldsymbol{J}_{\mathrm{e}s}=\lim_{\substack{h\to 0\\ \boldsymbol{J}_{\mathrm{e}1}\to\infty}}\boldsymbol{J}_{\mathrm{e}1}h \tag{6.5.20a}$$

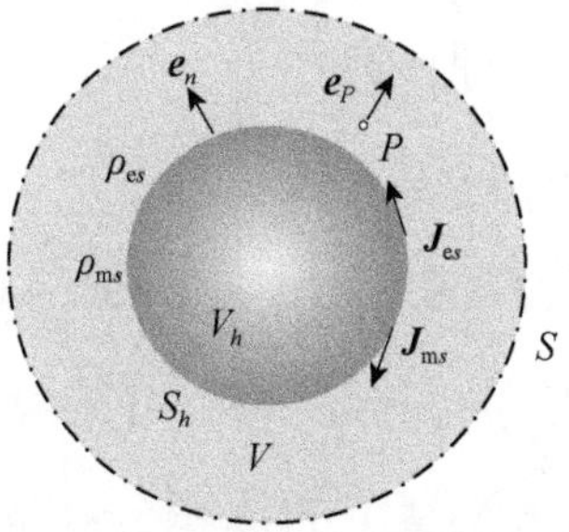

图 6.5.4　惠更斯面电流源、面磁流源、面电荷源和磁荷源产生的场

$$\boldsymbol{J}_{ms} = \lim_{\substack{h\to 0 \\ \boldsymbol{J}_{m1}\to\infty}} \boldsymbol{J}_{m1} h \tag{6.5.20b}$$

$$\rho_{es} = \lim_{\substack{h\to 0 \\ \rho_{e1}\to\infty}} \rho_{e1} h \tag{6.5.20c}$$

$$\rho_{ms} = \lim_{\substack{h\to 0 \\ \rho_{m1}\to\infty}} \rho_{m1} h \tag{6.5.20d}$$

在区域 V 中，有

$$\begin{aligned}&\int_V \left(\boldsymbol{J}_{e1}\times\boldsymbol{B}_2+\boldsymbol{J}_{m1}\times\boldsymbol{D}_2-\rho_{e1}\boldsymbol{E}_2+\rho_{m1}\boldsymbol{H}_2\right)\mathrm{d}V\\&=\oint_{S_h}\left(\boldsymbol{J}_{es}\times\boldsymbol{B}_2+\boldsymbol{J}_{ms}\times\boldsymbol{D}_2-\rho_{es}\boldsymbol{E}_2+\rho_{ms}\boldsymbol{H}_2\right)\mathrm{d}S\end{aligned} \tag{6.5.21}$$

应用动量互易定理，有

$$\begin{aligned}&\oint_{S_h}\left(\boldsymbol{J}_{es}\times\boldsymbol{B}_2+\boldsymbol{J}_{ms}\times\boldsymbol{D}_2-\rho_{es}\boldsymbol{E}_2+\rho_{ms}\boldsymbol{H}_2\right)\mathrm{d}S\\&=-\boldsymbol{e}_P\times\boldsymbol{B}_{h1}\left(\boldsymbol{r}_P\right)-\frac{1}{\mathrm{j}\omega}\boldsymbol{e}_P\cdot\nabla\boldsymbol{E}_{h1}\left(\boldsymbol{r}_P\right)\end{aligned} \tag{6.5.22}$$

式中，$\boldsymbol{E}_{h1}\left(\boldsymbol{r}_P\right)$ 和 $\boldsymbol{B}_{h1}\left(\boldsymbol{r}_P\right)$ 是惠更斯面上的等效源产生的电场强度和磁通密度。

由于 $\boldsymbol{J}_{es}$，$\boldsymbol{J}_{ms}$，ρ_{es} 和 ρ_{ms} 是实际源的等效源，必有

$$-\boldsymbol{e}_P\times\boldsymbol{B}_1\left(\boldsymbol{r}_P\right)+\frac{1}{\mathrm{j}\omega}\boldsymbol{e}_P\cdot\nabla\boldsymbol{E}_1\left(\boldsymbol{r}_P\right)=-\boldsymbol{e}_P\times\boldsymbol{B}_{h1}\left(\boldsymbol{r}_P\right)+\frac{1}{\mathrm{j}\omega}\boldsymbol{e}_P\cdot\nabla\boldsymbol{E}_{h1}\left(\boldsymbol{r}_P\right)$$

考虑到 $\boldsymbol{e}_P$ 方向的任意性，有

$$\boldsymbol{B}_1\left(\boldsymbol{r}_P\right)=\boldsymbol{B}_{h1}\left(\boldsymbol{r}_P\right) \tag{6.5.23a}$$

$$\nabla\boldsymbol{E}_1\left(\boldsymbol{r}_P\right)=\nabla\boldsymbol{E}_{h1}\left(\boldsymbol{r}_P\right) \tag{6.5.23b}$$

在V_h区域使用动量互易定理，有

$$\begin{aligned}&\int_V\left(\boldsymbol{J}_{\mathrm{e}1}\times\boldsymbol{B}_2+\boldsymbol{J}_{\mathrm{m}1}\times\boldsymbol{D}_2-\rho_{\mathrm{e}1}\boldsymbol{E}_2+\rho_{\mathrm{m}1}\boldsymbol{H}_2\right)\mathrm{d}V\\&=\oint_{S_h}\Big[-\boldsymbol{e}_n\left(\boldsymbol{H}_1\cdot\boldsymbol{B}_2\right)+\left(\boldsymbol{e}_n\cdot\boldsymbol{H}_1\right)\boldsymbol{B}_2+\left(\boldsymbol{e}_n\cdot\boldsymbol{B}_2\right)\boldsymbol{H}_1\\&\quad+\boldsymbol{e}_n\left(\boldsymbol{D}_1\cdot\boldsymbol{E}_2\right)-\left(\boldsymbol{e}_n\cdot\boldsymbol{D}_1\right)\boldsymbol{E}_2-\left(\boldsymbol{e}_n\cdot\boldsymbol{E}_2\right)\boldsymbol{D}_1\Big]\mathrm{d}S\end{aligned}\tag{6.5.24}$$

式（6.5.19）和式（6.5.24）的体积分相等，有

$$\begin{aligned}&\oint_{S_h}\Big[-\boldsymbol{e}_n\left(\boldsymbol{H}_1\cdot\boldsymbol{B}_2\right)+\left(\boldsymbol{e}_n\cdot\boldsymbol{H}_1\right)\boldsymbol{B}_2+\left(\boldsymbol{e}_n\cdot\boldsymbol{B}_2\right)\boldsymbol{H}_1+\boldsymbol{e}_n\left(\boldsymbol{D}_1\cdot\boldsymbol{E}_2\right)\\&-\left(\boldsymbol{e}_n\cdot\boldsymbol{D}_1\right)\boldsymbol{E}_2-\left(\boldsymbol{e}_n\cdot\boldsymbol{E}_2\right)\boldsymbol{D}_1\Big]\mathrm{d}S=-\boldsymbol{e}_P\times\boldsymbol{B}_1\left(\boldsymbol{r}_P\right)+\frac{1}{\mathrm{j}\omega}\boldsymbol{e}_P\cdot\nabla\boldsymbol{E}_1\left(\boldsymbol{r}_P\right)\end{aligned}\tag{6.5.25}$$

利用式（6.5.23），可知式（6.5.22）和（6.5.25）的面积分相等，即

$$\begin{aligned}&\oint_{S_h}\left(\boldsymbol{J}_{\mathrm{es}}\times\boldsymbol{B}_2+\boldsymbol{J}_{\mathrm{ms}}\times\boldsymbol{D}_2-\rho_{\mathrm{es}}\boldsymbol{E}_2+\rho_{\mathrm{ms}}\boldsymbol{H}_2\right)\mathrm{d}S\\&=\oint_{S_h}\Big[-\boldsymbol{e}_n\left(\boldsymbol{H}_1\cdot\boldsymbol{B}_2\right)+\left(\boldsymbol{e}_n\cdot\boldsymbol{H}_1\right)\boldsymbol{B}_2+\left(\boldsymbol{e}_n\cdot\boldsymbol{B}_2\right)\boldsymbol{H}_1\\&\quad+\boldsymbol{e}_n\left(\boldsymbol{D}_1\cdot\boldsymbol{E}_2\right)-\left(\boldsymbol{e}_n\cdot\boldsymbol{D}_1\right)\boldsymbol{E}_2-\left(\boldsymbol{e}_n\cdot\boldsymbol{E}_2\right)\boldsymbol{D}_1\Big]\mathrm{d}S\end{aligned}\tag{6.5.26}$$

利用恒等式

$$\boldsymbol{a}\times\left(\boldsymbol{b}\times\boldsymbol{c}\right)=\boldsymbol{b}\left(\boldsymbol{a}\cdot\boldsymbol{c}\right)-\boldsymbol{c}\left(\boldsymbol{a}\cdot\boldsymbol{b}\right)$$

有

$$-\boldsymbol{e}_n\left(\boldsymbol{H}_1\cdot\boldsymbol{B}_2\right)+\left(\boldsymbol{e}_n\cdot\boldsymbol{B}_2\right)\boldsymbol{H}_1=\left(\boldsymbol{e}_n\times\boldsymbol{H}_1\right)\times\boldsymbol{B}_2\tag{6.5.27a}$$

$$-\boldsymbol{e}_n\left(\boldsymbol{D}_1\cdot\boldsymbol{E}_2\right)+\left(\boldsymbol{e}_n\cdot\boldsymbol{E}_2\right)\boldsymbol{D}_1=\left(\boldsymbol{e}_n\times\boldsymbol{E}_1\right)\times\boldsymbol{D}_2\tag{6.5.27b}$$

$$\left(\boldsymbol{e}_n\cdot\boldsymbol{H}_1\right)\boldsymbol{B}_2=\left(\boldsymbol{e}_n\cdot\boldsymbol{B}_1\right)\boldsymbol{H}_2\tag{6.5.27c}$$

将式（6.5.27）代入式（6.5.26）有

$$\begin{aligned}&\oint_{S_h}\left(\boldsymbol{J}_{\mathrm{es}}\times\boldsymbol{B}_2+\boldsymbol{J}_{\mathrm{ms}}\times\boldsymbol{D}_2-\rho_{\mathrm{es}}\boldsymbol{E}_2+\rho_{\mathrm{ms}}\boldsymbol{H}_2\right)\mathrm{d}S\\&=\oint_{S_h}\Big[\left(\boldsymbol{e}_n\times\boldsymbol{H}_1\right)\times\boldsymbol{B}_2-\left(\boldsymbol{e}_n\times\boldsymbol{E}_1\right)\times\boldsymbol{D}_2-\left(\boldsymbol{e}_n\cdot\boldsymbol{D}_1\right)\boldsymbol{E}_2+\left(\boldsymbol{e}_n\cdot\boldsymbol{B}_1\right)\boldsymbol{H}_2\Big]\mathrm{d}S\end{aligned}\tag{6.5.28}$$

比较式（6.5.28）两端，可知惠更斯源密度为

$$\boldsymbol{J}_{\mathrm{es}}=\boldsymbol{e}_n\times\boldsymbol{H}_1\tag{6.5.29a}$$

$$\boldsymbol{J}_{\mathrm{m}s} = -\boldsymbol{e}_n \times \boldsymbol{E}_1 \qquad (6.5.29\mathrm{b})$$

$$\rho_{\mathrm{e}s} = \boldsymbol{e}_n \cdot \boldsymbol{D}_1 \qquad (6.5.29\mathrm{c})$$

$$\rho_{\mathrm{m}s} = \boldsymbol{e}_n \cdot \boldsymbol{B}_1 \qquad (6.5.29\mathrm{d})$$

式（6.5.29）和式（6.5.23）表示，对惠更斯面S_h外的场点P，要产生相同的磁通密度，S_h面上应放置惠更斯面电流源$\boldsymbol{J}_{\mathrm{e}s}$、面磁流源$\boldsymbol{J}_{\mathrm{m}s}$、面电荷$\rho_{\mathrm{e}s}$和面磁荷$\rho_{\mathrm{m}s}$。

同理，若在点P放置单位磁偶极子，亦可以导出式（6.5.29），类似于式（6.5.23），可以导出

$$\boldsymbol{D}_1(\boldsymbol{r}_P) = \boldsymbol{D}_{h1}(\boldsymbol{r}_P) \qquad (6.5.30\mathrm{a})$$

$$\nabla \boldsymbol{H}_1(\boldsymbol{r}_P) = \nabla \boldsymbol{H}_{h1}(\boldsymbol{r}_P) \qquad (6.5.30\mathrm{b})$$

联合式（6.5.29）和式（6.5.30）可知，对惠更斯面S_h外的场点P，要产生相同的电通密度，S_h面上应放置惠更斯面电流源$\boldsymbol{J}_{\mathrm{e}s}$、面磁流源$\boldsymbol{J}_{\mathrm{m}s}$、面电荷$\rho_{\mathrm{e}s}$和面磁荷$\rho_{\mathrm{m}s}$。

对比洛伦兹互易定理导出的等效源，动量互易定理导出的等效源增加了面电荷源$\rho_{\mathrm{e}s}$和面磁荷源$\rho_{\mathrm{m}s}$，但在惠更斯面上，流源与荷源之间并非独立，$\boldsymbol{J}_{\mathrm{e}s}$和$\rho_{\mathrm{e}s}$以及$\boldsymbol{J}_{\mathrm{m}s}$和$\rho_{\mathrm{m}s}$分别可以通过电流连续性定理和磁流连续性定理联系起来。

习　题

6.1　试利用 Feld-Tai 互易方程导出惠更斯原理。

6.2　试利用另一个动量互易方程导出惠更斯原理。

6.3　试导出非均匀介质中频域动量互易方程式（6.3.11）的等价公式

$$\begin{aligned}&\boldsymbol{J}_1 \times \boldsymbol{B}_2 + \boldsymbol{J}_2 \times \boldsymbol{B}_1 - \rho_1 \boldsymbol{E}_2 - \rho_2 \boldsymbol{E}_1 - \nabla\mu\left(\boldsymbol{H}_1 \cdot \boldsymbol{H}_2\right) + \nabla\varepsilon\left(\boldsymbol{E}_1 \cdot \boldsymbol{E}_2\right)\\&= \nabla \cdot \left[\left(-\boldsymbol{B}_2 \cdot \boldsymbol{H}_1 \overline{\overline{\boldsymbol{I}}} + \boldsymbol{H}_1 \boldsymbol{B}_2 + \boldsymbol{B}_2 \boldsymbol{H}_1 + \boldsymbol{D}_2 \cdot \boldsymbol{E}_1 \overline{\overline{\boldsymbol{I}}} - \boldsymbol{D}_2 \boldsymbol{E}_1 - \boldsymbol{E}_1 \boldsymbol{D}_2\right)\right]\end{aligned}$$

6.4　试导出非均匀介质中另一频域动量互易方程式（6.4.11）的等价公式

$$\begin{aligned}&\boldsymbol{J}_1\times\boldsymbol{E}_2+\boldsymbol{J}_2\times\boldsymbol{E}_1+\frac{1}{\varepsilon}\rho_1\boldsymbol{H}_2+\frac{1}{\varepsilon}\rho_2\boldsymbol{H}_1\\&-\nabla\ln\mu\cdot\left(\boldsymbol{H}_1\boldsymbol{E}_2+\boldsymbol{H}_2\boldsymbol{E}_1\right)-\nabla\ln\varepsilon\cdot\left(\boldsymbol{E}_2\boldsymbol{H}_1+\boldsymbol{E}_1\boldsymbol{H}_2\right)\\=&-\nabla\cdot\left(\boldsymbol{H}_1\cdot\boldsymbol{E}_2\overset{=}{\boldsymbol{I}}+\boldsymbol{H}_2\cdot\boldsymbol{E}_1\overset{=}{\boldsymbol{I}}-\boldsymbol{H}_1\boldsymbol{E}_2-\boldsymbol{E}_2\boldsymbol{H}_1-\boldsymbol{H}_2\boldsymbol{E}_1-\boldsymbol{E}_1\boldsymbol{H}_2\right)\end{aligned}$$

附录　微分恒等式

设 $\boldsymbol{A}_1$、$\boldsymbol{A}_2$、$\boldsymbol{B}_1$ 和 $\boldsymbol{B}_2$ 为矢量函数，$\bar{\bar{\boldsymbol{I}}}$ 为单位并矢，则有

$$\nabla\cdot\left(\boldsymbol{A}_2\cdot\boldsymbol{B}_1\bar{\bar{\boldsymbol{I}}}-\boldsymbol{A}_2\boldsymbol{B}_1-\boldsymbol{B}_1\boldsymbol{A}_2\right)=\boldsymbol{A}_2\times\left(\nabla\times\boldsymbol{B}_1\right)+\boldsymbol{B}_1\times\left(\nabla\times\boldsymbol{A}_2\right)-\left(\nabla\cdot\boldsymbol{A}_2\right)\boldsymbol{B}_1-\left(\nabla\cdot\boldsymbol{B}_1\right)\boldsymbol{A}_2 \tag{A1}$$

若 $\boldsymbol{B}_1=\alpha\boldsymbol{A}_1$，$\boldsymbol{B}_2=\alpha\boldsymbol{A}_2$，$\alpha$ 为标量函数，则有

$$\nabla\cdot\left(\boldsymbol{A}_2\cdot\boldsymbol{B}_1\bar{\bar{\boldsymbol{I}}}-\boldsymbol{A}_2\boldsymbol{B}_1-\boldsymbol{B}_1\boldsymbol{A}_2\right)=\boldsymbol{B}_2\times\left(\nabla\times\boldsymbol{A}_1\right)+\boldsymbol{B}_1\times\left(\nabla\times\boldsymbol{A}_2\right)-\left(\nabla\cdot\boldsymbol{B}_2\right)\boldsymbol{A}_1-\left(\nabla\cdot\boldsymbol{B}_1\right)\boldsymbol{A}_2+\nabla\alpha\left(\boldsymbol{A}_1\cdot\boldsymbol{A}_2\right) \tag{A2}$$

$$\nabla\cdot\left(-\boldsymbol{B}_1\boldsymbol{A}_2-\boldsymbol{A}_2\boldsymbol{B}_1\right)=\boldsymbol{B}_1\times\left(\nabla\times\boldsymbol{A}_2\right)+\boldsymbol{B}_2\times\left(\nabla\times\boldsymbol{A}_1\right)-\left(\nabla\cdot\boldsymbol{B}_1\right)\boldsymbol{A}_2-\left(\nabla\cdot\boldsymbol{B}_2\right)\boldsymbol{A}_1-\alpha\nabla\left(\boldsymbol{A}_1\cdot\boldsymbol{A}_2\right) \tag{A3}$$

证明：

恒等式

$$\nabla\cdot\left(\boldsymbol{A}_2\boldsymbol{B}_1\right)=\left(\nabla\cdot\boldsymbol{A}_2\right)\boldsymbol{B}_1+\left(\boldsymbol{A}_2\cdot\nabla\right)\boldsymbol{B}_1$$

$$\nabla\cdot\left(\boldsymbol{B}_1\boldsymbol{A}_2\right)=\left(\nabla\cdot\boldsymbol{B}_1\right)\boldsymbol{A}_2+\left(\boldsymbol{B}_1\cdot\nabla\right)\boldsymbol{A}_2$$

以上两式相加有

$$\nabla\cdot\left(\boldsymbol{A}_2\boldsymbol{B}_1+\boldsymbol{B}_1\boldsymbol{A}_2\right)=\left(\nabla\cdot\boldsymbol{A}_2\right)\boldsymbol{B}_1+\left(\nabla\cdot\boldsymbol{B}_1\right)\boldsymbol{A}_2+\left(\boldsymbol{A}_2\cdot\nabla\right)\boldsymbol{B}_1+\left(\boldsymbol{B}_1\cdot\nabla\right)\boldsymbol{A}_2 \tag{A4}$$

用 $\boldsymbol{A}_2\cdot\boldsymbol{B}_1$ 代替 $\nabla\varphi=\nabla\cdot\left(\varphi\bar{\bar{\boldsymbol{I}}}\right)$ 中的 φ，有

$$\nabla\left(\boldsymbol{A}_2\cdot\boldsymbol{B}_1\right)=\nabla\cdot\left(\boldsymbol{A}_2\cdot\boldsymbol{B}_1\bar{\bar{\boldsymbol{I}}}\right)$$

另有

$$\nabla\left(\boldsymbol{A}_2\cdot\boldsymbol{B}_1\right)=\boldsymbol{A}_2\times\left(\nabla\times\boldsymbol{B}_1\right)+\boldsymbol{B}_1\times\left(\nabla\times\boldsymbol{A}_2\right)+\left(\boldsymbol{B}_1\cdot\nabla\right)\boldsymbol{A}_2+\left(\boldsymbol{A}_2\cdot\nabla\right)\boldsymbol{B}_1$$

于是有

$$\nabla\cdot\left(\boldsymbol{A}_2\cdot\boldsymbol{B}_1\overline{\overline{\boldsymbol{I}}}\right)=\boldsymbol{A}_2\times\left(\nabla\times\boldsymbol{B}_1\right)+\boldsymbol{B}_1\times\left(\nabla\times\boldsymbol{A}_2\right)+\left(\boldsymbol{B}_1\cdot\nabla\right)\boldsymbol{A}_2+\left(\boldsymbol{A}_2\cdot\nabla\right)\boldsymbol{B}_1 \qquad \text{(A5)}$$

由式（A4）和式（A5），可得式（A1）。

利用$\boldsymbol{B}_1=\alpha\boldsymbol{A}_1$，$\boldsymbol{B}_2=\alpha\boldsymbol{A}_2$处理式（A1）右端第一项和第三项，并利用三矢量混合积公式$\boldsymbol{a}\cdot\left(\boldsymbol{b}\times\boldsymbol{c}\right)=\boldsymbol{b}\cdot\left(\boldsymbol{c}\times\boldsymbol{a}\right)=\boldsymbol{c}\cdot\left(\boldsymbol{a}\times\boldsymbol{b}\right)$，有

$$\begin{aligned}\nabla\cdot\left(\boldsymbol{A}_2\cdot\boldsymbol{B}_1\overline{\overline{\boldsymbol{I}}}-\boldsymbol{A}_2\boldsymbol{B}_1-\boldsymbol{B}_1\boldsymbol{A}_2\right)&=\boldsymbol{A}_2\times\left[\nabla\times\left(\alpha\boldsymbol{A}_1\right)\right]+\boldsymbol{B}_1\times\left(\nabla\times\boldsymbol{A}_2\right)\\&\quad-\left[\nabla\cdot\left(\alpha\boldsymbol{A}_2\right)\right]\boldsymbol{A}_1+\left(\nabla\alpha\cdot\boldsymbol{A}_2\right)\boldsymbol{A}_1-\left(\nabla\cdot\boldsymbol{B}_1\right)\boldsymbol{A}_2\\&=\boldsymbol{B}_2\times\left(\nabla\times\boldsymbol{A}_1\right)+\boldsymbol{B}_1\times\left(\nabla\times\boldsymbol{A}_2\right)+\boldsymbol{A}_2\times\nabla\alpha\times\boldsymbol{A}_1\\&\quad+\left(\nabla\alpha\cdot\boldsymbol{A}_2\right)\boldsymbol{A}_1-\left(\nabla\cdot\boldsymbol{B}_2\right)\boldsymbol{A}_1-\left(\nabla\cdot\boldsymbol{B}_1\right)\boldsymbol{A}_2\\&=\boldsymbol{B}_2\times\left(\nabla\times\boldsymbol{A}_1\right)+\boldsymbol{B}_1\times\left(\nabla\times\boldsymbol{A}_2\right)-\left(\nabla\cdot\boldsymbol{B}_2\right)\boldsymbol{A}_1\\&\quad-\left(\nabla\cdot\boldsymbol{B}_1\right)\boldsymbol{A}_2+\nabla\alpha\left(\boldsymbol{A}_1\cdot\boldsymbol{A}_2\right)\end{aligned}$$

上式即（A2）。

处理式（A2）中的最后一项，有

$$\nabla\alpha\left(\boldsymbol{A}_1\cdot\boldsymbol{A}_2\right)=\nabla\left(\alpha\boldsymbol{A}_1\cdot\boldsymbol{A}_2\right)-\alpha\nabla\left(\boldsymbol{A}_1\cdot\boldsymbol{A}_2\right)=\nabla\cdot\left(\boldsymbol{A}_2\cdot\boldsymbol{B}_1\overline{\overline{\boldsymbol{I}}}\right)-\alpha\nabla\left(\boldsymbol{A}_1\cdot\boldsymbol{A}_2\right)$$

将上式代入式（A2），约去$\nabla\cdot\left(\boldsymbol{A}_2\cdot\boldsymbol{B}_1\overline{\overline{\boldsymbol{I}}}\right)$，得到式（A3）。

恒等式

$$\nabla\cdot(\boldsymbol{A}_1\times\boldsymbol{B}_2)=\boldsymbol{B}_2\cdot\left(\nabla\times\boldsymbol{A}_1\right)-\boldsymbol{A}_1\cdot\left(\nabla\times\boldsymbol{B}_2\right) \qquad \text{(A6)}$$

若$\boldsymbol{B}_1=\alpha\boldsymbol{A}_1$，$\boldsymbol{B}_2=\alpha\boldsymbol{A}_2$，$\alpha$为标量函数，则有

$$\boldsymbol{B}_2\cdot\left(\nabla\times\boldsymbol{A}_1\right)-\boldsymbol{B}_1\cdot\left(\nabla\times\boldsymbol{A}_2\right)=\nabla\cdot(\boldsymbol{A}_1\times\boldsymbol{B}_2)-\nabla\alpha\cdot\left(\boldsymbol{A}_1\times\boldsymbol{A}_2\right) \qquad \text{(A7)}$$

证明：

由于

$$\begin{aligned}\boldsymbol{B}_1\cdot\left(\nabla\times\boldsymbol{A}_2\right)&=\alpha\boldsymbol{A}_1\cdot\left(\nabla\times\boldsymbol{A}_2\right)=\boldsymbol{A}_1\cdot\nabla\times\left(\alpha\boldsymbol{A}_2\right)-\boldsymbol{A}_1\cdot\left(\nabla\alpha\times\boldsymbol{A}_2\right)\\&=\boldsymbol{A}_1\cdot\left(\nabla\times\boldsymbol{B}_2\right)+\nabla\alpha\cdot\left(\boldsymbol{A}_1\times\boldsymbol{A}_2\right)\end{aligned}\tag{A8}$$

将式（A8）代入式（A7）左端，并考虑式（A6），有

$$\begin{aligned}\boldsymbol{B}_2\cdot\left(\nabla\times\boldsymbol{A}_1\right)-\boldsymbol{B}_1\cdot\left(\nabla\times\boldsymbol{A}_2\right)&=\boldsymbol{B}_2\cdot\left(\nabla\times\boldsymbol{A}_1\right)-\boldsymbol{A}_1\cdot\left(\nabla\times\boldsymbol{B}_2\right)-\nabla\alpha\cdot\left(\boldsymbol{A}_1\times\boldsymbol{A}_2\right)\\&=\nabla\cdot\left(\boldsymbol{A}_1\times\boldsymbol{B}_2\right)-\nabla\alpha\cdot\left(\boldsymbol{A}_1\times\boldsymbol{A}_2\right)\end{aligned}$$

由此得到式（A7）。

参 考 文 献

朗道（俄罗斯）栗弗席兹. 2012. 理论物理教程，第 2 卷：场论，第 8 版. 鲁欣，任朗，袁炳南译. 北京：高等教育出版社.

刘国强，刘婧，李元园. 2020. 电磁场广义互易定理. 北京：科学出版社.

刘国强，刘婧. 2022a. 电磁互易定理一般形式. 电工技术学报，https：//doi.org/10.19595/j.cnki.1000-6753.tces.211590.

刘国强，刘婧. 2022b. 利用电磁场动量互易定理导出惠更斯原理. 物理学报，71(14): 140301.

吴大猷. 1983. 理论物理（第三册）电磁学. 北京：科学出版社.

许方官. 2012. 四元数物理学. 北京：北京大学出版社.

赵双任. 1987. 互能定理在球面波展开法中的应用. 电子学报，15（3）：88-93.

Feld Y N. 1992. On the quadratic lemma in electrodynamics. Sov. Phys—Dokl，37：235-236.

Hamilton W R. 1969. Elements of Quaternions，3rd ed. New York：Chelsea Publishing Company.

Jack P M. 2003. Physical space as a quaternion structure，I：Maxwell Equations. A Brief Note. Mathematics. mathph/0307038.

Lindell I V, Sihvola A. 2020. Rumsey's reaction concept generalized. Progress in Electromagnetics Research Letter，Vol. 89：1-6.

Lindell I V，Sihvola A. 2020. Errata to "Rumsey's reaction concept generalized". Progress in Electromagnetics Research Letter，Vol. 89：1-6.

Lindell I V. 1995. Methods for Electromagnetic Field Analysis, 2nd Edition. Piscataway NJ: Wiley and IEEE Press.

Lindell I V. 2004. Differential Forms in Electromagnetics. Hoboken NJ：Wiley and IEEE Press.

Lindell I V. 2015. Multiforms，Dyadics，and Electromagnetic Media. Hoboken NJ：Wiley and IEEE Press.

Liu G，Li Y，Liu J. 2020. A mutual momentum theorem for electromagnetic field. IEEE Antennas and Wireless Propagation Letters, 19 (12): 2159-2161.

Liu G, Liu J, Li Y. 2022a. The Reciprocity Theorems for Momentum and Angular Momentum for Electromagnetic Field. The Proceedings of the 16th Annual Conference of China Electrotechnical Society. Lecture Notes in Electrical Engineering, vol. 891, 999-1005. Singapore: Springer. https: // doi. org/10. 1007/978-981-19-1532-1_106.

Liu G, Liu J, Yang Y D, Li Y Y. 2022b. The generalization of Rumsey's reaction concept. European Physical Journal Plus, 137: 1081. DOI: 10.1140/epjp/s13360-022-03290-6.

Lorentz H A. 1896. The theorem of Poynting concerning the energy in the electromagnetic field and two general propositions concerning the propagation of light. Amsterdammer Akademie der Wetenschappen, 4: 176.

Rumsey V H. 1954. Reaction concept in electromagnetic theory. Phys. Rev., 94 (6): 1483-1491.

Rumsey V H. 1963. A short way of solving advanced problems in electromagnetic fields and other linear systems. IEEE Transactions on Antennas and Propagation, 11 (1): 73-86.

Tai C T. 1992. Complementary reciprocity theorems in electromagnetic theory. IEEE Trans. Antennas Prop., 40 (6): 675-681.

结 束 语

值此书稿付梓之际，写七律一首，特此纪念。

七律 真意

2022.6.23

深山障目叶红前，出岫高云化紫烟。
太极两仪分四象，守恒一统合方圆。
偶开天眼观缘理，骤起霞光照雪莲。
一笑拈花君不语，个中真意动心弦。

（平水韵）

辛丑年己亥月戊辰日，本书初稿完成，填词，以纪念之。

沁园春 又见霓虹

2021.11.16

又见霓虹，青霞织锦，梦幻斑斓。
对银河星耀，思如泉瀑，钟楼声远，诗赋江关。
不变涛声，曾经沧海，笑看人生五百年。
雁湖畔，有飞来鸿雁，歌唱春天。

蓝湾泛起清涟。波逆转，复回投石前。
似偶开天眼，识珠抱玉，心怀香雪，沅芷湘兰。

绿岛听琴，月光宝盒，恰是儿时在故园。
穿越者，问万年以后，何谓真仙。

（词林正韵）

辛丑年丙申月丙午日，推导出四元数表示的电磁场互易定理一般形式，写诗一首，以纪念之。

自由诗 又见霓虹

2021.8.26

又看到了那道彩虹
梦幻 斑斓
是光子 是星闪
是磁 是电

那张纳布拉琴
又奏起了新的曲
拨动了古老的弦
那张黎曼曲面
喷涌出几许清泉
那条闭合线
环绕着多少涡旋

那是曾经沧海
潮涨潮落
依旧的涛声
诉说着珠玉真言

那是一池秋水
清澈见底
远方飞来的雁
欢唱着雁湖的春天

那是一枕蓝湾
是心的畔
梦的园
淡泊天然

那是一枝汀兰
是心的香
风的软
雨润娇妍

那是国科大的桥
钟楼声远
庾兰成的诗赋
触动了何人的江关

那是一抹云烟
飘过天边 萦绕心间
指尖的遐思
跳动在轻柔的纸笺

偶开天眼
看
石子入水泛起的涟漪
又将波动发送回从前

不念着念 不见着见
在洛伦兹的时空
变换着恒久不变

时光飞逝
如见
沧海桑田

时间反转
如愿
重温华年

时空穿越
如盼
来日可见

后 记

若将《沁园春 · 又见霓虹》看成以张量形式、或微分形式或四元数形式等压缩形式的电磁场互易方程，那么《自由诗 · 又见霓虹》就是用吉布斯矢量语言书写的电磁场互易方程。